Schnittpunkt 5

Mathematik – Differenzierende Ausgabe Niedersachsen

Arbeitsheft

Erarbeitet von
Ilona Bernhard, Petra Hillebrand, Emilie Scholl-Molter, Uwe Schumacher, Colette Simon

Ernst Klett Verlag
Stuttgart · Leipzig · Dortmund

Auf dieser Seite stellen wir dir dein Arbeitsheft vor.

Die Kapitel und das Lösungsheft

In den Kapiteln des Arbeitshefts werden alle Themen des Schuljahres behandelt. Hier findest du viele interessante und abwechslungsreiche Aufgaben, die dir beim Lernen weiterhelfen.
Das Lösungsheft lässt sich leicht aus der Heftmitte herauslösen. Die Lösungen sind in Farbe eingetragen. Damit kannst du dich selbstständig kontrollieren.

Die Übungsseiten

Die Übungsseiten sind aufgebaut, wie die Lerneinheiten im Buch.

Basisaufgaben,
die das Gelernte einüben.

Lernweg
einfachere Aufgaben

Tipps
findest du zu manchen Aufgaben am unteren Seitenrand. Sie sind z.B. mit [T1] gekennzeichnet.
Die Schrift ist auf den Kopf gestellt, damit du den Tipp nicht ungewollt liest.

Symbole
○ einfache Aufgabe
◒ mittlere Aufgabe
● schwierige Aufgabe

Lernweg
schwierigere Aufgaben

Die Trainingsseiten

Damit du dich gut auf Klassenarbeiten vorbereiten kannst, enthält jedes Kapitel ein Training in zwei Schritten.
Zuerst kannst du mit dem **Basistraining** (○ einfache Aufgaben) die Grundlagen überprüfen.
Anschließend übst du mit dem vertiefenden **Training** (◒ mittlere und ● schwierige Aufgaben) komplexere Inhalte.

1. Auswerten
Überprüfe deine Lösungen.

2. Selbsteinschätzen
Schätze deinen Leistungsstand ein.
Du findest die Tabellen zum Eintragen am Ende des Lösungsheftes.

3. Weiterlernen
Suche dir Hilfe, lies nach und übe, was du noch nicht sicher kannst.

4. Training fortsetzen
Färbe den Smiley, wenn du die Basisaufgaben sicher gelöst hast. Arbeite dann auf der Trainingsseite weiter.

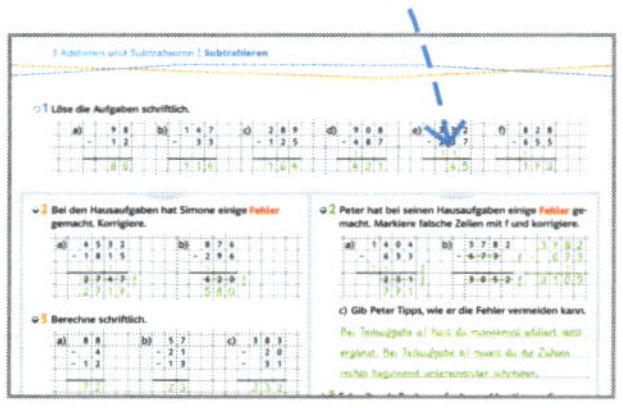

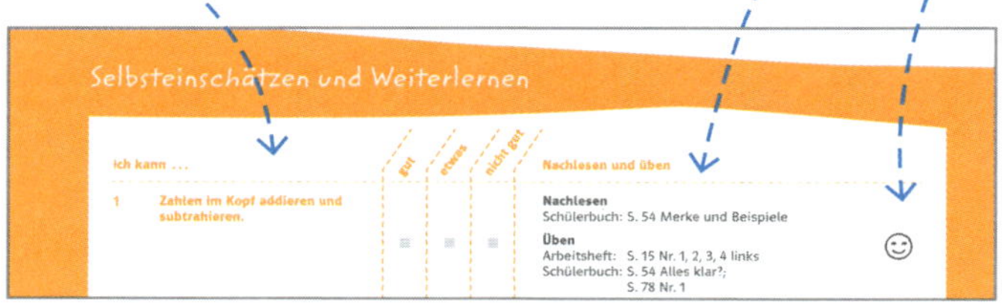

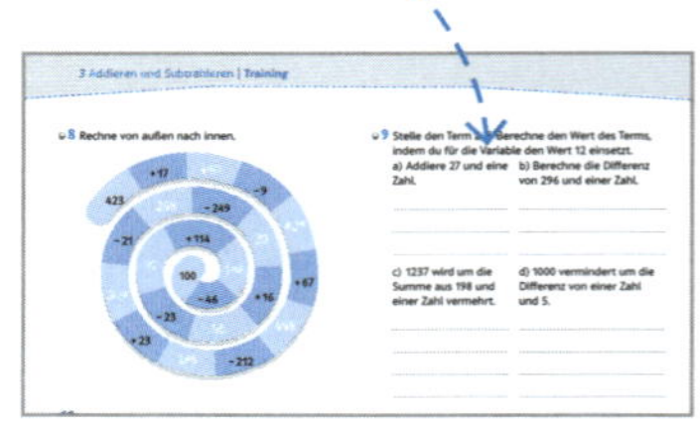

Nun kann es losgehen. Wir wünschen dir viel Spaß und Erfolg beim Lösen der Aufgaben.

○ **1** Fülle die Lücken in den Tabellen und im Text.

Vier Kinder pflücken Blumen am Wegesrand. Lutz sammelt ________ Mohnblumen, zwei Margeriten und ________ Kornblumen, Leonie bringt ________ Mohnblumen, sechs Kornblumen und fünf Margeriten mit. Mara hat ________ Margeriten und neun Mohnblumen gefunden. Claas legt noch elf Kornblumen, ________ Mohnblumen und ________ Margeriten dazu.

Strichliste	Lutz	Leonie	Mara	Claas
Mohnblumen	𝍸 𝍸 ||			|||
Kornblumen				
Margeriten			||||	

Häufigkeit	Lutz	Leonie	Mara	Claas	gesamt
Mohnblumen		8			
Kornblumen	7				
Margeriten				6	

○ **2** Bei einer Klassenumfrage, welches in der Schule vorhandene Musikinstrument die Kinder gerne erlernen möchten, kamen folgende Blätter zurück.

Violine, Klavier, Trompete, Gitarre, Klavier, Schlagzeug, Klavier, Violine, Violine, Violine, Klavier, Schlagzeug, Trompete, Trompete, Klavier, Klavier, Klavier, Gitarre, Violine, Schlagzeug

a) Lege eine Strichliste an.

____

____

____

____

____

____

b) ________ ist das am häufigsten genannte Instrument. Am wenigsten genannt wurde ________.

◒ **3** Ken hat beim Erstellen einer Strichliste nicht ordentlich gearbeitet. Daher sind ihm beim Übertragen in die Zeile „Häufigkeit" **Fehler** unterlaufen. Fülle die leere Tabelle ordnungsgemäß aus.

	Erdbeer	Himbeer	Kirsch	andere
Strichliste	𝍸 |	𝍸	|||||||	𝍸 ||||
Häufigkeit	6	5	8	9

	Erdbeer	Himbeer	Kirsch	andere
Strichliste				
Häufigkeit				

◒ **2** Die Kinder des 5. Jahrgangs haben Arbeitsgemeinschaften gewählt, wobei jedes Kind genau eine AG ausgewählt hat.

a) Notiere die Gesamtzahl in der letzten Spalte.

	5a	5b	5c	5d	gesamt
Chor	𝍸	𝍸 |||	|||	𝍸	
Fußball	𝍸 |||	||||	𝍸	𝍸 ||	
Umwelt	|||	𝍸 |	|||	𝍸	
Schwimmen	𝍸 ||	𝍸 ||	𝍸	|||	
Computer	𝍸	|||	𝍸 |||	𝍸	
Handball	|||	|||	𝍸 ||	𝍸	

b) Die AG ____________ ist in der Klasse 5a am beliebtesten, in der 5b die AG ____________.

c) In der Klasse 5c sind insgesamt ________ Kinder.

d) Am liebsten gehen die Kinder des Jahrgangs in die AG ____________. Der gesamte Jahrgang wird von ______ Kindern besucht.

◒ **3** Ulf und Sabine haben zum Thema Sommerferien eine Umfrage unter 90 Mitschülerinnen und Mitschülern gemacht. Nach der Auswertung ist Ulf Farbe ausgelaufen. Vervollständige die Tabelle.

	5a	5b	5c	gesamt
zu Hause	𝍸 ||	𝍸	𝍸 ||	
Bergwandern	|||	𝍸 |	||||	
Strandurlaub	𝍸 ||||	||||		
Bauernhof	||||	𝍸 ||	|||	
Zeltlager	𝍸 ||||		𝍸 |||	
gesamt			28	

○ **1** In einer Schule wurden Schultaschen gewogen.
a) Lies aus dem Säulendiagramm die ermittelten Werte ab und trage sie in die Tabelle ein.

Masse in kg	unter 3,0	3,0 bis 3,5	3,5 bis 4,0	über 4,0
Anzahl				

b) Es wurden insgesamt ________ Schultaschen gewogen.

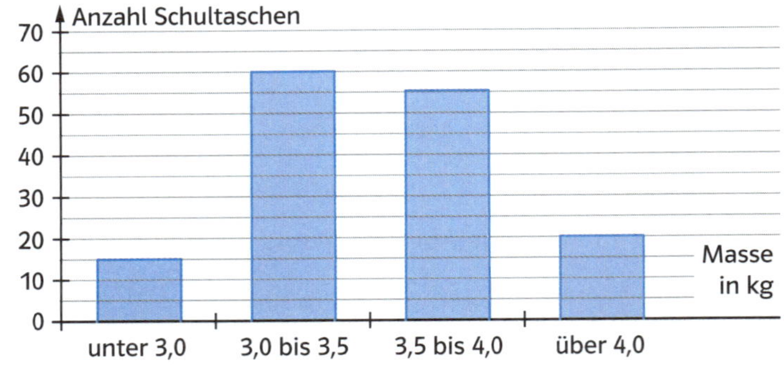

○ **2** Jedes Kind der Klasse 5c hat ein Symbol für sein liebstes Ballspiel in das Diagramm geklebt.
Ergänze in der Lücke die Anzahl der Kinder, die das Ballspiel am liebsten mögen.

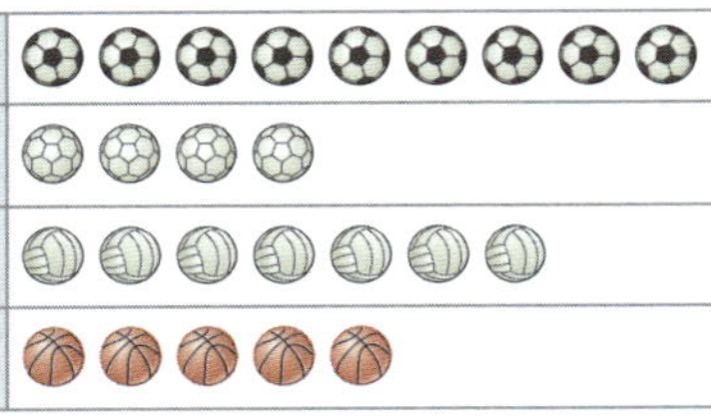

Fußball	⚽⚽⚽⚽⚽⚽⚽⚽⚽	
Handball	(4 Symbole)	
Volleyball	(7 Symbole)	
Basketball	(5 Symbole)	

○ **3** Für das Taschengeld von Kindern findet man bei Verbraucherberatungsstellen Empfehlungen für die Höhe des Taschengelds.

Betrachte das Balkendiagramm und lies ab, wie viel Taschengeld ein Kind monatlich maximal bekommen soll.
Trage die Werte in die Tabelle ein.

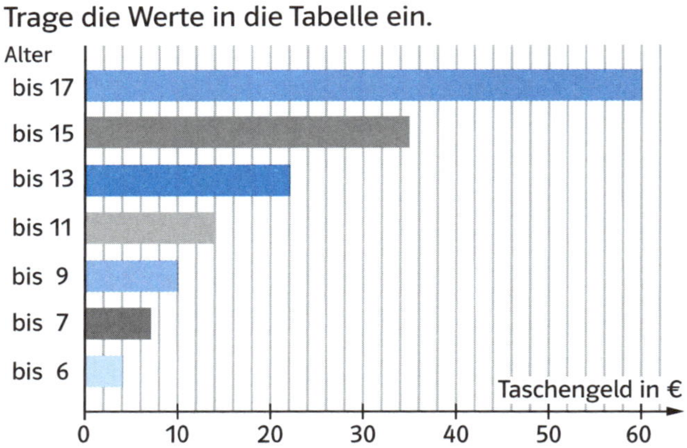

Alter in Jahren	bis 6	bis 7	bis 9	bis 11	bis 13	bis 15	bis 17
Taschengeld im Monat in €							

◒ **2** Sophie hat eine Aufstellung der Blutgruppen der Schülerinnen und Schüler des 5. Jahrgangs erstellt.
a) Welches Diagramm gehört zu der Häufigkeitstabelle? Kreuze an. Diagramm A ☐ B ☐ C ☐

Blutgruppe	0	A	B	AB
Anzahl	54	48	13	5

Diagramm A

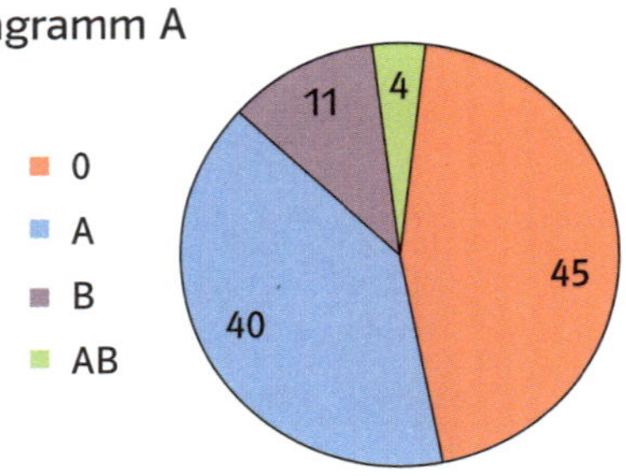

Diagramm B

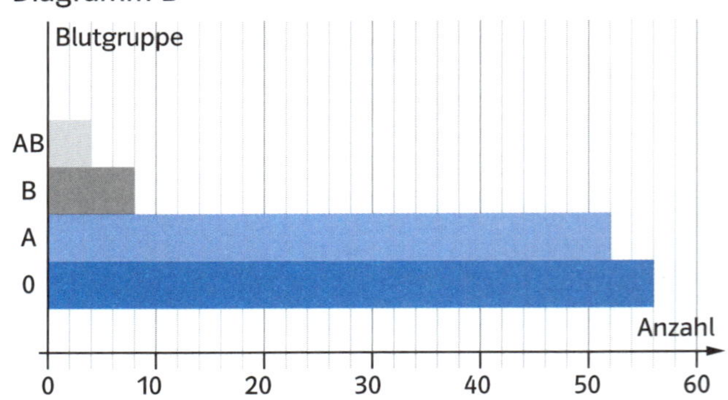

Diagramm C

b) Die beiden anderen Diagramme stellen die Daten anderer Jahrgänge dar.
Fülle die beiden leeren Tabellen entsprechend.

Diagramm ___

0	A	B	AB

Diagramm ___

0	A	B	AB

○ **1** Die 32 Schülerinnen und Schüler der Klasse 5b haben ihre Klassenvertretung gewählt. Fülle die Tabelle aus und ergänze das Streifendiagramm um „Sonstige“ Stimmen. (1 Kästchen entspricht 2 Stimmen.)

Name	Anna	Ayse	Betti	Tim	Sonstige
Stimmenanzahl					

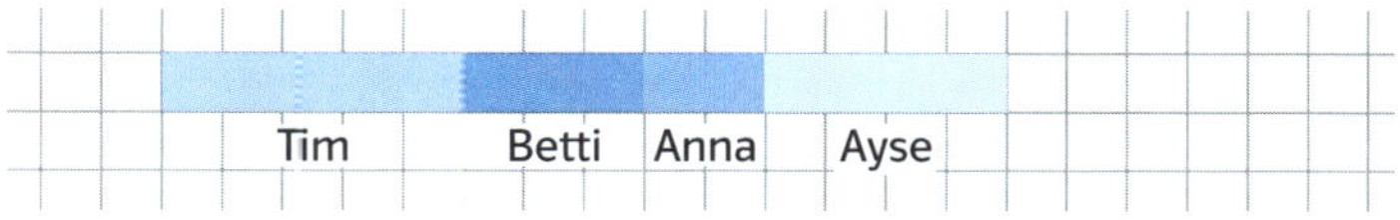

○ **2** Tobias räumt seine Autosammlung auf und sortiert nach Farben.

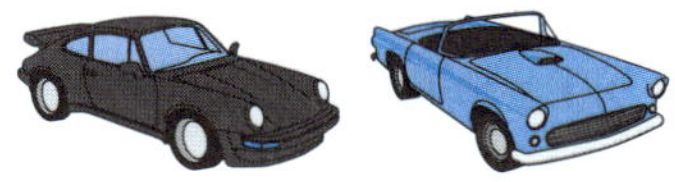

Farbe	blau	gelb	orange	weiß	schwarz	rot	silber	Summe
Anzahl	1	3	2	2	5	4	3	20

Vervollständige das Streifendiagramm.

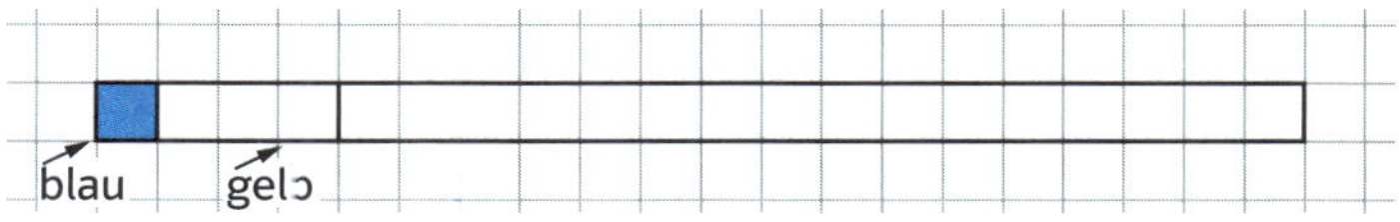

○ **3** Theo und Margret haben eine Umfrage zum Thema „Dein Lieblingstier“ durchgeführt.

Tierart	Hund	Katze	Pferd	Hamster	Sonstige
Anzahl	27	16	19	19	16

a) Insgesamt haben sie ________ Schülerinnen und Schüler befragt.
b) Erstelle ein Balkendiagramm.

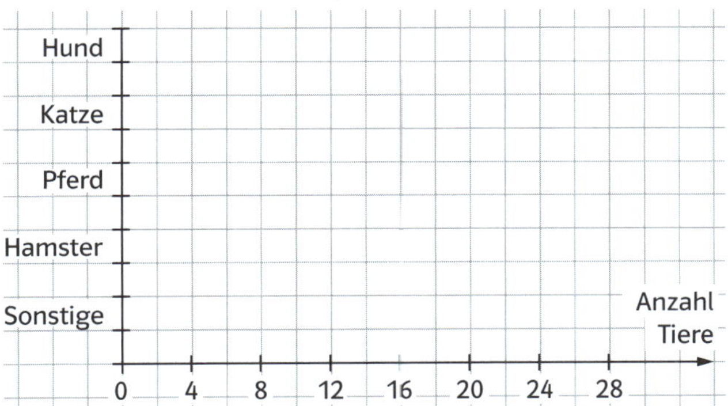

◒ **4** In dem Diagramm sind die Einwohnerzahlen der Städte dargestellt. Vervollständige das Diagramm.
 entspricht 100 000 gemeldeten Personen

München		
Duisburg		500 000
Frankfurt		
Köln		

◒ **3** Eine Klassenarbeit hatte folgenden Notenspiegel. Zeichne ein Säulendiagramm.

Note	1	2	3	4	5	6
Anzahl	3	6	11	4	2	1

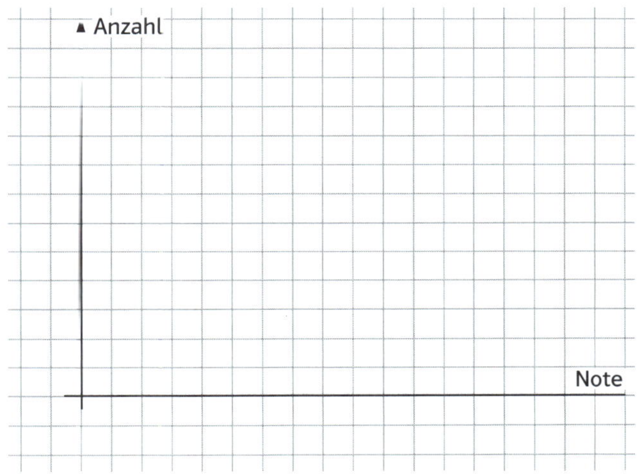

● **4** Das Kreisdiagramm zeigt die Herkunft der 288 Kinder aus Pfingststadt.
a) Ergänze die Tabelle.

Ort	Anzahl der Kinder
Osterheim (O)	36
Weihnachtstal (W)	
Pfingststadt (P)	

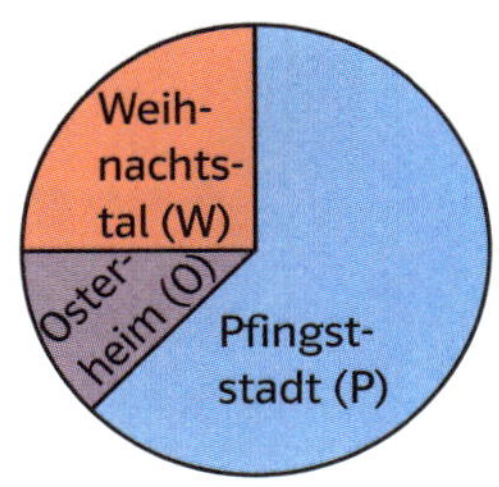

b) Erstelle zu Teilaufgabe a) ein Balkendiagramm.

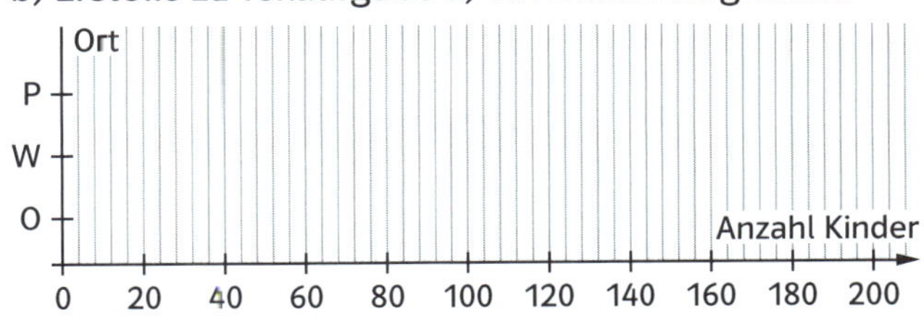

○ **1** Die Liste gibt die Zeit in Minuten an, die die Schülerinnen und Schüler der 5 b für den Schulweg benötigen:
6; 12; 13; 11; 6; 8; 17; 3; 20; 25; 14; 23; 30; 35; 11; 4; 18; 24; 22; 29.

a) Trage die Ergebnisse von den insgesamt 20 befragten Personen in die Tabelle ein.

Zeit	bis 5 min	6–10 min	11–15 min	16–20 min	21–25 min	26–30 min	31–35 min
Strichliste	||						
Häufigkeitstabelle	2						

b) Prüfe die folgenden Aussagen anhand der Werte.

Aussage	ja	nein	unklar
Kein Kind braucht länger als 35 Minuten zur Schule.			
Die meisten brauchen zwischen elf und 15 Minuten zur Schule.			
Ein Schüler oder eine Schülerin braucht mehr als 35 Minuten zur Schule.			
Peters Schulweg ist 20 Minuten lang.			
Ein Schüler oder eine Schülerin benötigt nur drei Minuten zur Schule.			

○ **2** Peter wirft am Ende jeder Woche Geld in sein Sparschwein.

Ergänze die Sätze: In der ________ Woche spart Peter 8 €. In der ________ Woche spart er nichts.

In ________ Wochen kann er jeweils weniger als 4 € sparen. Insgesamt spart er in 10 Wochen ________ €.

○ **3** Für den Sporttag haben die Kinder der 5. Jahrgangsstufe eine Sportart gewählt. Die Ergebnisse sind in dem Balkendiagramm dargestellt.
Übertrage die im Balkendiagramm veranschaulichten Zahlen in die Häufigkeitstabelle.

Sportart	Ju	Pa	Wa	Da	Fi	Ho
Anzahl						

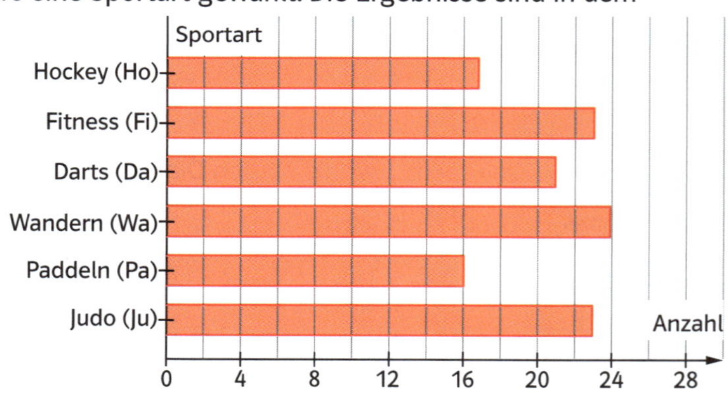

○ **4** Frau Matt hat ein halbes Jahr lang die Anzahl ihrer Mails pro Monat notiert.

Jan.	Febr.	März	April	Mai	Juni
25	15	70	90	40	80

a) Vervollständige das Säulendiagramm mit den Daten aus der Tabelle.

b) Frau Matt hat die wenigsten Mails im Monat ________________ und die meisten Mails im ________________ verschickt. Insgesamt hat sie von Januar bis Juni ________ Mails verschickt.

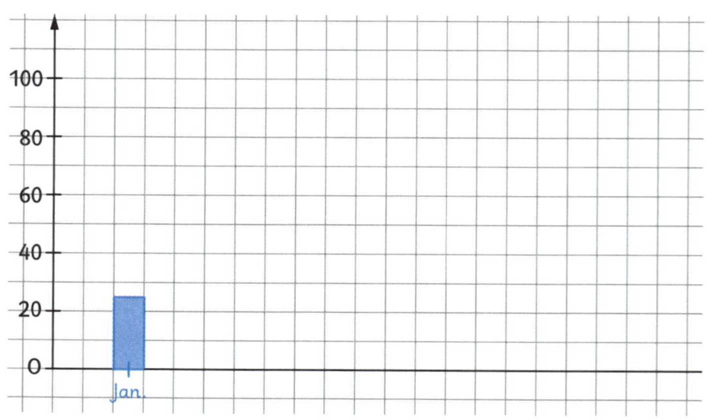

5 Herr Müller hat die Schülerinnen und Schüler der 5. und 6. Jahrgangsstufe befragt, wie oft sie Erklärvideos für Mathematik nutzen.
Vervollständige das Balkendiagramm.

Häufigkeit	häufig	manchmal	selten	nie
Anzahl der 5. Klassen	21	18	11	9
Anzahl der 6. Klassen	24	15	12	14

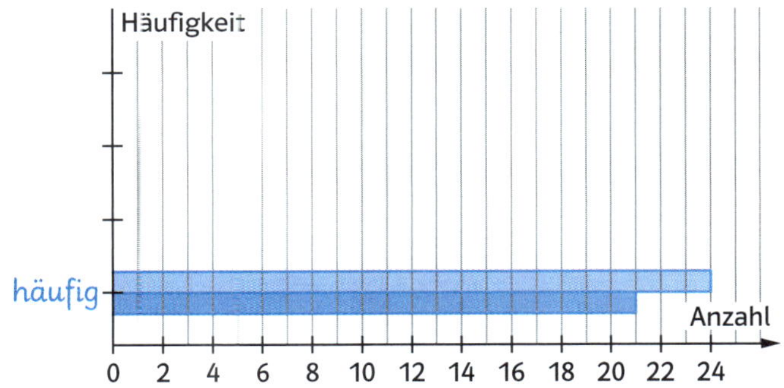

6 100 Schülerinnen und Schüler wurden zur Anzahl der Tablets in ihrem Familienhaushalt befragt.
Vervollständige die Tabelle, das Kreisdiagramm und das Streifendiagramm.

Anzahl der Tablets pro Haushalt	0	1	2	3	4
Anzahl der Haushalte	24	35		12	5

Anzahl der Tablets im Familienhaushalt

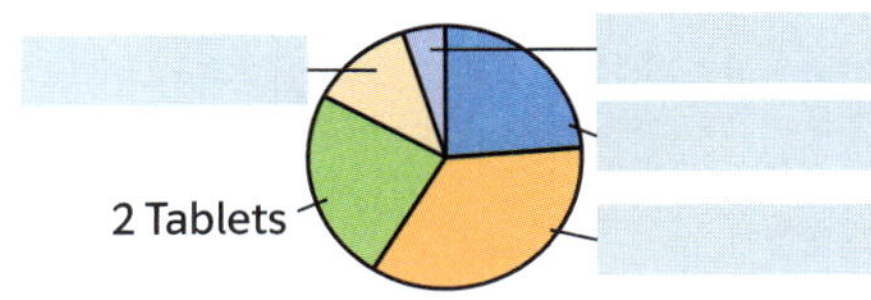

7 Die Diagramme zeigen, wie viel Liter Wasser zur Herstellung von 1 kg des Produkts benötigt werden.

a) Max behauptet: „Auf den ersten Blick sehe ich, dass zur Herstellung von 1 kg Fleisch und 1 kg Trauben gleich viel Wasser benötigt wird."
Beschreibe, was Max beim Lesen der Diagramme falsch gemacht hat.

A

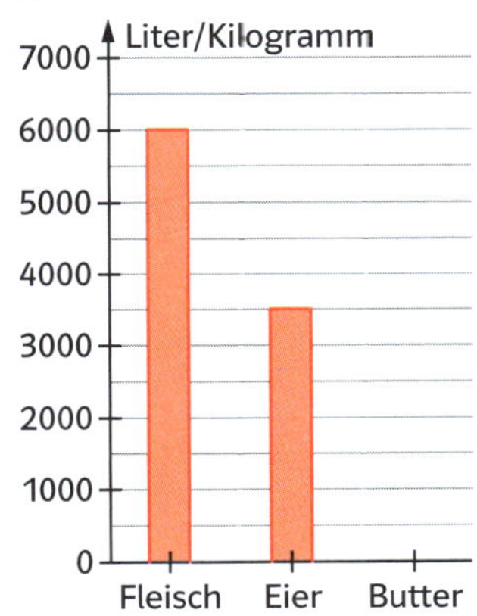

B

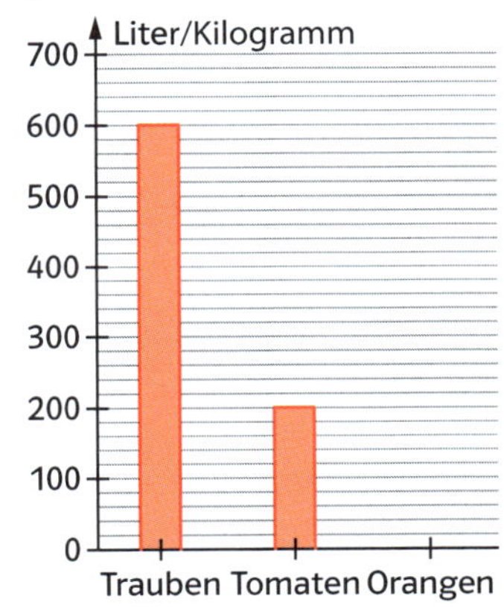

b) Ergänze die Tabelle und die beiden Diagramme.

Produkte	Fleisch	Eier	Butter	Trauben	Tomaten	Orangen
Wasser in Liter			5500			560

8 In einer Schule wurde eine Umfrage „Bei welchem Obst greifst du am liebsten zu?" durchgeführt.
Ergänze den Text und erkläre dann, welches Diagramm die Ergebnisse der Umfrage genauer darstellt.

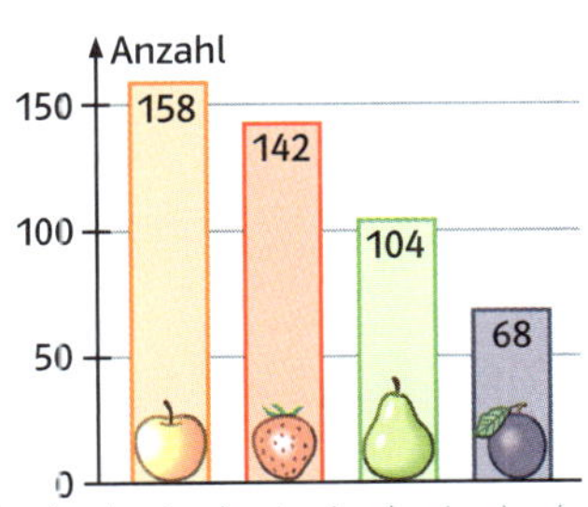

Im Bilddiagramm werden ______ Personen, im Säulendiagramm werden ______ Personen dargestellt. Das Ergebnis ist so zu erklären:

1 Notiere die markierten Zahlen auf dem Zahlenstrahl.

a) 600 700 800 900 1000

b) 1500 1600 1700 1800 1900

2 Setze das passende Zeichen < oder > ein.

a) 123 ▢ 133   b) 82 ▢ 29   c) 1233 ▢ 1232   d) 5043 ▢ 5430

3 Trage die Zahlen mit Pfeilen in den Zahlenstrahl ein.

a) 5; 7; 18; 23; 32; 36; 49; 51; 79; 85

5

0 10 20 30 40 50 60 70 80 90

7

b) 100; 1250; 1600; 2700

0 500 1000 1500 2000 2500 3000 3500 4000 4500

4 Verbinde jeweils Vorgänger und Nachfolger der Zahlen auf den roten Kärtchen.

~~30~~ 32 34 50 73 83

85 90 92 139 169

72 138 82 91 49 51 29 — 31 168 170 74 140 84 86 33 35 89 93

5 Welche Zahlen sind markiert? Notiere.

150 160 170 180 190

6 Ergänze die fehlenden Zahlen am Zahlenstrahl.

a) 0 15 40

b) 0 6 21

7 Ordne die Zahlen

a) absteigend: 122; 245; 232; 199; 213

____ > ____ > ____ > ____ > ____

b) aufsteigend: 1222; 2122; 899; 989

____ ▢ ____ ▢ ____ ▢ ____

4 a) Hier siehst du einen Zahlenstrahl.
Ergänze die fehlenden Zahlen an den Markierungen.
Schreibe auf, wie du die beiden Zahlen ermittelt hast.

2000 8000

Abstand der Zahlen: ________

b) Trage die Zahlen 0; 150; 300; 450; 600 auf dem Zahlenstrahl ein. Teile diesen vorher sinnvoll ein.

750

5 Ordne jedem Kind seinen Namen zu. Ersetze vorher jeweils auf der Wortkarte den farbigen Satzteil mit dem Zeichen < oder >.

Jana ist kleiner als Anni

Milva ist kleiner als Tom

Jana ist größer als Leo

Anni ist kleiner als Phil

Milva ist größer als Phil

____ ____ ____ ____ ____ ____

○ **1** Eine Zahl kann man unterschiedlich darstellen. Ergänze die Tabelle.

Zahl	Millionen			Tausender			Einer			Zerlegung in Stellenwerte
	HM	ZM	M	HT	ZT	T	H	Z	E	
107 003				1	0	7	0	0	3	
412 091										
					8	0	6	0	4	
										1 ZM + 1 M + 0 HT + 1 ZT + 8 T + 0 H + 0 Z + 8 E
					4	1	8	9	7	

○ **2** Schreibe die Zahlen zum Körper des Menschen in Worten beziehungsweise in Ziffern.

Beispiel: Das Herz schlägt pro Tag etwa viertausendzweihundert Mal. 4200

a) Im ganzen Leben hat das Herz ungefähr zwei Milliarden Mal geschlagen. ______

b) Der Schweiß strömt aus 2 000 000 Drüsen. ______

c) Mit der Nase können zehntausend Düfte wahrgenommen werden. ______

○ **3** Schreibe in Stellenwerten oder als Zahl.

a) 6745 = ______

b) 3 ZT + 5 T + 0 H + 7 Z + 3 E = ______

c) 102 005 = ______

d) 5 HT + 4 T + 3 H + 2 Z = ______

e) 990 090 = ______

○ **4** Fülle die Lücken.

Vorgänger	Zahl	Nachfolger
	34 294	
	10 001	
		34 501
	3 000 000	

◒ **5** Bilde mit den Zahlenkärtchen

175 605 740

a) eine möglichst große Zahl.

☐ ☐ ☐

b) eine möglichst kleine Zahl.

☐ ☐ ☐

c) Ergänze eine Ziffer so, dass eine möglichst große, zehnstellige Zahl entsteht.

______

◒ **3** Notiere die Zahl und schreibe sie in Worten.

a) 7 M + 2 HT + 8 H + 1 Z + 5 E = ______

in Worten: ______

b) 4 Mrd + 3 HM + 2 M + 9 H = ______

in Worten: ______

◒ **4** Fülle die Lücken

Vorgänger	Zahl	Nachfolger
		25 458
	36 999	
1 566 998		

● **5** Schiebe das rote Zahlenkärtchen so zwischen die Zettel, dass eine 6-stellige Zahl entsteht, die

rot					
3	3	0	1	2	5
6	7	8	0	1	9
7	8	5	6	1	8

a) möglichst klein ist.

3	0	1	2	3	5

b) möglichst groß ist.

○ **1** Ergänze die Tabelle.

	Zahl	Rundungs-stelle	Ziffer an der Rundungsstelle	Ziffer, die der Rundungsstelle folgt	runden		gerundetes Ergebnis
					auf	ab	
a)	1235	Z	3	5	x		≈
b)	2496	H					≈
c)	23 499	T					≈
d)	45 781	T					≈
e)	86 245 456	T					≈

○ **2** Runde auf die angegebene Stelle.

	Zahl	Rundungsstelle	gerundete Zahl
a)	12 572	Z	
b)	12 572	H	
c)	12 572	T	
d)	12 572	ZT	

○ **3** Auf dem roten Kärtchen steht die gerundete Zahl. Verbinde sie mit allen Zahlen, die für die Rundung infrage gekommen sein kann.

3523 3611 3502

3409 **3500** 3414

3559 3499 3549

◒ **4** Überprüfe, ob richtig auf Zehntausender gerundet wurde. Wenn ein **Fehler** vorliegt, dann korrigiere ihn.

19 586 ≈ 20 000 ______

24 999 ≈ 25 000 ______

884 753 ≈ 870 000 ______

◒ **5** Hier wurde gerundet. Ergänze die fehlende Ziffer und gib die Rundungsstelle an.

a) ___58 ≈ 600 H

b) 5___256 ≈ 54 000 ______

c) 4___6456 ≈ 480 000 ______

d) ___21345 ≈ 300 000 ______

◒ **2** Überprüfe, ob richtig auf Millionen gerundet wurde. Wenn ein **Fehler** vorliegt, dann korrigiere ihn.

14 812 456 ≈ 10 000 000 ______

4 522 210 ≈ 5 000 000 ______

12 495 686 ≈ 11 000 000 ______

◒ **3** **Entscheide**, ob das Runden hier sinnvoll ist. Kreuze an.

☐ Handynummer

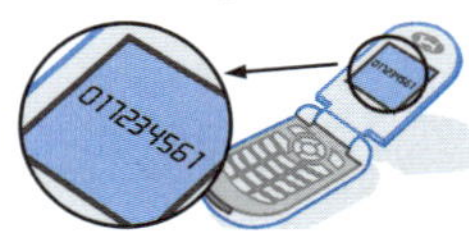

☐ Notrufnummer

☐ Tachostand eines Autos

☐ Postleitzahl

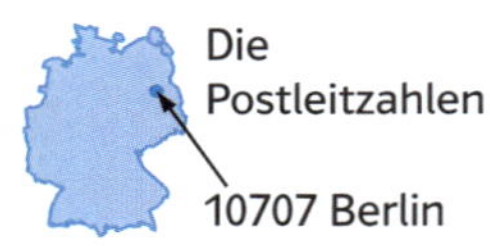

☐ Durchschnittliche Tagestemperatur im Sommer in der Sahara

● **4** In der Zeitung steht: „Im Fußballstadion waren rund 14 000 Fans." Leo fragt: „Wie viele Personen waren es genau?" Jana antwortet: „Dafür gibt es genau 999 Antwortmöglichkeiten." Hat Jana recht? **Begründe** in Worten. Verwende die Begriffe. [T1]

mindestens höchstens

______

______

______

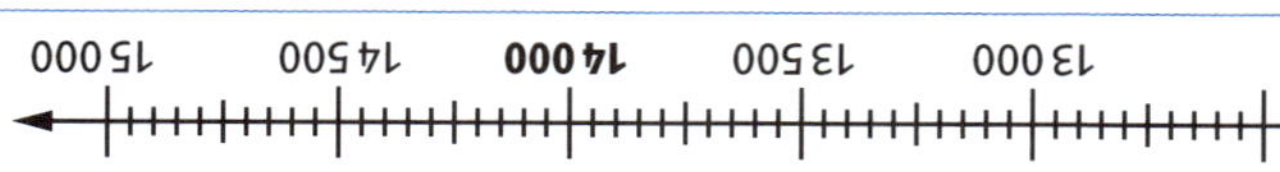

[T1] Der Zahlenstrahl hilft dir, die Aufgabe zu verstehen.

○ **1** Auf dem Teller liegen 412, also rund ___ Schokolinsen. Anni schätzt die Anzahl auf rund 300, Phil schätzt rund 500, Milly schätzt rund 400 Schokolinsen.

a) Schätze die Anzahl der Schokolinsen wie Anni, Phil und Milli.

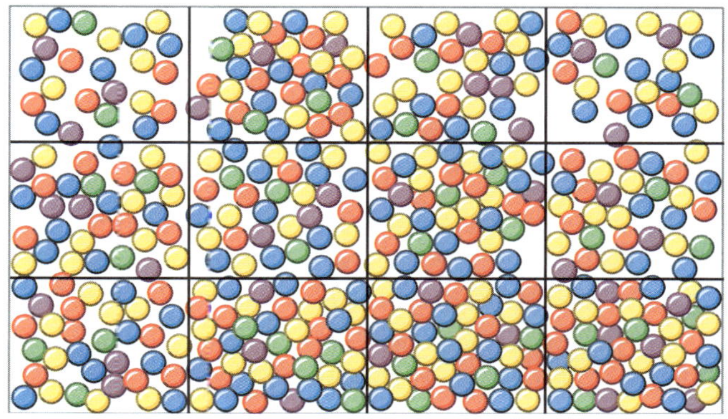

Anni wählt das Feld links oben.

Phil wählt das Feld rechts unten.

Milly wählt das Feld links unten.

b) Gib Anni und Phil einen Tipp, wie man möglichst genau schätzt.

◒ **2** a) Wie oft passt das abgebildete Feld auf das Bild? Vervollständige das Raster und bestimme die Anzahl der Heidelbeeren.

A

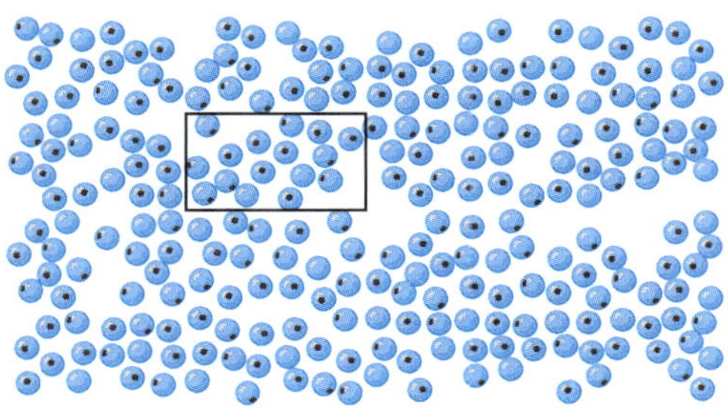

Rechnung:

B

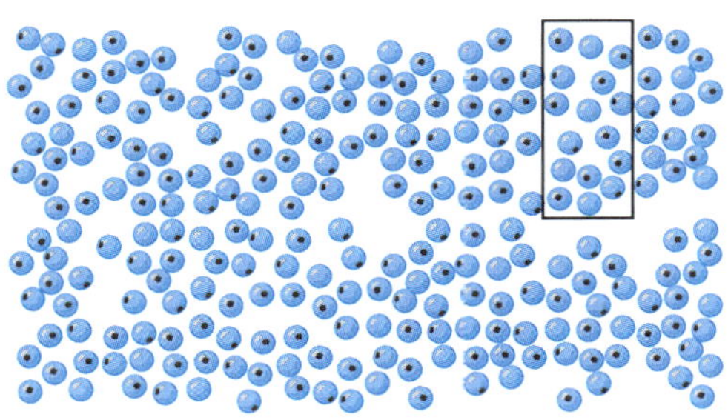

Rechnung:

b) Vergleiche die beiden Ergebnisse. Gib eine Erklärung dafür.

◒ **2** Schätze die Anzahl der Papageien.

◒ **3** Schätzen (S) oder Runden (R)? Kreuze an.

a) Wie viele Personen werden zum Schulfest kommen?
S ☐ R ☐

b) Kuchenverkauf auf dem Schulfest
S ☐ R ☐

c) Der Erlös des Schulfestes von 1278,98 € wird den Hochwasseropfern gespendet.
S ☐ R ☐

d) Anzahl der Gäste im Erlebnisschwimmbad
S ☐ R ☐

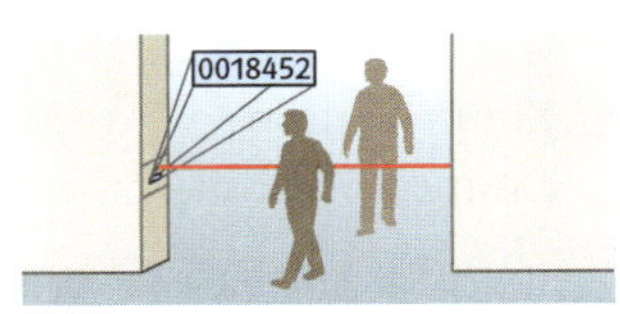

e) Wie viele Kastanien liegen unter dem Kastanienbaum?
S ☐ R ☐

○ **1** Zehner- und Zweiersystem. Wandle in das Zehnersystem um. Ergänze.

	32	16	8	4	2	1	Zahl im Zehnersystem
$(1011)_2$			1	0	1	1	
		1	1	1	0	0	
	1	1	0	1	0	1	

◒ **2** Binäruhren zeigen die Uhrzeit mit Leuchtdioden. Jede Diode steht für einen Stellenwert im Zweiersystem.
a) Gib die auf der Binäruhr angezeigte Uhrzeit an. Schreibe für die brennende Leuchtdiode die Ziffer 1 in die Stellenwerttafel, für die anderen die Ziffer 0. Ergänze.

Anzeige der Binäruhr		Stellenwerttafel 32	16	8	4	2	1	Uhrzeit im Zehnersystem ______ Uhr
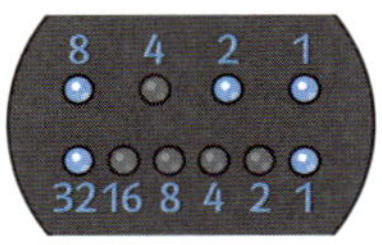	Stunden ←			1				= h
	← Minuten							= min

b) Welche Leuchtdioden müssen bei 9:45 Uhr leuchten? Gib die Stunden und Minuten im Zweiersystem an.

	Umkreise die Zahlen, deren Summe die angegebene Zeit ergibt.						Male die passenden Leuchtdioden an.	Schreibe die Zahl im Zweiersystem.
9 h			8	4	2	1	○ ○ ○ ○	($)_2$
45 min	32	16	8	4	2	1	○○○○○○	($)_2$

c) Gib die Uhrzeit im Zweiersystem an. Male die passenden Leuchtdioden an.

12:59 Uhr	12 h	($)_2$	○ ○ ○ ○	01:05 Uhr		($)_2$	○ ○ ○ ○
	59 min	($)_2$	○○○○○○			($)_2$	○○○○○○

● **3** Jana kann geheime Zahlen mithilfe von magischen Zahlenkarten erraten.
Sie hat auf den Zahlenkarten K1 bis K4 Dezimalzahlen von 1 bis 15 verteilt. Ob eine Zahl auf einer Karte steht, entscheidet Jana mit der Tabelle.
Beispiel: Die 7 hat im Zweiersystem an der vierten Stelle eine Null, also wird die 7 nicht auf die vierte Karte geschrieben. An den weiteren Stellen hat die 7 eine 1, also wird sie auf die Karten K3, K2 und K1 eingetragen.
a) Fülle zuerst die Lücken in der Tabelle, dann auf den Karten.

K4 8er-Stelle

8	9		11
12		14	

K3 4er-Stelle

4			7
12		14	

K2 2er-Stelle

2	3		7
	11	14	

K1 1er-Stelle

1	3		7
9	11		

b) Jana errät die von Paul auf einer Karte ausgewählte Zahl blitzschnell. Er hat die 12 gewählt. Jana zeigt ihm die vier Karten. Kreuze seine Antworten an.
K4: ja ☐ nein ☐ K3: ja ☐ nein ☐ K2: ja ☐ nein ☐ K1: ja ☐ nein ☐
Da für „Nein" die Ziffer 0 und für „Ja" die Ziffer 1 steht, rechnet sie

______ 8 + ______ 4 + ______ + ______ = 12.

c) Jana betrachtet immer eine Ecke der Karten. Warum?

____

____

Stellenwerttafel Zweiersystem

	8	4	2	1
$(15)_{10}$				
$(14)_{10}$				
$(13)_{10}$				
$(12)_{10}$				
$(11)_{10}$				
$(10)_{10}$				
$(9)_{10}$				
$(8)_{10}$				
$(7)_{10}$	0	1	1	1
$(6)_{10}$				
$(5)_{10}$				
$(4)_{10}$				
$(3)_{10}$				
$(2)_{10}$				
$(1)_{10}$				

○ **1** Notiere, auf welche Zahlen die Pfeile zeigen.

a)

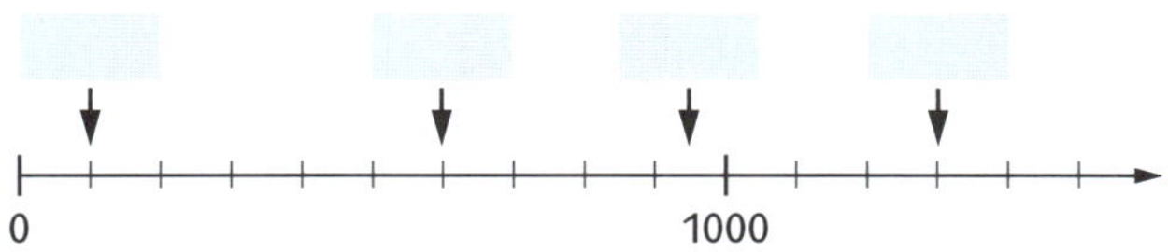

b)

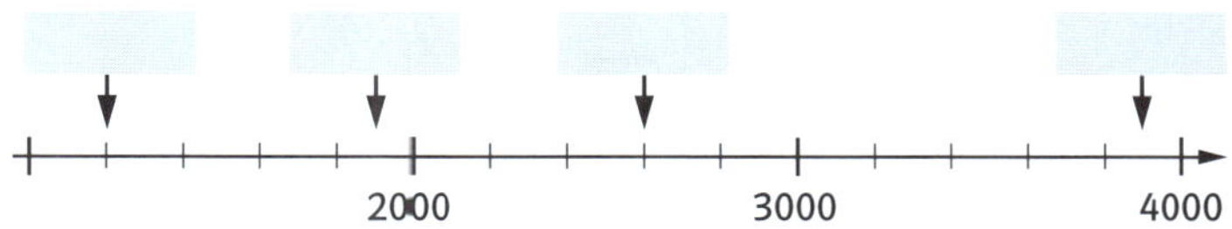

○ **2** Trage zu den am Zahlenstrahl notierten Zahlen den Vorgänger und Nachfolger ein. Verbinde.

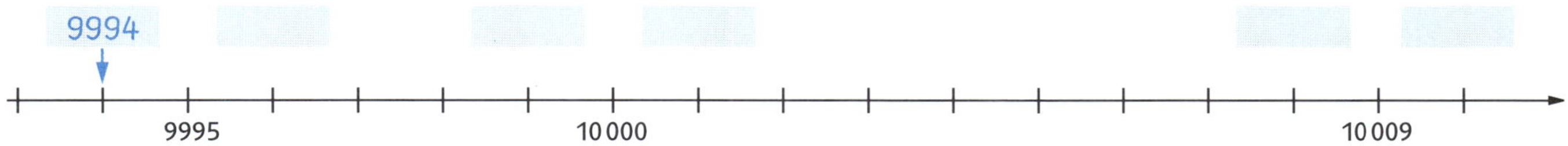

○ **3** Hier sind Zahlen unterschiedlich dargestellt. Vervollständige die Tabelle.

	Zahl	Zahlwort	Millionen			Tausender			Einer		
			HM	ZM	M	HT	ZT	T	H	Z	E
a)		dreiundsechzig									
b)	584										
c)							2	5	0	8	0
d)	1620000										
e)		vierhundertzehn Millionen dreißig									

○ **4** Setze das passende Zeichen ein: <; > oder =.

7870 ☐ 7708

500 ☐ 100 · 5

3489 ☐ 3849

10001 ☐ 9999

1 Million ☐ 1 Milliarde

99000000 ☐ 99000

○ **5** Vervollständige die Tabelle durch Runden.

Zahl	gerundet auf Hunderter	gerundet auf Tausender	gerundet auf Zehntausender
76518			
23005			
94848			
367264			
209898			

○ **6** Schreibe in Ziffern.

2T + 4H + 2E ______

3ZT + 8T + 3Z + 5E ______

9H + 4E ______

5HT + 3ZT + 4T + 3H + 5Z + 9E ______

vierzigtausend ______

drei Millionen fünfhunderttausend ______

○ **7** Schätze die Anzahl der Käfer.

8 a) Ergänze die Tabelle.

Vorgänger	Zahl	Nachfolger
	10 000 000	
		10 001 000
	größte vierstellige Zahl	
	kleinste fünfstellige Zahl	

b) Streiche das falsche Kärtchen.

(1) Der Vorgänger liegt am Zahlenstrahl immer [links] [rechts] von der Zahl.

(2) Der Nachfolger liegt am Zahlenstrahl immer [links] [rechts] von der Zahl.

(3) Für den Vorgänger der Zahl [subtrahierst du 1.] [addierst du 1.]

(4) Für den Nachfolger der Zahl [verringerst du die Zahl um 1.] [vermehrst du die Zahl um 1.]

9 Überprüfe die Aussagen. Kreuze an und begründe.

Aussage	richtig	falsch	Begründung
Es gibt keine sechsstellige Zahl, die größer als 999 999 ist.			
Jede sechsstellige Zahl hat einen sechsstelligen Vorgänger.			
Die kleinste fünfstellige Zahl mit zwei Einsen ist die 11 000.			

10 Runde die Entfernung der Planeten Mars, Erde und Jupiter zur Sonne.

	Erde	Mars	Jupiter
Entfernung zur Sonne	149 600 000 km	227 990 000 km	773 360 000 km
gerundet auf hundert Mio.			
gerundet auf zehn Mio.			

11 Die Anzahl der Vögel wird geschätzt. Dazu sind drei verschiedene Raster eingezeichnet.

A B C

a) Markiere jeweils das Feld, das du zum Schätzen für geeignet hältst. **Begründe** deine Wahl.

A: ______________________________

B: ______________________________

C: ______________________________

b) Es sind etwa ________ Vögel dargestellt.

○ **1** Addiere im Kopf.

a) 31 + 20 = ______ b) 30 + 54 = ______ c) 60 + 49 = ______ d) 68 + 50 = ______

e) 14 + 12 = ______ f) 25 + 35 = ______ g) 38 + 24 = ______ h) 75 + 34 = ______

○ **2** Subtrahiere im Kopf.

a) 72 – 30 = ______ b) 84 – 40 = ______ c) 90 – 13 = ______ d) 100 – 28 = ______

e) 86 – 22 = ______ f) 31 – 9 = ______ g) 77 – 18 = ______ h) 96 – 59 = ______

○ **3** Notiere die Aufgaben und berechne.

a) Addiere Zahlenpaare vorteilhaft.

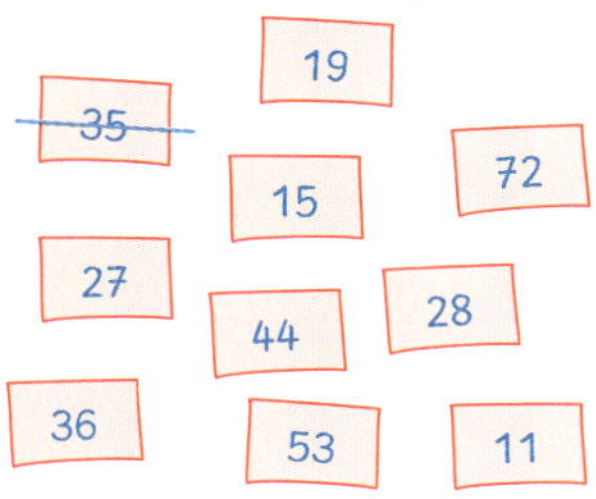

35 + ______

______

______

______

______

b) Subtrahiere Zahlenpaare vorteilhaft.

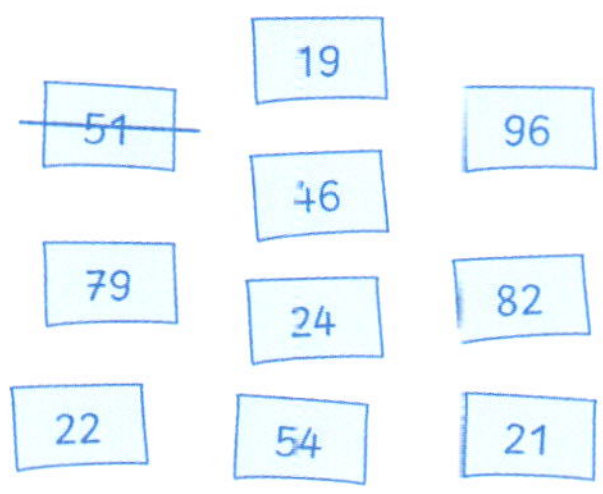

51 – ______

______

______

______

______

○ **4** Ergänze die fehlenden Werte der Additionsmauer. Zahlen auf nebeneinanderliegenden Steinen werden addiert.

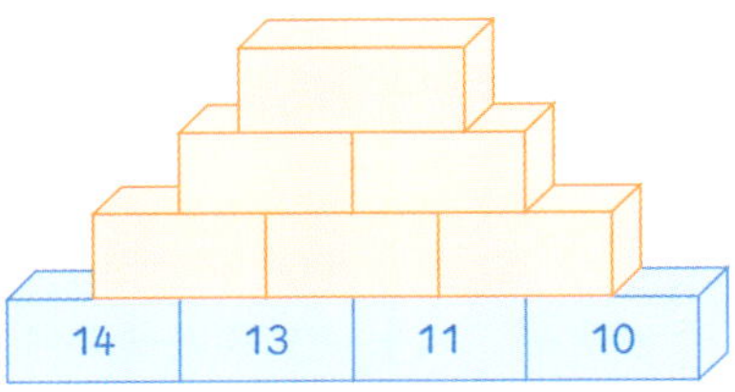

◒ **5** Ergänze die Rechnungen …

a) … zum nächsten …

Tausender.		
980 + ______	=	______
1200 + ______	=	______
2892 + ______	=	______

b) … zur nächsten …

Stufenzahl.		
54 + ______	=	______
356 + ______	=	______
1579 + ______	=	______

◒ **6** Fülle die Lücken.

a) 39 – ______ = 27 b) 174 – ______ = 152

c) 18 + 30 = ______ d) 180 + 13 = ______

e) 32 + ______ = 50 f) 258 + ______ = 270

g) 27 – 22 = ______ h) 199 – 54 = ______

i) ______ – 12 = 74 j) ______ – 48 = 148

k) 123 – ______ = 94 l) 215 + 469 = ______

◒ **4** Welcher Text passt zu welcher Rechnung? Notiere den Buchstaben und berechne.

A Wie viele fehlen von 15 bis 44?

B Subtrahiere 12 von 68.

C Um wie viel ist 15 kleiner als 44?

D Addiere 44 und 15.

E Welche Zahl musst du zu 12 addieren, um 68 zu erhalten?

D 44 + 15 = ______

___ 44 – 15 = ______

___ 15 + ______ = 44

___ 68 – 12 = ______

___ 12 + ______ = 68

● **5** Ergänze die fehlenden Werte der Additionsmauer. Zahlen auf nebeneinanderliegenden Steinen werden addiert.

a)

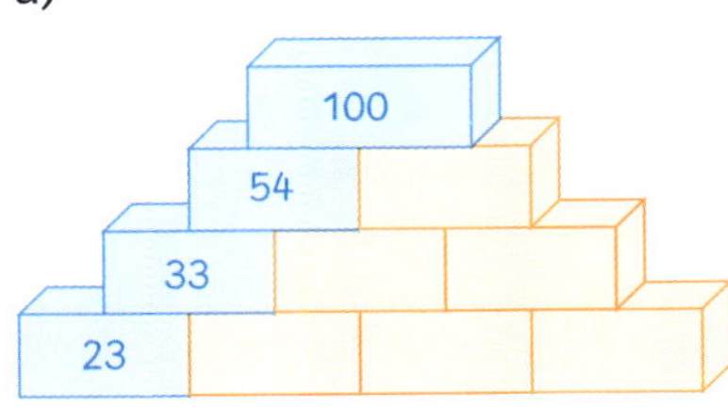

b)

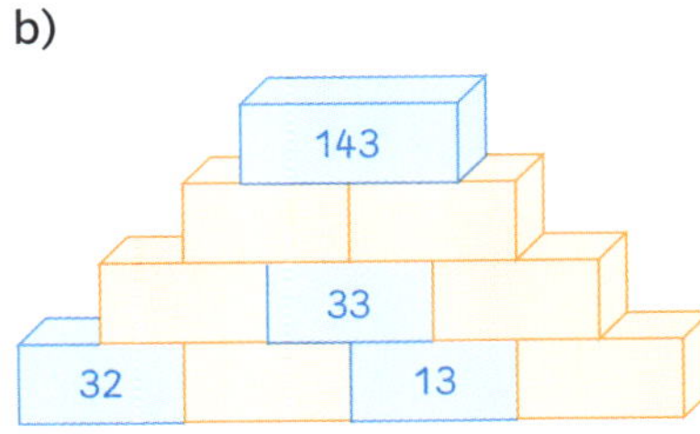

○ **1** Schreibe die Zahlen stellengerecht untereinander und berechne.

a) einundvierzig plus dreiundzwanzig
b) achtundzwanzig plus dreiunddreißig
c) einhundertachtzig plus vierundachtzig
d) einhundertneunundzwanzig plus vierhundertdrei

○ **2** Addiere.

a)

	6	6	5
+	1	3	2

b)

	3	4	2	3
+	2	3	5	4

c)

	4	1	1	0
+		1	2	7
+		3	1	2

d)

	6	9	7	4
+		1	2	3
+	1	3	0	0

◒ **3** Herr Meier ist beruflich viel unterwegs. Notiere, wie viele Kilometer er jeweils gefahren ist.

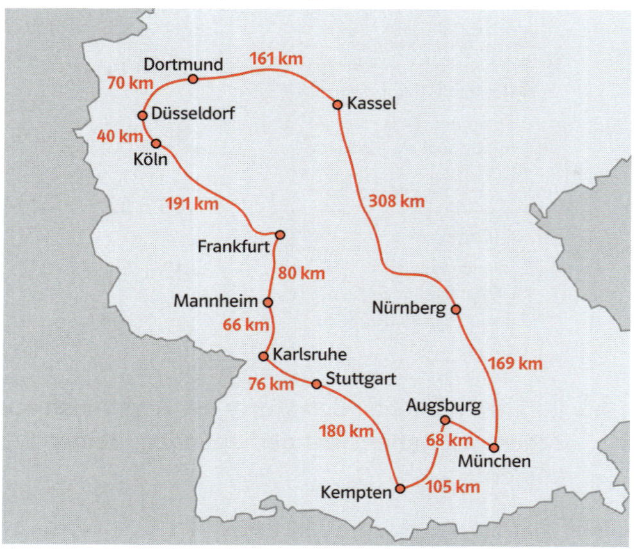

a) Düsseldorf – Köln – Frankfurt – Mannheim
b) Mannheim – Karlsruhe – Stuttgart – Kempten
c) Kempten – Augsburg – München – Nürnberg
d) Nürnberg – Kassel – Dortmund – Düsseldorf

a) b) c) d)

◒ **2** Einige Rechnungen sind falsch. Markiere die **Fehler** mit f und korrigiere das Ergebnis.

a)

	2	0	1
+	1	5	6
	3	5	7

b)

	3	7	3
+	1	5	8
	4	2	1

c)

	4	0	9	0
+	2	1	3	4
	6	1	3	4

◒ **3** Welche Ziffern gehören in die Lücken?

a)

			3
+	3	3	
		5	8

b)

			1	
+				7
	1	0	0	0

c)

	2		3	4
+		2		6
	3	3	4	0

● **4** Stefanie denkt sich eine Startzahl aus. Sie addiert 2793; 1354 und 15 853.

a) Berechne mit der Startzahl 37 289.
b) Berechne mit der Startzahl 52 367.

c) Berechne mit dem Ergebnis 60 079.
d) Berechne mit der Endzahl 99 999.

e) Vergleiche die Startzahl und die Ergebnisse der Teilaufgaben a) bis c). Was fällt dir auf? **Beschreibe** und **begründe**.

1 Löse die Aufgaben schriftlich.

a)	b)	c)	d)	e)	f)
98	147	289	908	332	828
− 12	− 33	− 125	− 487	− 287	− 655

2 Bei den Hausaufgaben hat Simone einige **Fehler** gemacht. Korrigiere.

a)	b)
4532	876
− 1815	− 296
2747	620

3 Berechne schriftlich.

a)	b)	c)
88	57	383
− 4	− 21	− 20
− 12	− 13	− 31

d)	e)	f)
723	835	502
− 32	− 47	− 159
− 41	− 120	− 79

4 Lisa geht einkaufen. Überschlage, ob 15 € ausreichen.

☐ Das Geld reicht. ☐ Das Geld reicht nicht.

5 Schreibe als Rechenaufgabe und bestimme die fehlende Zahl. [T1]

a) Bilde die Differenz von 480 und 193 und berechne den Wert.

b) Der Wert der Differenz ist 370. Der Minuend ist 980.

2 Peter hat bei seinen Hausaufgaben einige **Fehler** gemacht. Markiere falsche Zeilen mit f und korrigiere.

a)	b)
1404	3782
− 633	− 673
231	3052

c) Gib Peter Tipps, wie er die Fehler vermeiden kann.

3 Schreibe als Rechenaufgabe und bestimme die fehlende Zahl. [T1]

a) Welche Zahl musst du von 375 subtrahieren, um 103 zu erhalten?

b) Der Wert der Differenz ist 2000. Der Subtrahend ist 125.

4 Esra war in Samnaun Skifahren. Berechne die Höhendifferenz der Bahnen in der Tabelle. Ordne dann die Bahnen nach ihrer Höhendifferenz:

___ > ___ > ___ > ___

	A Silvrettabahn	B Flimjochbahn
Berg	2321 m	2757 m
Tal	1360 m	2301 m
Höhendifferenz		

	C Luftseilbahn	D Lange Wandbahn
Berg	2510 m	2853 m
Tal	1790 m	2221 m
Höhendifferenz		

[T1] Minuend − Subtrahend = Differenz

○ **1** Gleiche Zahlen – aber unterschiedliche Rechnungen!

a) 195 + 100 + 55

= ______ = ______

b) 195 – 100 – 55

= ______ = ______

c) 195 – (100 – 55)

= ______ = ______

d) 195 – (100 – 55 – 5)

= ______

= ______ = ______

e) (195 – 100) – (55 – 5)

= ______

= ______ = ______

f) 195 + (100 – 55) – 5

= ______

= ______ = ______

○ **2** Berechne schrittweise.

a) 70 – (19 + 21)

= ______

= ______

b) (21 – 19) + 39

= ______

= ______

c) (39 – 31) – (21 – 19)

= ______

= ______

d) 50 – (39 – 31)

= ______

= ______

◒ **3** Unterstreiche die innere Klammer und berechne diese zuerst. Die Lösungen findest du auf den Kärtchen. Zwei Kärtchen bleiben übrig.

265 | 112 | 790 | 88 | 780

a) 121 – (14 + (7 + 12))

= ______

= ______

= ______

b) (250 + 25) – (3 + (12 – 9) + 4)

= ______

= ______

= ______

c) (500 + (340 – 20)) – (25 + 5)

= ______

= ______

= ______

◒ **4** Setze ein Klammerpaar ( ) so, dass das Ergebnis

a) möglichst klein wird.

200 – 50 – 30 + 10

= ______

= ______

= ______

b) möglichst groß wird.

200 – 50 – 30 + 10

= ______

= ______

= ______

◒ **2** Durch das Setzen von Klammern erhält man verschiedene Werte. Rechne möglichst im Kopf.

Lösungswort: ______

1000 – (150 + (200 – 20) + 80) – 10 = ______

1000 – 150 + (200 – (20 + 80) – 10) = ______

1000 – (150 + 200 – (20 + 80 – 10)) = ______

1000 – (150 + 200 – 20 + (80 – 10)) = ______

(1000 – 150) + 200 – (20 + (80 – 10)) = ______

(1000 – 150 + (200 – 20) + 80) – 10 = ______

1000 – (150 + 200 – (20 + 80) – 10) = ______

R 760 | M 600 | A 740 | K 580 | L 940 | M 960 | E 1100

◒ **3** Ermittle die fehlende Zahl. Das Ergebnis ist immer 200. Welche Zahlenkärtchen bleiben übrig? Prüfe deine Lösung durch schrittweise Berechnung.

20 | 125 | 150 | 30 | 55 | 65 | 70 | 100

a) 120 + (135 – ____)

= ______

b) 85 + (____ + 15)

= ______

c) 350 – (____ + 25)

= ______

d) (230 + 30) – (____ + 30)

= ______

e) 275 – (145 – ____)

= ______

f) (280 – 40) – (60 – ____)

= ______

◒ **4** Setze zwei Klammerpaare ( ), ohne sie zu verschachteln, sodass das Ergebnis

a) möglichst klein wird.

1000 – 200 – 50 – 150 + 50 – 10

= ______

b) möglichst groß wird.

1000 – 200 – 50 – 150 + 50 – 10

= ______

○ **1** Setze für die Variable nacheinander die angegebenen Zahlen ein. Notiere Rechnung und Ergebnis in der Tabelle.

x	3	10	14
x + 15	3 + 15 = 18		
20 + (50 − x)			
5 + (25 − x)			
100 − ((x − 2) + 5)			

○ **2** Ordne die Rechenausdrücke auf den blauen Kärtchen den Sachtexten zu. **Erkläre**, wofür die Variable steht. Es bleiben Rechenausdrücke übrig.

y + 3 | y − 3 | z + (4 − 3) | x + 4 | z + 4 − 3 | x − 4

A Am Dienstag kostet die Eintrittskarte ins Kino 3 € weniger.

B Am Fußballturnier der 5. Klassen nahmen dieses Jahr 4 Mannschaften mehr teil.

C In den Sommerferien verringert sich der Eintritt ins Schwimmbad um 4 €.

D Bei einer Kontrolle wird die Anzahl der Personen im Bus notiert. Danach steigen 4 ein und 3 aus.

○ **3** Notiere den Buchstaben des passenden Terms.

(1) die Summe aus 40 und einer Zahl ____

(2) eine Zahl addiert zu sich selbst ____

(3) 10 vermindert um eine Zahl ____

(4) die Differenz aus einer Zahl und 10 ____

A x − 10 | B 40 + x | C x + x | D 10 − x

○ **4** Schreibe einen Term für den Umfang der Figur auf.

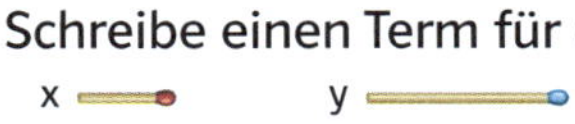

a)

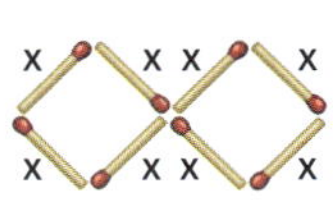

b)

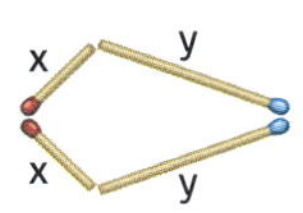

◒ **3** Schreibe als Term. Achte auf Klammern.

a) die Summe aus 4 und z vermindert um 10

b) Subtrahiere von 10 die Summe aus x und 4.

c) Subtrahiere von der Differenz aus 20 und a die Summe aus a und 2.

◒ **4** Schreibe einen Term für den Umfang der Figur auf.

a)

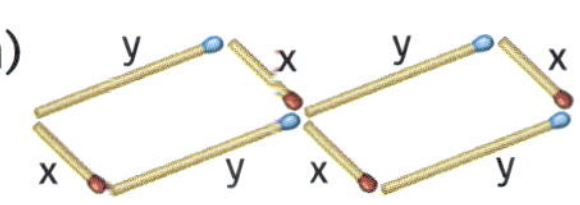

b)

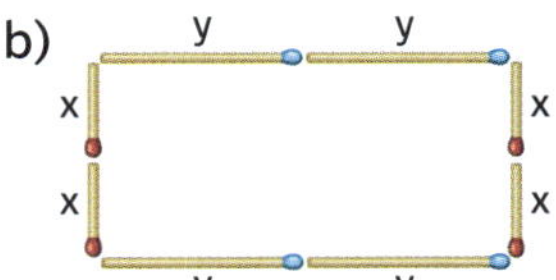

○ **1** Finde die blauen Kärtchen, bei denen sich die Zahlen besonders gut zu den Zahlen auf den grünen Kärtchen addieren lassen. Notiere die Rechnung und berechne.

A	19	B	32	C	250	D	140	E	33	F	400	G	125	H	56

60 107 1600 21 18 14 75 50

A 19 + ______ = ______ B ______ = ______ C ______ = ______ D ______ = ______

E 33 + ______ = ______ F ______ = ______ G ______ = ______ H ______ = ______

○ **2** Notiere die Summe aller Zahlen auf den Armen des Seesterns in der Mitte. Markiere dazu die Zahlen, die sich vorteilhaft addieren lassen.

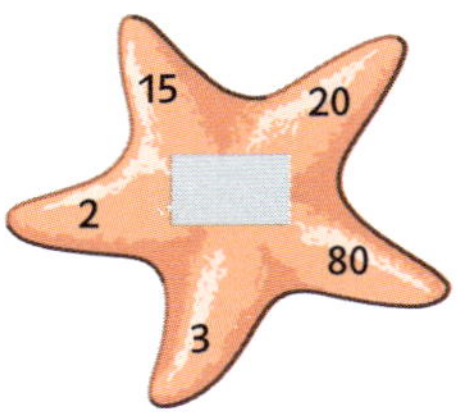

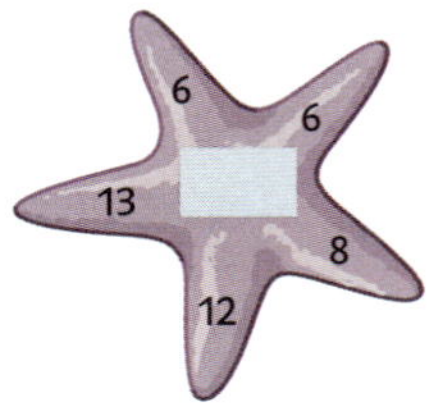

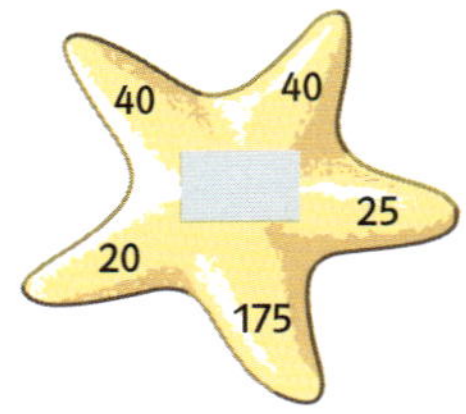

○ **3** Setze die Zahlen auf den Kärtchen in die Lücken der Rechnung. Rechne vorteilhaft und löse.

19 200 400 7 250 16

a) 24 + ______ + 13 + ______

= ______

= ______

b) 300 + ______ + 100 + ______

= ______

= ______

◒ **4** Nutze Rechenvorteile.

a) 13 + 41 + 37 + 59

= (13 + 37) + (41 + 59)

= ______

b) 77 + 38 + 42 + 23

= ______

= ______

c) 83 + 38 + 72 + 27

= ______

= ______

d) 48 + 93 + 12 + 77

= ______

= ______

◒ **5** Finn berechnet vorteilhaft. Was meinst du dazu? **Begründe**.

212 − 35 + 12
= 212 − 12 + 35
= 200 + 35
= 235

______

◒ **3** Beim Rechnen mit vielen Summanden wird das Rechnen leichter, wenn man die Plus- und Minusglieder sortiert. Ergänze und berechne.

a) 154 − 35 + 23 − 41 − 3 + 13

= 154 + ______ + ______ − 35 − ______ − ______

______

b) 224 − 48 + 46 + 24 − 22 − 50

______

c) 572 − 24 − 126 + 38 − 45 + 55

______

● **4** In einem großen Lager werden die Ein- und Ausgänge sorgfältig erfasst. Notiere die Rechnung. Schreibe alle Eingänge und Ausgänge in einer eigenen Klammer. Berechne.

Zu Beginn sind 2500 Schränke im Lager. Es kommen 25 hinzu. 15 Schränke verlassen das Lager. Am nächsten Tag werden 32 Schränke geliefert. In der darauffolgenden Woche werden erst 18, dann 7 Schränke verkauft, deshalb wird der Bestand mit 100 Schränken aufgestockt. Wie viele Schränke sind im Lager?

______

Es sind ______ Schränke im Lager.

○ **1** Rechne im Kopf und bilde die Gegenaufgabe.

a) 78 − 2 = 76 | 76 + 2 = 78
b) 185 − 15 = ___ | ___ + ___ = ___
c) 278 − 72 = ___ | ___ + ___ = ___
d) 85 + 7 = ___ | ___ = ___
e) 192 + 17 = ___ | ___ = ___
f) 172 + 103 = ___ | ___ = ___

○ **2** Ergänze so, dass das Ergebnis die nächstkleinere beziehungsweise die nächstgrößere Stufenzahl zur Zahl im Dach ist. [T1]

a) 605
605 − ___ = 100
605 + ___ = 1000

b) 65
65 − ___ = 10
65 + ___ = 100

c) 56
56 − ___ = ___
56 + ___ = ___

d) 565
565 − ___ = ___
565 + ___ = ___

○ **3** Addiere schriftlich.

a)

	2	3	4
+	6	3	2

b)

	6	0	7
+		9	5

c)

		6	3
+		2	2
+	3	0	1

d)

	1	0	3	6
+			5	2
+		6	4	0

○ **4** Subtrahiere schriftlich.

a)

	8	3	4
−	7	0	3

b)

	3	3	4	8
−	1	4	9	3

c)

	6	3	8	6
−		2	1	1
−			1	2

d)

	5	6	3	2
−	2	3	1	9
−		6	8	2

○ **5** Rechne

a) mit Klammer
72 − (23 − 9)

ohne Klammer
72 − 23 − 9

b) mit Klammer
183 − (23 + 55 − 15)

ohne Klammer
183 − 23 + 55 − 15

○ **6** Berechne den Wert des Terms. Ordne jedem Term einen Satz zu.

100 − x für x = 19 | ___

(100 + x) − 45 für x = 24 | ___

x − 4 für x = 10 | ___

x − 5 für x = 2022 | ___

A Anton ist 4 Jahe jünger als sein Bruder.

B Marie wohnt mit ihren Eltern seit 5 Jahren in der gleichen Wohnung.

C die Differenz aus 100 und der Zahl

D 45 wird von der Summe aus 100 und der Zahl subtrahiert.

○ **7** Rechne vorteilhaft, indem du Summanden vertauschst und Klammern setzt.

a) 22 + 14 + 23 + 16
b) 45 + 7 + 13 + 15
c) 14 + 12 + 9 + 98 + 76

[T1] Stufenzahlen sind 10; 100; 1000; …

8 Rechne von außen nach innen.

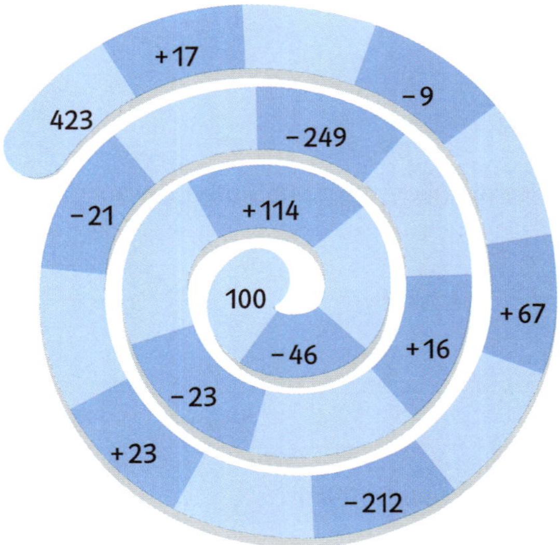

9 Stelle den Term auf. Berechne den Wert des Terms, indem du für die Variable den Wert 12 einsetzt.

a) Addiere 27 und eine Zahl.

b) Berechne die Differenz von 296 und einer Zahl.

c) 1237 wird um die Summe aus 198 und einer Zahl vermehrt.

d) 1000 vermindert um die Differenz von einer Zahl und 5.

10 Fasse wie im Beispiel Subtrahenden zusammen. Berechne vorteilhaft weiter.

a) 780 − 28 − 19 − 12 − 11

= 780 − (28 + 19 + 12 + 11)

= 780 − (28 + 12 + 19 + 11)

b) 100 − 15 − 12 − 5 − 8

c) 250 − 12 − 14 − 21 − 12 − 16

11 In einem magischen Quadrat ergibt die Summe der Zahlen aus jeder Zeile, jeder Spalte und jeder Diagonalen dieselbe Zahl, die „magische Zahl". [T1]

a) In diesem magischen Quadrat wird jede Zahl von 1 bis 16 nur einmal verwendet.
Bestimme die magische Zahl und ergänze die Lücken: ______

16			13
	10	11	
	6		12
4		14	

b) Julian behauptet: „Wenn ich zu jeder Zahl des magischen Quadrats 10 addiere, erhalte ich wieder ein magisches Quadrat."
Überprüfe Julians Aussage mit dem Quadrat aus Teilaufgabe a). ______

26			

Notiere, wenn vorhanden, die magische Zahl: ______

c) Vergleiche die magischen Zahlen aus beiden Teilaufgaben. **Beschreibe**, was dir auffällt.

[T1] Notiere dir zunächst die fehlenden Zahlen.

○ **1** Berechne im Kopf.

a) 4 · 5 = ______ b) 7 · 9 = ______ c) 72 : 8 = ______ d) 21 : 3 = ______

e) 9 · 9 = ______ f) 11 · 5 = ______ g) 24 : 6 = ______ h) 77 : 7 = ______

○ **2** Berechne die Aufgaben halbschriftlich.

a) 25 · 9 =
20 · 9 =
5 · 9 =
25 · 9 =

b) 208 · 7 =

c) 126 : 9 =
90 : 9 =
36 : 9 =
126 : 9 =

d) 324 : 3 =

◒ **3** Berechne im Kopf. Addiere alle gefundenen Zahlen. Vergleiche mit den Kontrollzahlen (Summe der eingetragenen Zahlen).

a) 7 · 9 = ______
8 · 6 = ______
5 · 4 = ______
Summe: ______
Kontrollzahl: 131

b) 5 · ______ = 30
7 · ______ = 49
______ · 12 = 24
Summe: ______
Kontrollzahl: 15

c) 4 · 12 = ______
15 · 5 = ______
17 · 10 = ______
Summe: ______
Kontrollzahl: 293

d) 9 · ______ = 72
13 · ______ = 39
______ · 7 = 42
Summe: ______
Kontrollzahl: 17

◒ **4** Notiere die Lösungen.

a) 4 · 8 = ______
40 · 8 = ______
400 · 8 = ______
4000 · 8 = ______

b) 48 : 4 = ______
480 : 4 = ______
4800 : 4 = ______
48000 : 4 = ______

◒ **5** Berechne geschickt im Kopf. Die Lösungen findest du auf den Kärtchen. Notiere das

Lösungswort: ______

15 · 4 = 30 · 2 = ______
18 · 5 = ______
48 · 5 = ______
5 · 26 = ______

64 : 16 = 32 : 8 = ______
98 : 14 = ______
108 : 12 = ______
128 : 16 = ______

H 9 | C 4 | H 90 | O 130 | L 240 | S 60 | U 7 | F 8

◒ **3** Überlege. Berechne geschickt im Kopf. Die Lücken helfen dir dabei.

a) 18 · 3 = 20 · ______ − ______ · 3
= ______

b) 43 · 8 = 40 · ______ + ______ · 8
= ______

c) 27 · 7 = ______
= ______

d) 64 · 6 = ______
= ______

● **4** a) Denke dir als Startzahl nacheinander die Zahlen 5; 10; 20 und 50. Rechne im Kopf und trage deine Ergebnisse in die Tabelle ein.

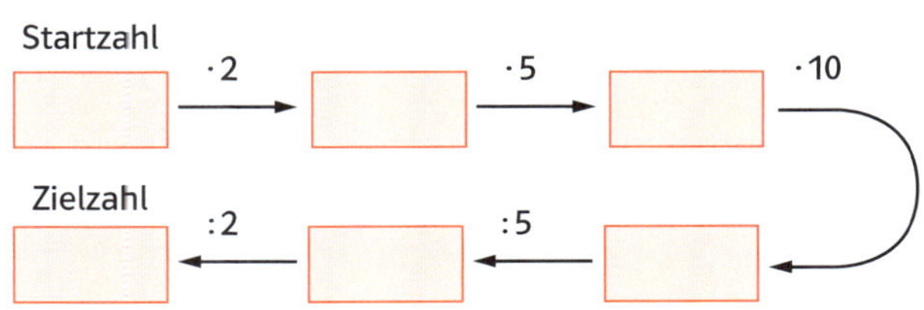

Startzahl	5	10	20	50
Zielzahl				

b) Kehre die Rechnung von Teilaufgabe a) um. Die Zielzahl ist gegeben und die Startzahl ist gesucht.

Startzahl				
Zielzahl	40	60	300	1200

c) Betrachte die Start- und Zielzahlen.
Was fällt dir auf? **Begründe**.

○ **1** Berechne schriftlich.

a) 32 · 7 b) 95 · 8 c) 876 · 8 d) 756 · 6

e) 14 · 21 f) 15 · 809 g) 23 · 207 h) 194 · 29

◒ **2** Finde den passenden Überschlag zu den Aufgabenkärtchen. Verbinde.

19 · 11	500
52 · 19	200
95 · 5	1000
33 · 11	400
19 · 5	100
21 · 21	330

◒ **3** Hier hat sich der Fehlerteufel eingeschlichen.
a) Finde die **Fehler** und verbessere sie.
b) Notiere im grauen Feld, welcher Fehler gemacht wurde:
F1: Übertrag bei der Addition vergessen.
F2: Stellen wurden falsch untereinander notiert.
F3: Rechenfehler bei der Multiplikation.

			Fehlerart
(1)	124 · 51 620 + 124 744	124 · 51	
(2)	128 · 47 512 + 896 5916	128 · 47	
(3)	359 · 16 359 + 2154 21899	359 · 16	

◒ **2** Mache erst einen Überschlag. Berechne dann schriftlich.

a) Ü:
=
843 · 272

b) Ü:
=
468 · 587

● **3** a) Ein Faultier schläft ungefähr 21 Stunden am Tag. Das sind ca.

_______ Stunden in einer Woche und ca.

_______ Stunden in einem Jahr.

b) Ein 12-jähriges Kind schläft ca. 8 Stunden am Tag. Das sind in einer Woche ca. _______ Stunden und in einem Jahr ca. _______ Stunden.

c) Stefan übt drei Stunden in der Woche Klavier. Das sind in einem Jahr _______ Stunden.

○ **1** Berechne.

a) $6 \cdot (7 \cdot 3)$ = ___ b) $(3 \cdot 5) \cdot 6$ = ___ c) $(4 \cdot 15) \cdot 4$ = ___ d) $2 \cdot (8 \cdot 125)$ = ___

○ **2** Berechne vorteilhaft. Vertausche, wenn nötig, die Faktoren und setze Klammern.

a) $4 \cdot 7 \cdot 25$ = ___ = ___ b) $5 \cdot 2 \cdot 8$ = ___ = ___

c) $20 \cdot 3 \cdot 5$ = ___ = ___ d) $6 \cdot 5 \cdot 2$ = ___ = ___

◒ **3** Vertausche Faktoren, um vorteilhaft zu rechnen. Setze Klammern. Die Lösungen sind auf den Kärtchen.

a) $2 \cdot 2 \cdot 5 \cdot 5$ = $(2 \cdot 5) \cdot (2 \cdot 5)$ = ___ b) $6 \cdot 4 \cdot 5 \cdot 5$ = ___ = ___

c) $4 \cdot 6 \cdot 25 \cdot 3$ = ___ = ___ d) $2 \cdot 25 \cdot 2 \cdot 75$ = ___ = ___

e) $125 \cdot 10 \cdot 8 \cdot 2$ = ___ = ___ f) $4 \cdot 10 \cdot 25 \cdot 3$ = ___ = ___

1800	3000	7500	20 000	600	100

◒ **4** Eine Zahl aus dem ersten Säckchen soll mit einer Zahl aus dem zweiten Säckchen multipliziert werden.

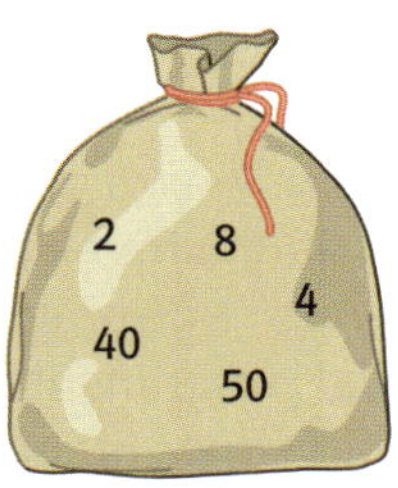

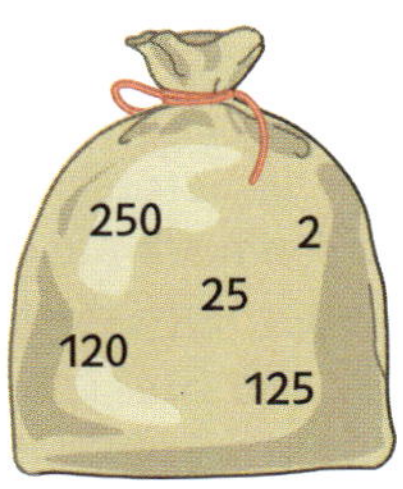

a) Finde je zwei Aufgaben zu den Stufenzahlen.

___ = 100 = ___

___ = 1000 = ___

b) Das größtmögliche Ergebnis ist

___,

das kleinstmögliche Ergebnis ist ___.

○ **2** Vertausche Faktoren, um vorteilhaft zu rechnen. Setze Klammern. Berechne.

a) $4 \cdot 4 \cdot 5 \cdot 5$ = ___ = ___ b) $3 \cdot 5 \cdot 4 \cdot 20$ = ___ = ___

c) $2 \cdot 8 \cdot 5 \cdot 125 \cdot 10$ = ___ = ___ = ___ d) $12 \cdot 4 \cdot 25 \cdot 5$ = ___ = ___ = ___

◒ **3** Zerlege Faktoren vorteilhaft und nutze das Vertauschungs- und Verbindungsgesetz zum Kopfrechnen.

a) $25 \cdot 16$ = $25 \cdot 4 \cdot 4$ = ___ = ___ b) $75 \cdot 16$ = ___ = ___ = ___

c) $50 \cdot 26$ = ___ = ___ = ___ d) $125 \cdot 32$ = ___ = ___ = ___

● **4** Finde Multiplikationsaufgaben. Benutze die Zahlen auf den Kärtchen. Du darfst jedes Kärtchen für jede Rechnung nur einmal benutzen. Rechne vorteilhaft. Bei mehr als zwei Faktoren: Setze Klammern.

4	8	10	50	125

Das Ergebnis soll 4000; 10 000; 40 000; 50 000 und 200 000 sein.

○ 1 Zu jedem Produkt gehört eine Potenz und der Wert der Potenz. Fülle die Lücken.

a) $7 \cdot 7 \cdot 7 \cdot 7$ = 7^4 = 2401 b) ______ = 8^2 = ______

c) ______ = 10^2 = ______ d) $2 \cdot 2 \cdot 2 \cdot 2 \cdot 2$ = ___ = ______

e) ______ = 3^3 = ______ f) $7 \cdot 7$ = ___ = ______

g) ______ = 5^3 = ______ h) ______ = 10^4 = ______

○ 2 Verbinde die Potenzen mit ihrem Wert. Es bleiben Potenzen übrig.

4^4 2^4 5^4 4^2 8^2 10^2 4^3 25^2

16 64 625

◒ 3 Finde den **Fehler** und korrigiere ihn.

a) $3^4 = 3 \cdot 4 = 12$

______

b) $5 \cdot 5 \cdot 5 = 3^5 = 243$

______

c) $4^5 = 4 + 4 + 4 + 4 + 4 = 20$

______

d) $2^5 = 2 \cdot 2 \cdot 2 \cdot 2 \cdot 2 = 10$

______

◒ 4 Färbe die Karten, die denselben Wert haben, in einer Farbe. Aus den Karten einer Farbe kannst du englische Wörter bilden.

10 Millionen | s 300 | d 10^3 | b zehn | e

10 | e 1000 | o Dreihundert | g $3 \cdot 10^3$ | d

Dreitausend | e 10^1 | y 10^7 | e $3 \cdot 10^2$ | o

Eintausend | y 10 000 000 | a 3000 | r

Lösungsworte: ______ ______ ______ ______ ______

◒ 5 Bestimme die Werte der Potenzen und vergleiche. Notiere <; > oder =.

a) 10^2 = ______ ☐ 2^{10} = ______

b) 2^4 = ______ ☐ 4^2 = ______

c) 3^5 = ______ ☐ 5^3 = ______

◒ 2 Potenzen mit der Hochzahl 2 kann man durch Quadrate veranschaulichen. Deswegen nennt man diese Zahlen auch Quadratzahlen.

1. Zahl 2. Zahl 3. Zahl

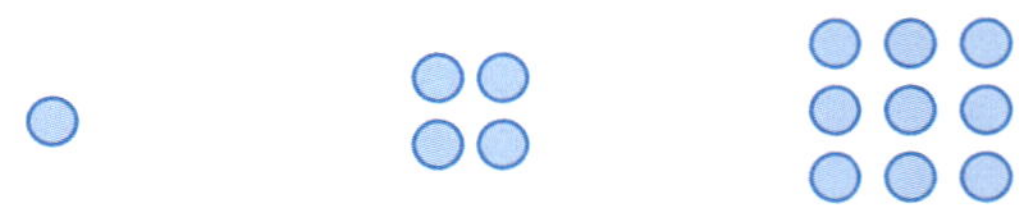

$1^2 = 1$ $2^2 = 4$ $3^2 = 9$

a) Wie lauten die weiteren Quadratzahlen?

Grundzahl	4	5	6	7
Quadratzahl				

b) Finde die Grundzahlen.

Grundzahl				
Quadratzahl	81	144	225	361

◒ 3 Schreibe als Potenz. Es gibt zwei Möglichkeiten. Kreuze die Lösung an, bei der der Exponent größer ist.

a) 16 = ______ ☐ 16 = ______ ☐

b) 81 = ______ ☐ 81 = ______ ☐

c) 625 = ______ ☐ 625 = ______ ☐

● 4 Um ein Samuraischwert herzustellen, wird ein Stahlbarren flach ausgeschmiedet, dann umgeklappt und wieder flach geschmiedet. Je nach Notwendigkeit wird der Stahl so 10- bis 20-mal zusammengefaltet. Dadurch entsteht eine Schichtung des Stahls, die für die Festigkeit und Schärfe wichtig ist.
Nach fünf Durchgängen hat der Barren ______ Schichten, nach zehn sind es schon ______. Um über 1 000 000 Schichten zu erhalten, müsste man das Werkstück ______-mal flach schmieden und wieder umklappen. [T1]

[T1] Runde für das weitere Rechnen auf 1000.

○ **1** Dividiere die Zahl auf der Spinne durch die Zahlen am Spinnennetz. Trage die Ergebnisse in die äußeren Felder ein.

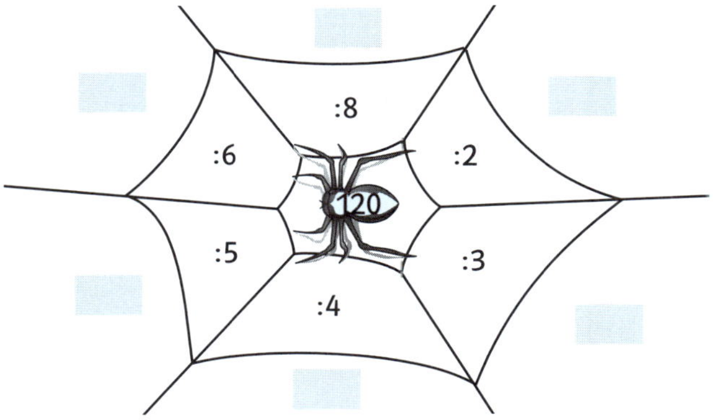

○ **2** Was gehört in die Lücken?

a)

3 9 2 : 7 = 5 __

– __ __

4 2 Probe:

– __ __ · 7

0

b)

1 6 5 : 5 = __ 3

– 1 5

__ 5 Probe:

– __ __ · 5

0

c)

2 __ 4 : 6 = __ __

– 2 4

5 4 Probe:

– 5 4

0

d)

__ 4 6 : 9 = 9 __

– 8 __

__ __ Probe:

– 3 6

0

◒ **3** Berechne.

a) 270 : 10 = ______ b) 2900 : 100 = ______

500 : 10 = ______ 30 600 : 100 = ______

410 : 10 = ______ 100 : 100 = ______

760 : 10 = ______ 1200 : 100 = ______

◒ **4** Berechne. Schreibe so um, dass der Divisor am Ende keine Nullen hat. Rechne dann.

a) 250 : 50 = 25 : 5 = ______

b) 320 : 40 = ______

c) 4900 : 70 = ______

d) 56 000 : 70 = ______

e) 1000 : 200 = ______

f) 98 000 : 2000 = ______

g) 1600 : 200 = ______

h) 72 000 : 400 = ______

◒ **5** Bei diesen Aufgaben bleibt ein Rest.

a) 109 : 7 = ______ b) 519 : 8 = ______

◒ **6** Überschlage. Verbinde die Aufgaben mit ihren Lösungen.

1872 : 4 1030 : 5 4536 : 8 2464 : 7

352 206 721 468 567

◒ **3** Überschlage und berechne.

a) Ü: ______ b) Ü: ______

a) 6 0 0 6 : 1 3 =

b) 5 7 1 2 : 2 4 =

◒ **4** a) Setze die Rechenreihe fort.

1 6 0 0 : 2 0 =

1 6 0 0 : 4 0 =

1 6 0 0 : 8 0 =

:

b) **Beschreibe**, welche Regelmäßigkeit du entdeckst. Verwende die Begriffe: Quotient; Dividend; Divisor; halbieren.

Wenn ______

● **5** Die Klasse 5c (22 Schülerinnen und Schüler) macht einen Ausflug zu einer Tropfsteinhöhle. Der Bus kostet für alle 264 € und die Führung mit Eintritt nochmal 66 €.

Jeder muss ______ € bezahlen.

○ **1** Berechne die Klammer zuerst.

a) (4 + 7) · 6 b) (22 − 12) · 7 c) 42 : (21 − 14) d) (29 − 14) : 5

○ **2** Es gilt: Punktrechnung vor Strichrechnung. Berechne schrittweise.

a) 12 + 3 · 2 b) 35 − 5 · 4 c) 3 · 3 + 2 · 5 d) 17 + 3 · 6 − 27

○ **3** Denke an die Reihenfolge beim schrittweisen Berechnen der Rechenausdrücke.

a) (12 + 3) · 4 − 2
=
=

b) 2 · 12 − 3 − 4
=
=

c) 2 · (12 + 3) − 4
=
=

d) 2 · (12 − 3) + 4
=
=

○ **4** Rechne mit Zwischenrechnungen.

a) 8 · 4 + 3 = 32 + 3 = 35

8 · (4 + 3) =

8 + 4 · 3 =

8 − (4 − 3) =

b) 250 : (25 − 20) + 5 =

(250 : 25) + (20 − 5) =

250 : (25 − 20 + 5) =

(250 − 25) − (20 − 5) =

◒ **5** Setze eine Klammer so, dass das Ergebnis stimmt. Ergänze die Zwischenrechnung.

a) 200 − 50 − 30 + 10
= ______ = 110

b) 200 − 50 − 30 + 10
= ______ = 190

c) 200 − 40 : 20 + 2
= ______ = 10

d) 180 − 3 · 20 + 30
= ______ = 30

e) 360 − 4 · 13 + 7 + 20
= ______ = 300

◒ **3** Berechne die innere Klammer zuerst.

a) 140 : ((38 − 13) · 2 − 15)
=
=
=
=

b) (28 − 2 · (3 + 4)) : 2
=
=
=
=

c) (25 · (17 − 7) + 23) − 46
=
=
=
=

● **4** Welche Zahl fehlt hier? Streiche die benutzten Kärtchen durch.

a) 4 · ____ + 70 = 150

b) 2 · 3 · ____ · 5 = 150

c) ____ − 2 · ____ = 150

d) ____ + 2 · 25 = 150

e) ____ : 2 − 50 = 150

f) 110 − 5 + ____ · 5 = 150

g) ____ : 6 · 5 + ____ = 150

h) (____ − 400) + (5 · (2 · 5)) = 150

i) ____ · (17 − 7) = 150

Kärtchen: 100, 120, 25, 5, 10, 15, 2, 50, 40, 500, 20, 200, 400, 9

Welche Zahlenkärtchen bleiben übrig? ______

○ **1** Löse durch Ausmultiplizieren. Ergänze die Pfeile.

a) $3 \cdot (25 + 6)$
= $3 \cdot 25 + 3 \cdot 6$
= ______ = ______

b) $15 \cdot (5 + 10)$
= ______
= ______ = ______

c) $(12 - 4) \cdot 4$
= ______
= ______ = ______

d) $6 \cdot (12 - 3)$
= ______
= ______ = ______

○ **2** Bestimme den Rechenausdruck der dargestellten Aufgabe.

a) 

______ $\cdot 4$ + ______ $\cdot 4$
= ______ + ______ $\cdot 4$ = ______ $\cdot 4$ = ______

b) 

______ + ______
= ______

c) 

______ + ______
= ______

d) 

______ + ______
= ______

○ **3** Klammere den gemeinsamen Faktor aus und vereinfache so die Rechnung. Umkreise vorher den gemeinsamen Faktor. Berechne danach erst die Klammer.

a) $4 \cdot 13 + 4 \cdot 7$
= $4 \cdot (13 + 7)$
= $4 \cdot 20 = 80$

b) $9 \cdot 17 - 9 \cdot 13$
= ______

c) $8 \cdot 13 - 8 \cdot 7$
= ______

d) $5 \cdot 19 + 4 \cdot 19$
= ______

e) $9 \cdot 14 - 4 \cdot 14$
= ______

f) $12 \cdot 13 - 8 \cdot 13$
= ______

○ **4** Zerlege die größere Zahl in eine Summe oder Differenz, mit der du das Produkt dann durch Ausmultiplizieren leichter berechnen kannst.

a) $7 \cdot 42$
= $7 \cdot (40 + 2)$
= $7 \cdot 40 + 7 \cdot 2$
= ______
= ______

b) $9 \cdot 79$
= $9 \cdot (80 - 1)$
= $9 \cdot 80 -$
= ______
= ______

c) $6 \cdot 61$
= ______
= ______
= ______
= ______

d) $8 \cdot 49$
= ______
= ______
= ______
= ______

◒ **4** Auf Peters Heft sind einige Regentropfen gekommen. Jetzt muss er die Aufgaben ausbessern. Hilf ihm. Berechne abschließend.

a) $17 \cdot 13 + 17 \cdot 12$
= ___ $\cdot (13 + 12)$
= ___ $\cdot 25 =$ ______

b) $13 \cdot$ ___ $+ 8 \cdot$ ___
= $(13 + 8) \cdot 7$
= ___ $\cdot 7 =$ ______

c) ___ $\cdot 17 + 7 \cdot$ ___ $-$ ___ $\cdot 17$
= $(6 + 7 - 3) \cdot 17 =$ ___ $\cdot 17 =$ ______

d) $14 \cdot$ ___ $- 9 \cdot$ ___ $+$ ___ $\cdot 11$
= $(14 - 9 + 4) \cdot$ ___ $=$ ___ $\cdot 11 =$ ______

5 Zerlege eine Zahl in ein Produkt und klammere dann wie im Beispiel aus. Berechne.

a) 100 + 3 · 25
= 4 · 25 + 3 · 25
= (3 + 4) · 25
= ______

b) 24 · 8 + 48
= ______
= ______
= ______

6 Markiere den **Fehler**. Schreibe die Rechnung korrekt daneben.

a) 12 · (20 − 3) | 12 · (20 − 3)
= 12 · 20 − 3 | ______
= 240 − 3 = 237 | ______

b) 3 · 45 + 5 · 3 | 3 · 45 + 5 · 3
= 3 · (45 + 3) | ______
= 3 · 48 = 144 | ______

7 Löse die Aufgaben wie angegeben. Kreuze die Rechnung an, die dir leichter gefallen ist.

a) Ausklammern ☐ | Punkt- vor Strichrechnung ☐
6 · 9 + 6 · 11 | 6 · 9 + 6 · 11
= 6 · ( ) | = 54 +
= ______ | = ______

b) Ausklammern ☐ | Punkt- vor Strichrechnung ☐
20 · 3 + 9 · 3 | 20 · 3 + 9 · 3
= ______ | = ______
= ______ | = ______

8 Peter kauft auf dem Flohmarkt 12 Spielzeugautos für jeweils 2 € und 12 Kartenspiele für jeweils 1 €. Kreuze alle Rechenterme an, die zur Lösung der Aufgabe führen. Berechne die Lösung.

☐ 12 · 2 + 12 · 1 ______
☐ 12 · 2 + 12 ______
☐ 12 · 2 + 1 ______
☐ 12 · (2 + 1) ______

5 **Entscheide**, ob das Ausklammern oder das Ausmultiplizieren Vorteile bietet. Rechne möglichst im Kopf. Notiere nur deinen Rechenweg und die Lösung.

a) (67 + 23) · 6 = ______ b) (20 + 8) · 8 = ______

c) 30 · 6 − 12 · 6 = ______ d) 13 · 5 + 7 · 5 = ______

6 Hier fehlen Klammerpaare. Korrigiere den **Fehler** und **prüfe** die Rechnung.

a) 5 · 3 + 4 = 35 b) 50 − 20 · 7 = 210

c) 25 − 5 · 8 = 160 d) 9 · 32 + 18 = 450

e) 32 − 12 · 15 = 300 f) 13 · 47 − 17 = 390

7 Berechne. Denke, falls nötig, an die Klammern.

a) Eine Klasse (25 Schüler und Schülerinnen) muss pro Person 4 € Busgeld und 3 € Eintritt zahlen.

Kosten: ______

b) Herr Braun kauft 47 Rosen zu je 1,20 € und 47 Fresien zu je 0,80 €.

Kosten: ______

c) Frau Nau kauft für 3 Kinder je 1 T-Shirt für 5,50 €, Socken für 1,50 € und eine Hose für 18 €.

Kosten: ______

○ **1** Jeweils eine Multiplikationsaufgabe und eine Divisionsaufgabe gehören zu einer Lösung. Berechne im Kopf und notiere den richtigen Lösungsbuchstaben. Lies das Lösungswort auf den blauen (_ _ _ _ _ _ _ _ _) Lösungskärtchen und den roten (_ _ _ _ _ _ _ _ _) Divisions-Kärtchen ab.

6·12 N	3·14 E	7·25 H	21·8 E	34·5 R	37·4 I	52·3 A	7·19 B	8·18 S
168 | E	148 | __	72 | __	144 | __	42 | __	175 | __	133 | __	156 | __	170 | __
931 : 7 | __	936 : 6 | __	525 : 3 | __	648 : 9 | __	1020 : 6 | __	336 : 8 | __	740 : 5 | __	576 : 4 | __	336 : 2 | __

○ **2** Multipliziere schriftlich.

a) 9 3 · 6　　b) 7 3 · 1 4　　c) 2 0 3 · 1 3　　d) 2 4 0 · 5 7

○ **3** Nutze Rechenvorteile. Vertausche Faktoren und setze Klammern. Berechne.

a) $4 \cdot 50 \cdot 12$　　b) $4 \cdot 6 \cdot 25$　　c) $2 \cdot 6 \cdot 5 \cdot 12$　　d) $7 \cdot 50 \cdot 13 \cdot 2$

= ______　= ______　= ______　= ______
= ______　= ______　= ______　= ______
= ______　= ______　= ______　= ______

○ **4** Schreibe die Potenzen als Produkt. Berechne.

a) 4^2　　b) 2^4　　c) 10^2　　d) 5^3

= ______　= ______　= ______　= ______

○ **5** Dividiere schriftlich.

a) 2 1 6 : 4 =　　b) 5 0 4 : 9 =　　c) 5 9 8 : 7 =

○ **6** Achte auf die angegebene Rechenregel.

a) Berechne die Klammer zuerst.
(1) $120 : (24 + 6)$　　(2) $7 \cdot (19 + 14)$

b) Beachte die Punkt- vor Strichrechnung.
(1) $12 + 13 \cdot 5 - 22$　　(2) $200 - 12 \cdot 2 + 8 : 4$

= ______　= ______　= ______　= ______
= ______　= ______　= ______　= ______

○ **7** Benutze das Verteilungsgesetz (Distributivgesetz).

a) Multipliziere aus und berechne.
(1) $4 \cdot (30 - 4)$　　(2) $7 \cdot (50 + 6)$

b) Klammere aus und berechne.
(1) $6 \cdot 17 + 6 \cdot 4$　　(2) $13 \cdot 8 - 13 \cdot 3$

= ______　= ______　= ______　= ______
= ______　= ______　= ______　= ______
= ______　= ______　= ______　= ______

8 Wenn man die Werte zweier nebeneinanderliegender Steine multipliziert, erhält man den Wert des darüber liegenden Steins.

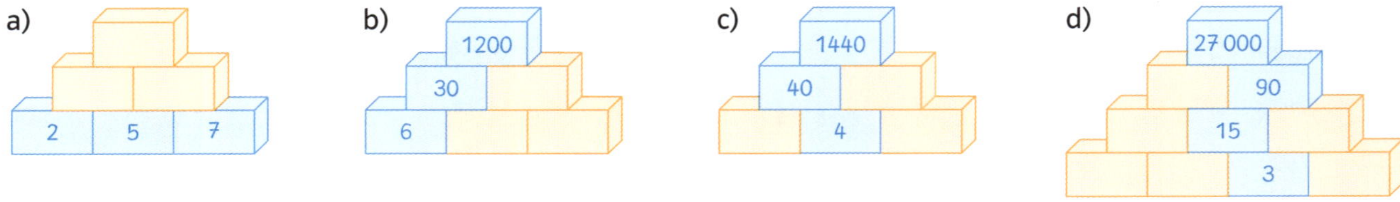

9 Rechne vorteilhaft durch Vertauschen der Faktoren.

a) $4 \cdot 9 \cdot 25 \cdot 8 \cdot 3 \cdot 125$

= ______

= ______

b) $3 \cdot 50 \cdot 2 \cdot 8 \cdot 6 \cdot 7 \cdot 25$

= ______

= ______

10 Beachte die Reihenfolge zum Berechnen von Rechenausdrücken. Berechne schrittweise.

a) $(144 - 29) : (95 : 19)$

= ______

= ______

b) $250 - (15 - (25 - 3 \cdot 5))$

= ______

= ______

= ______

c) $154 - (24 + 4 \cdot (25 - 14))$

= ______

= ______

= ______

11 a) Verbinde jeden Text mit dem passenden Rechenausdruck und berechne den Wert des Rechenausdrucks.

Stefanie kauft eine Jeans für 50 € und vier T-Shirts zu je 8 €.

Anton überlegt: Wenn ich vier Monate lang mein Taschengeld von 8 € und das Zeitungsgeld von 50 € zurücklege, kann ich mir das neue Skateboard leisten.

Jonah bezahlt mit vier 50 €-Scheinen und erhält 8 € Rückgeld.

$4 \cdot 50 - 8$ = ______

$(50 - 8) : 4$ = ______

$(50 + 8) \cdot 4$ = ______

$50 + 4 \cdot 8$ = ______

b) Überlege dir selbst eine Sachsituation zu dem nicht verbundenen Rechenausdruck.

______

______

12 Hier wurde schriftlich gerechnet. Findest du die fehlenden Ziffern?

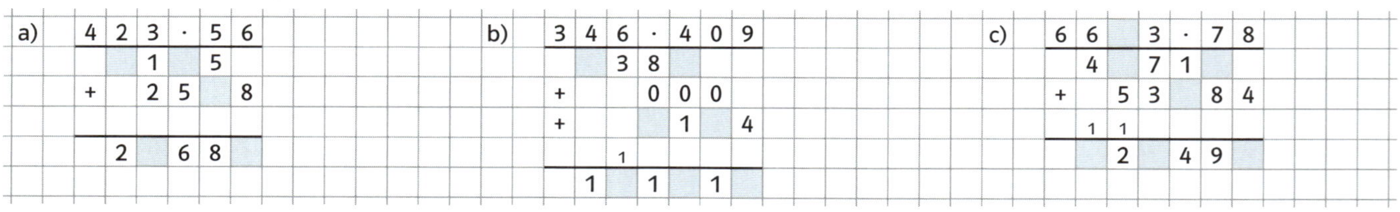

13 Erstelle Multiplikationsaufgaben mit zwei oder mehr Faktoren. Das Ergebnis soll 10 000 sein. Du darfst Kärtchen mehrfach verwenden.

2 | 100 | 8 | 125 | 10 | 1000 | 25

Mit zwei Faktoren:

$100 \cdot 100 = 10\,000$

______

Mit drei Faktoren:

______

______

Mit vier Faktoren:

______

______

______

______

Mit fünf Faktoren:

______

Mit sechs Faktoren:

______

Schnittpunkt 5

Mathematik – Differenzierende Ausgabe Niedersachsen

Arbeitsheft

Erarbeitet von
Ilona Bernhard, Petra Hillebrand, Emilie Scholl-Molter, Uwe Schumacher, Colette Simon

Ernst Klett Verlag
Stuttgart · Leipzig · Dortmund

1 Fülle die Lücken in den Tabellen und im Text.

Vier Kinder pflücken Blumen am Wegesrand. Lutz sammelt _zwölf_ Mohnblumen, _zwei_ Margeriten und _sieben_ Kornblumen, Leonie bringt _acht_ Mohnblumen, _sechs_ Kornblumen und _fünf_ Margeriten mit. Mara hat _vier_ Margeriten und _neun_ Mohnblumen gefunden. Claas legt noch _elf_ Kornblumen, _drei_ Mohnblumen und _sechs_ Margeriten dazu.

Strichliste	Lutz	Leonie	Mara	Claas
Mohnblumen	卌卌||	卌|||	卌||||	|||
Kornblumen	卌||	卌|		卌卌|
Margeriten	||	卌	||||	卌|

Häufigkeit	Lutz	Leonie	Mara	Claas	gesamt
Mohnblumen	12	8	9	3	32
Kornblumen	7	6	0	11	24
Margeriten	2	5	4	6	17

2 Bei einer Klassenumfrage, welches in der Schule vorhandene Musikinstrument die Kinder gerne erlernen möchten, kamen folgende Blätter zurück.

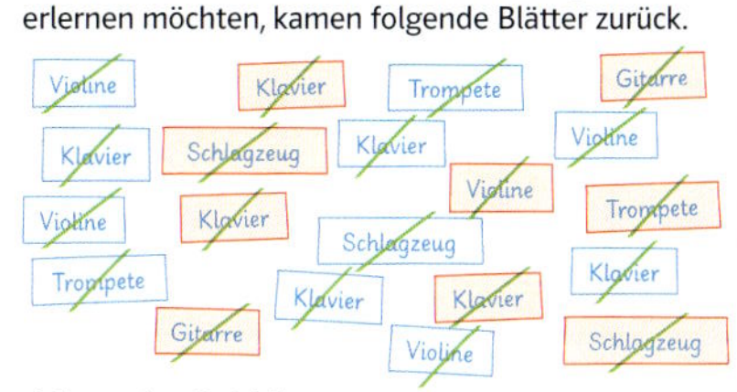

a) Lege eine Strichliste an.

Strichliste	
Violine	卌
Klavier	卌||
Trompete	|||
Schlagzeug	|||
Gitarre	||

b) _Klavier_ ist das am häufigsten genannte Instrument. Am wenigsten genannt wurde _Gitarre_.

3 Ken hat beim Erstellen einer Strichliste nicht ordentlich gearbeitet. Daher sind ihm beim Übertragen in die Zeile „Häufigkeit" **Fehler** unterlaufen. Fülle die leere Tabelle ordnungsgemäß aus.

	Erdbeer	Himbeer	Kirsch	andere
Strichliste	卌|	卌	||||||	卌||||
Häufigkeit	6	5	8	9

	Erdbeer	Himbeer	Kirsch	andere
Strichliste	卌|	||||	卌||	卌||||
Häufigkeit	6	4	7	9

2 Die Kinder des 5. Jahrgangs haben Arbeitsgemeinschaften gewählt, wobei jedes Kind genau eine AG ausgewählt hat.

a) Notiere die Gesamtzahl in der letzten Spalte.

	5a	5b	5c	5d	gesamt
Chor	卌	卌|||	|||	卌	21
Fußball	卌|||	||||	卌	卌||	24
Umwelt	|||	卌|	|||	卌	17
Schwimmen	卌||	卌||	卌	|||	22
Computer	卌	|||	卌|||	卌	21
Handball	|||	|||	卌||	卌	18

b) Die AG _Fußball_ ist in der Klasse 5a am beliebtesten, in der 5b die AG _Chor_.

c) In der Klasse 5c sind insgesamt _31_ Kinder.

d) Am liebsten gehen die Kinder des Jahrgangs in die AG _Fußball_. Der gesamte Jahrgang wird von _123_ Kindern besucht.

3 Ulf und Sabine haben zum Thema Sommerferien eine Umfrage unter 90 Mitschülerinnen und Mitschülern gemacht. Nach der Auswertung ist Ulf Farbe ausgelaufen. Vervollständige die Tabelle.

	5a	5b	5c	gesamt
zu Hause	卌||	卌	卌||	19
Bergwandern	|||	卌|	||||	13
Strandurlaub	卌||||	||||	卌|	19
Bauernhof	||||	卌||	|||	14
Zeltlager	卌||||	卌|||	卌|||	25
gesamt	32	30	28	90

○ **1** In einer Schule wurden Schultaschen gewogen.
a) Lies aus dem Säulendiagramm die ermittelten Werte ab und trage sie in die Tabelle ein.

Masse in kg	unter 3,0	3,0 bis 3,5	3,5 bis 4,0	über 4,0
Anzahl	15	60	55	20

b) Es wurden insgesamt 150 Schultaschen gewogen.

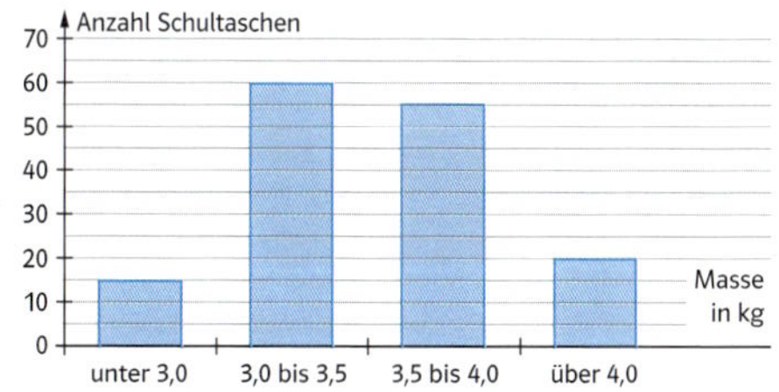

○ **2** Jedes Kind der Klasse 5c hat ein Symbol für sein liebstes Ballspiel in das Diagramm geklebt. Ergänze in der Lücke die Anzahl der Kinder, die das Ballspiel am liebsten mögen.

Fußball	⚽⚽⚽⚽⚽⚽⚽⚽⚽	9
Handball	◯◯◯◯	4
Volleyball	◯◯◯◯◯◯◯	7
Basketball	◯◯◯◯◯	5

○ **3** Für das Taschengeld von Kindern findet man bei Verbraucherberatungsstellen Empfehlungen für die Höhe des Taschengelds.

Betrachte das Balkendiagramm und lies ab, wie viel Taschengeld ein Kind monatlich maximal bekommen soll.
Trage die Werte in die Tabelle ein.

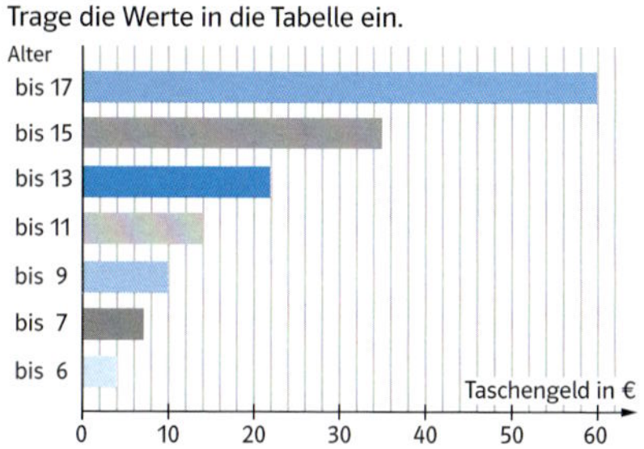

Alter in Jahren	bis 6	bis 7	bis 9	bis 11	bis 13	bis 15	bis 17
Taschengeld im Monat in €	4	7	10	14	22	35	60

◒ **2** Sophie hat eine Aufstellung der Blutgruppen der Schülerinnen und Schüler des 5. Jahrgangs erstellt.
a) Welches Diagramm gehört zu der Häufigkeitstabelle? Kreuze an. Diagramm A ☐ B ☐ C ☒

Blutgruppe	0	A	B	AB
Anzahl	54	48	13	5

Diagramm A

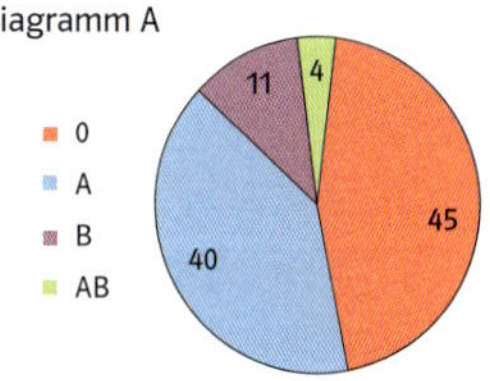

Diagramm B

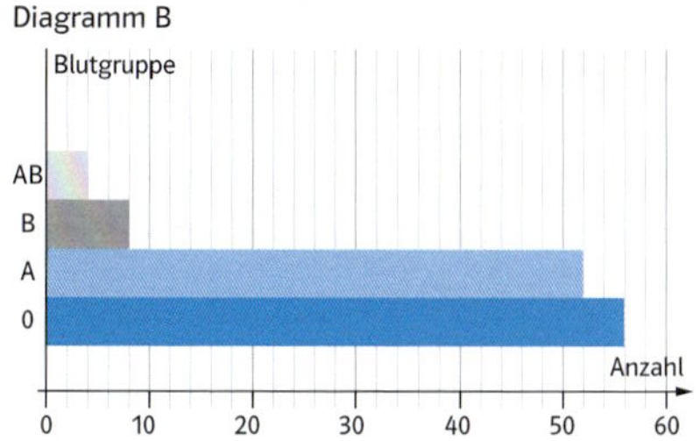

Diagramm C

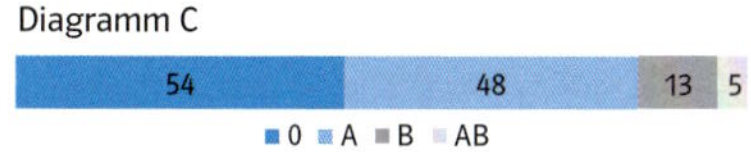

b) Die beiden anderen Diagramme stellen die Daten anderer Jahrgänge dar.
Fülle die beiden leeren Tabellen entsprechend.

Diagramm A	0	A	B	AB
	45	40	11	4

Diagramm B	0	A	B	AB
	56	52	8	4

○ **1** Die 32 Schülerinnen und Schüler der Klasse 5b haben ihre Klassenvertretung gewählt. Fülle die Tabelle aus und ergänze das Streifendiagramm um „Sonstige" Stimmen. (1 Kästchen entspricht 2 Stimmen.)

Name	Anna	Ayse	Betti	Tim	Sonstige
Stimmenanzahl	4	8	6	10	4

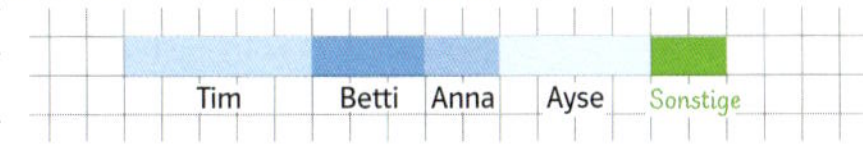

○ **2** Tobias räumt seine Autosammlung auf und sortiert nach Farben.

Farbe	blau	gelb	orange	weiß	schwarz	rot	silber	Summe
Anzahl	1	3	2	2	5	4	3	20

Vervollständige das Streifendiagramm.

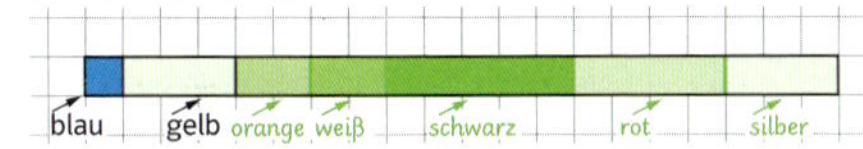

○ **3** Theo und Margret haben eine Umfrage zum Thema „Dein Lieblingstier" durchgeführt.

Tierart	Hund	Katze	Pferd	Hamster	Sonstige
Anzahl	27	16	19	19	16

a) Insgesamt haben sie 97 Schülerinnen und Schüler befragt.
b) Erstelle ein Balkendiagramm.

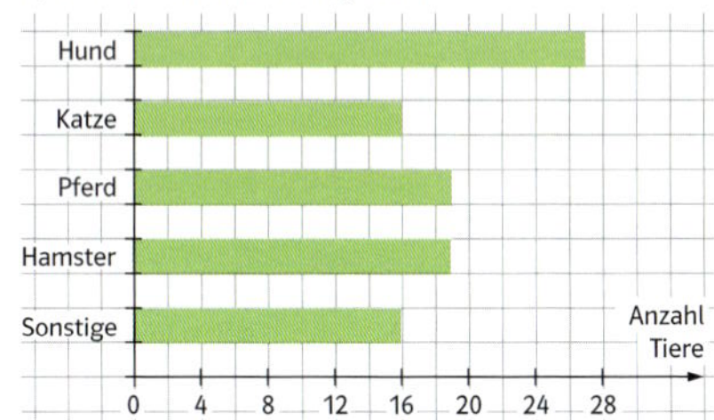

◒ **4** In dem Diagramm sind die Einwohnerzahlen der Städte dargestellt. Vervollständige das Diagramm.
🯅 entspricht 100 000 gemeldeten Personen

München	🯅🯅🯅🯅🯅🯅🯅🯅🯅🯅🯅🯅🯅🯅🯅🯅🯅	1 700 000
Duisburg	🯅🯅🯅🯅🯅	500 000
Frankfurt	🯅🯅🯅🯅🯅🯅🯅	700 000
Köln	🯅🯅🯅🯅🯅🯅🯅🯅🯅🯅	1 000 000

◒ **3** Eine Klassenarbeit hatte folgenden Notenspiegel. Zeichne ein Säulendiagramm.

Note	1	2	3	4	5	6
Anzahl	3	6	11	4	2	1

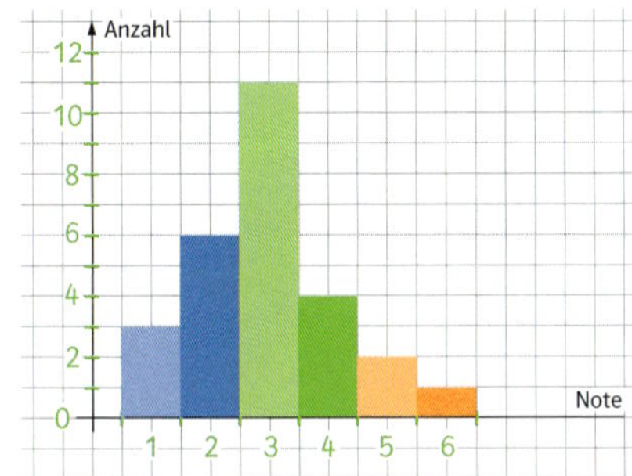

● **4** Das Kreisdiagramm zeigt die Herkunft der 288 Kinder aus Pfingststadt.
a) Ergänze die Tabelle.

Ort	Anzahl der Kinder
Osterheim (O)	36
Weihnachtstal (W)	2 · 36 = 72
Pfingststadt (P)	5 · 36 = 180

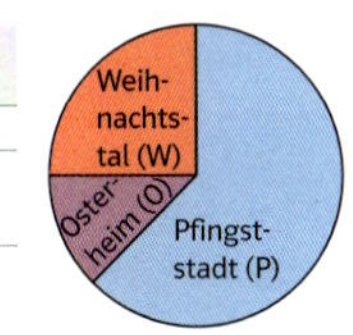

b) Erstelle zu Teilaufgabe a) ein Balkendiagramm.

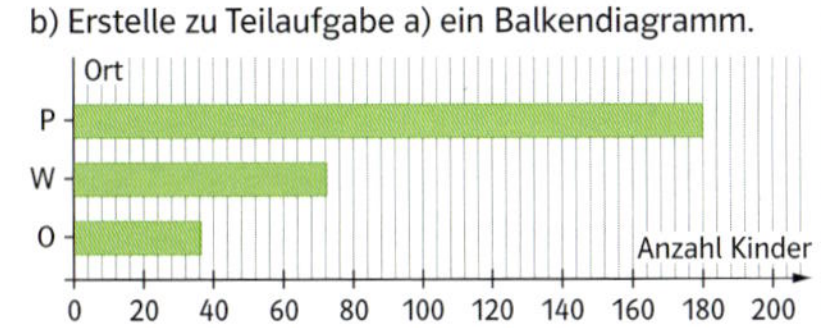

1 Die Liste gibt die Zeit in Minuten an, die die Schülerinnen und Schüler der 5b für den Schulweg benötigen:
6; 12; 13; 11; 6; 8; 17; 3; 20; 25; 14; 23; 30; 35; 11; 4; 18; 24; 22; 29.

a) Trage die Ergebnisse von den insgesamt 20 befragten Personen in die Tabelle ein.

Zeit	bis 5 min	6–10 min	11–15 min	16–20 min	21–25 min	26–30 min	31–35 min
Strichliste	II	III	IIII I	III	IIII	II	I
Häufigkeitstabelle	2	3	5	3	4	2	1

b) Prüfe die folgenden Aussagen anhand der Werte.

Aussage	ja	nein	unklar
Kein Kind braucht länger als 35 Minuten zur Schule.	X		
Die meisten brauchen zwischen elf und 15 Minuten zur Schule.		X	
Ein Schüler oder eine Schülerin braucht mehr als 35 Minuten zur Schule.		X	
Peters Schulweg ist 20 Minuten lang.			X
Ein Schüler oder eine Schülerin benötigt nur drei Minuten zur Schule.	X		

2 Peter wirft am Ende jeder Woche Geld in sein Sparschwein.

Ergänze die Sätze: In der 3. Woche spart Peter 8 €. In der 10. Woche spart er nichts.

In 5 Wochen kann er jeweils weniger als 4 € sparen. Insgesamt spart er in 10 Wochen 36 €.

3 Für den Sporttag haben die Kinder der 5. Jahrgangsstufe eine Sportart gewählt. Die Ergebnisse sind in dem Balkendiagramm dargestellt.
Übertrage die im Balkendiagramm veranschaulichten Zahlen in die Häufigkeitstabelle.

Sportart	Ju	Pa	Wa	Da	Fi	Ho
Anzahl	23	16	24	21	23	17

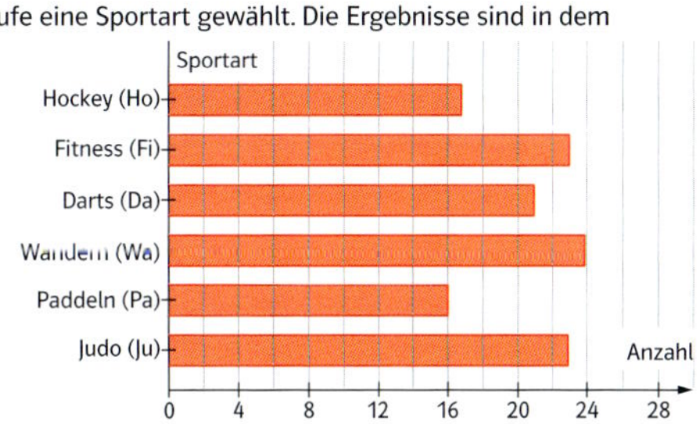

4 Frau Matt hat ein halbes Jahr lang die Anzahl ihrer Mails pro Monat notiert.

Jan.	Febr.	März	April	Mai	Juni
25	15	70	90	40	80

a) Vervollständige das Säulendiagramm mit den Daten aus der Tabelle.

b) Frau Matt hat die wenigsten Mails im Monat Februar und die meisten Mails im April verschickt. Insgesamt hat sie von Januar bis Juni 320 Mails verschickt.

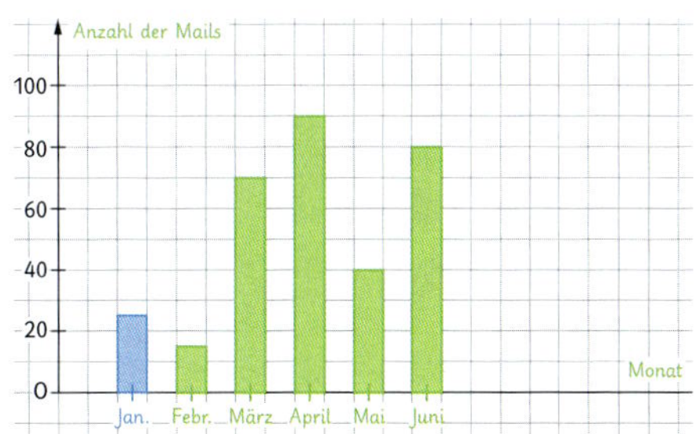

5 Herr Müller hat die Schülerinnen und Schüler der 5. und 6. Jahrgangsstufe befragt, wie oft sie Erklärvideos für Mathematik nutzen.
Vervollständige das Balkendiagramm.

Häufigkeit	häufig	manchmal	selten	nie
Anzahl der 5. Klassen	21	18	11	9
Anzahl der 6. Klassen	24	15	12	14

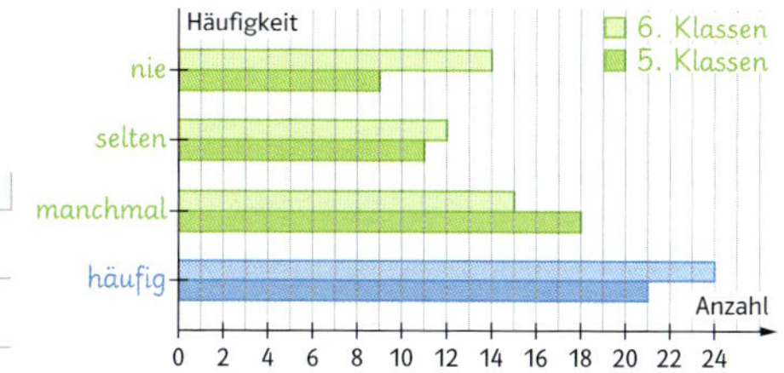

6 100 Schülerinnen und Schüler wurden zur Anzahl der Tablets in ihrem Familienhaushalt befragt.
Vervollständige die Tabelle, das Kreisdiagramm und das Streifendiagramm.

Anzahl der Tablets pro Haushalt	0	1	2	3	4
Anzahl der Haushalte	24	35	24	12	5

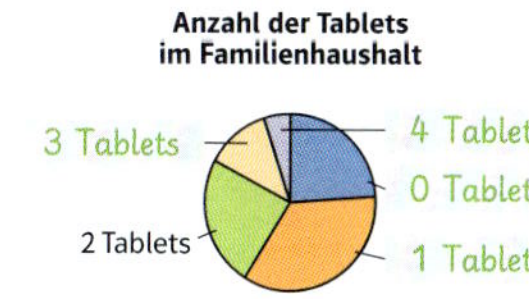

7 Die Diagramme zeigen, wie viel Liter Wasser zur Herstellung von 1 kg des Produkts benötigt werden.

a) Max behauptet: „Auf den ersten Blick sehe ich, dass zur Herstellung von 1 kg Fleisch und 1 kg Trauben gleich viel Wasser benötigt wird."
Beschreibe, was Max beim Lesen der Diagramme falsch gemacht hat.

Max hat die Säulenhöhen verglichen. Er hat die unterschiedlichen Einteilungen der senkrechten Achsen nicht beachtet.
In (A) ist die Einteilung in 1000er-Schritten, in (B) dagegen in 100er-Schritten.

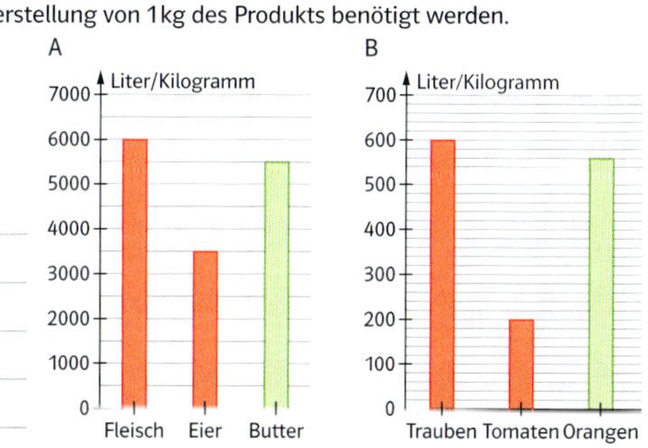

b) Ergänze die Tabelle und die beiden Diagramme.

Produkte	Fleisch	Eier	Butter	Trauben	Tomaten	Orangen
Wasser in Liter	6000	3500	5500	600	200	560

8 In einer Schule wurde eine Umfrage „Bei welchem Obst greifst du am liebsten zu?" durchgeführt.
Ergänze den Text und erkläre dann, welches Diagramm die Ergebnisse der Umfrage genauer darstellt.

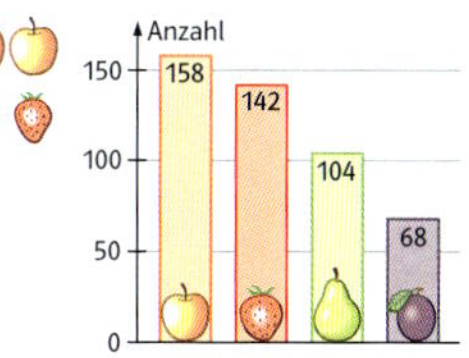

$7 \cdot 20 + 7 \cdot 20 + 5 \cdot 20 + 3 \cdot 20 = 440$;
$158 + 142 + 104 + 68 = 472$

Im Bilddiagramm werden 440 Personen, im Säulendiagramm werden 472 Personen dargestellt. Das Ergebnis ist so zu erklären:
Im Bilddiagramm wird erst ab einer vollen Zahl von 20 Personen ein Symbol verwendet.
Im Säulendiagramm entspricht die Säulenhöhe genau der Personenanzahl.

1 Notiere die markierten Zahlen auf dem Zahlenstrahl.

a)

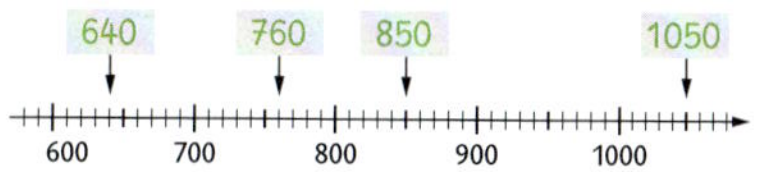

b)

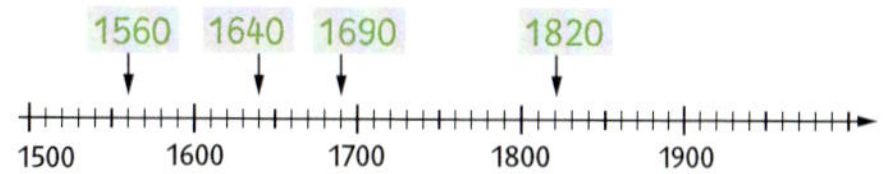

2 Setze das passende Zeichen < oder > ein.

a) 123 < 133 b) 82 > 29 c) 1233 > 1232 d) 5043 < 5430

3 Trage die Zahlen mit Pfeilen in den Zahlenstrahl ein.

a) 5; 7; 18; 23; 32; 36; 49; 51; 79; 85

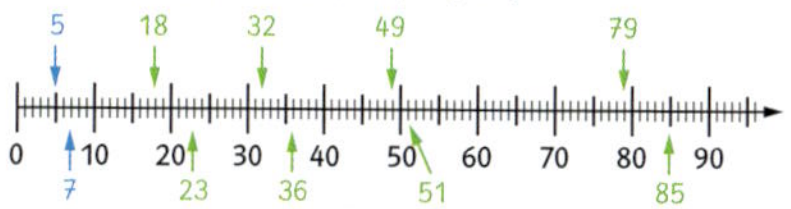

b) 100; 1250; 1600; 2700

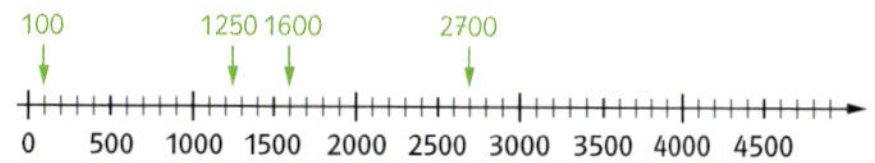

4 Verbinde jeweils Vorgänger und Nachfolger der Zahlen auf den roten Kärtchen.

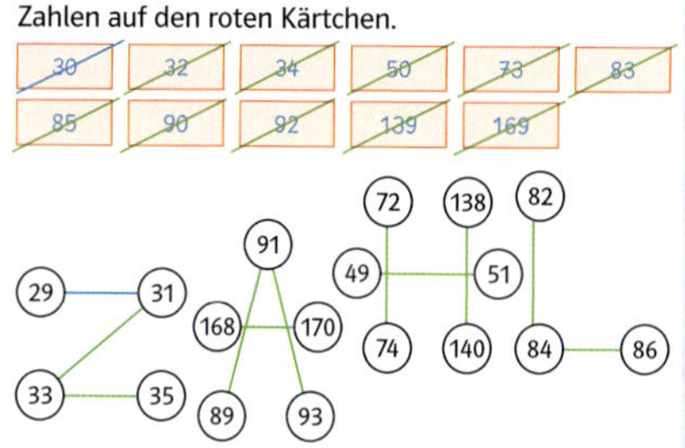

5 Welche Zahlen sind markiert? Notiere.

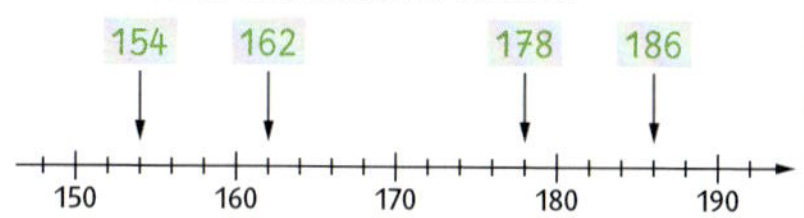

6 Ergänze die fehlenden Zahlen am Zahlenstrahl.

a)

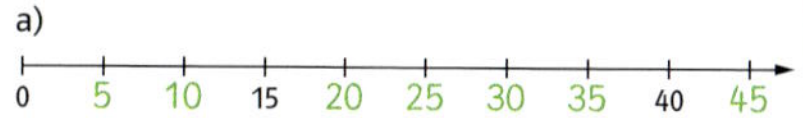

b)

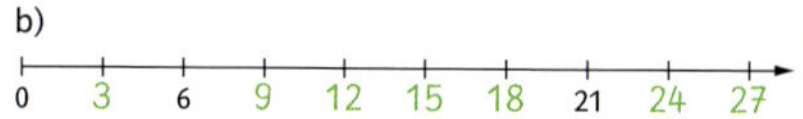

7 Ordne die Zahlen

a) absteigend: 122; 245; 232; 199; 213

245 > 232 > 213 > 199 > 122

b) aufsteigend: 1222; 2122; 899; 989

899 < 989 < 1222 < 2122

4 a) Hier siehst du einen Zahlenstrahl. Ergänze die fehlenden Zahlen an den Markierungen. Schreibe auf, wie du die beiden Zahlen ermittelt hast.

Abstand der Zahlen: 8000 – 2000 = 6000

6000 : 3 = 2000; ergibt 2000er-Schritte.

b) Trage die Zahlen 0; 150; 300; 450; 600 auf dem Zahlenstrahl ein. Teile diesen vorher sinnvoll ein.

5 Ordne jedem Kind seinen Namen zu. Ersetze vorher jeweils auf der Wortkarte den farbigen Satzteil mit dem Zeichen < oder >.

Jana ist kleiner als Anni <

Milva ist kleiner als Tom <

Jana ist größer als Leo >

Anni ist kleiner als Phil <

Milva ist größer als Phil >

Leo Jana Anni Phil Milva Tom

1 Eine Zahl kann man unterschiedlich darstellen. Ergänze die Tabelle.

Zahl	Millionen			Tausender			Einer			Zerlegung in Stellenwerte
	HM	ZM	M	HT	ZT	T	H	Z	E	
107 003				1	0	7	0	0	3	1 HT + 0 ZT + 7 T + 0 H + 0 Z + 3 E
412 091				4	1	2	0	9	1	4 HT + 1 ZT + 2 T + 0 H + 9 Z + 1 E
80 604					8	0	6	0	4	8 ZT + 0 T + 6 H + 0 Z + 4 E
11 018 008		1	1	0	1	8	0	0	8	1 ZM + 1 M + 0 HT + 1 ZT + 8 T + 0 H + 0 Z + 8 E
41 897					4	1	8	9	7	4 ZT + 1 T + 8 H + 9 Z + 7 E

2 Schreibe die Zahlen zum Körper des Menschen in Worten beziehungsweise in Ziffern.

Beispiel: Das Herz schlägt pro Tag etwa viertausendzweihundert Mal. 4200

a) Im ganzen Leben hat das Herz ungefähr zwei Milliarden Mal geschlagen. 2 000 000 000

b) Der Schweiß strömt aus 2 000 000 Drüsen. zwei Millionen

c) Mit der Nase können zehntausend Düfte wahrgenommen werden. 10 000

3 Schreibe in Stellenwerten oder als Zahl.

a) 6745 = 6 T + 7 H + 4 Z + 5 E

b) 3 ZT + 5 T + 0 H + 7 Z + 3 E = 35 073

c) 102 005 = 1 HT + 0 ZT + 2 T + 0 H + 0 Z + 5 E

d) 5 HT + 4 T + 3 H + 2 Z = 504 320

e) 990 090 = 9 HT + 9 ZT + 0 T + 0 H + 9 Z + 0 E

4 Fülle die Lücken.

Vorgänger	Zahl	Nachfolger
34 293	34 294	34 295
10 000	10 001	10 002
34 499	34 500	34 501
2 999 999	3 000 000	3 000 001

5 Bilde mit den Zahlenkärtchen

175 605 740

a) eine möglichst große Zahl.

740 605 175

b) eine möglichst kleine Zahl.

175 605 740

c) Ergänze eine Ziffer so, dass eine möglichst große, zehnstellige Zahl entsteht.

9 740 605 175

3 Notiere die Zahl und schreibe sie in Worten.

a) 7 M + 2 HT + 8 H + 1 Z + 5 E = 7 200 815

in Worten: sieben Millionen zweihunderttausend-achthundertfünfzehn

b) 4 Mrd + 3 HM + 2 M + 9 H = 4 302 000 900

in Worten: vier Milliarden dreihundertzwei Millionen neunhundert

4 Fülle die Lücken

Vorgänger	Zahl	Nachfolger
25 456	25 457	25 458
36 998	36 999	37 000
1 566 998	1 566 999	1 567 000

5 Schiebe das rote Zahlenkärtchen so zwischen die Zettel, dass eine 6-stellige Zahl entsteht, die

a) möglichst klein ist.

3	0	1	2	3	5
7	6	8	0	1	9
8	5	6	1	7	8

b) möglichst groß ist.

3	3	0	1	2	5
7	8	6	0	1	9
8	7	5	6	1	8

○ **1** Ergänze die Tabelle.

	Zahl	Rundungsstelle	Ziffer an der Rundungsstelle	Ziffer, die der Rundungsstelle folgt	runden auf	runden ab	gerundetes Ergebnis
a)	1235	Z	3	5	x		≈ 1240
b)	2496	H	4	9	x		≈ 2500
c)	23 499	T	3	4		x	≈ 23 000
d)	45 781	T	5	7	x		≈ 46 000
e)	86 245 456	T	5	4		x	≈ 86 245 000

○ **2** Runde auf die angegebene Stelle.

	Zahl	Rundungsstelle	gerundete Zahl
a)	12 572	Z	12 570
b)	12 572	H	12 600
c)	12 572	T	13 000
d)	12 572	ZT	10 000

○ **3** Auf dem roten Kärtchen steht die gerundete Zahl. Verbinde sie mit allen Zahlen, die für die Rundung infrage gekommen sein kann.

◐ **4** Überprüfe, ob richtig auf Zehntausender gerundet wurde. Wenn ein **Fehler** vorliegt, dann korrigiere ihn.

19 586 ≈ 20 000 ✓

24 999 ≈ 25 000 20 000

884 753 ≈ 870 000 880 000

◐ **5** Hier wurde gerundet. Ergänze die fehlende Ziffer und gib die Rundungsstelle an.

a) 5 58 ≈ 600 H

b) 5 4 256 ≈ 54 000 T

c) 4 7 6456 ≈ 480 000 ZT

d) 3 21345 ≈ 300 000 HT

◐ **2** Überprüfe, ob richtig auf Millionen gerundet wurde. Wenn ein **Fehler** vorliegt, dann korrigiere ihn.

14 812 456 ≈ 10 000 000 15 000 000

4 522 210 ≈ 5 000 000 ✓

12 495 686 ≈ 11 000 000 12 000 000

◐ **3** **Entscheide**, ob das Runden hier sinnvoll ist. Kreuze an.

☐ Handynummer

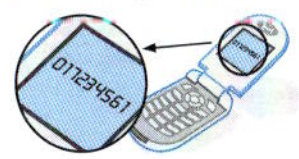

☐ Notrufnummer

☒ Tachostand eines Autos

☐ Postleitzahl

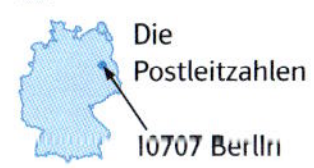

☒ Durchschnittliche Tagestemperatur im Sommer in der Sahara

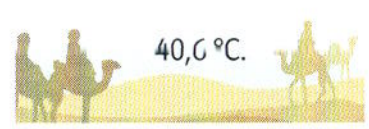

● **4** In der Zeitung steht: „Im Fußballstadion waren rund 14 000 Fans." Leo fragt: „Wie viele Personen waren es genau?" Jana antwortet: „Dafür gibt es genau 999 Antwortmöglichkeiten." Hat Jana recht? **Begründe** in Worten. Verwende die Begriffe. [T1]

mindestens höchstens

Es sind mindestens 13 500 Personen und höchstens 14 499 Personen. Jana hat nicht recht. Es gibt 1000 Möglichkeiten.

[T1] Der Zahlenstrahl hilft dir, die Aufgabe zu verstehen.

○ **1** Auf dem Teller liegen 412, also rund 400 Schokolinsen. Anni schätzt die Anzahl auf rund 300, Phil schätzt rund 500, Milly schätzt rund 400 Schokolinsen.

a) Schätze die Anzahl der Schokolinsen wie Anni, Phil und Milli.

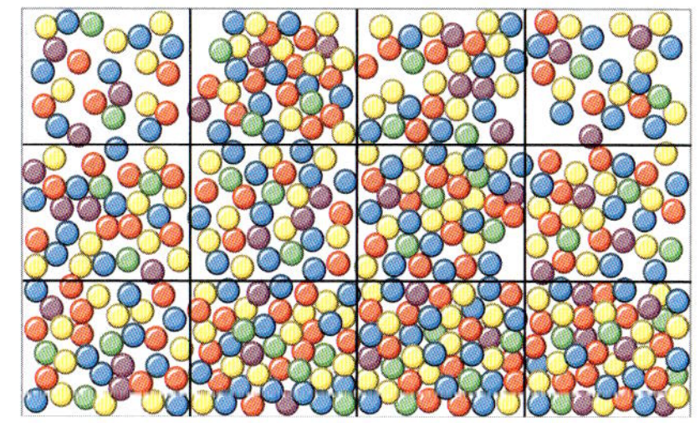

Anni wählt das Feld links oben.

$23 \cdot 12 = 276;\ 276 \approx 300$

Phil wählt das Feld rechts unten.

$44 \cdot 12 = 528;\ 528 \approx 500$

Milly wählt das Feld links unten.

$33 \cdot 12 = 396;\ 396 \approx 400$

b) Gib Anni und Phil einen Tipp, wie man möglichst genau schätzt.

Man wählt ein Feld aus, in dem weder besonders viele noch besonders wenige Schokolinsen liegen. Dabei achtet man auf eine gleichmäßige Verteilung.

◐ **2** a) Wie oft passt das abgebildete Feld auf das Bild? Vervollständige das Raster und bestimme die Anzahl der Heidelbeeren.

A

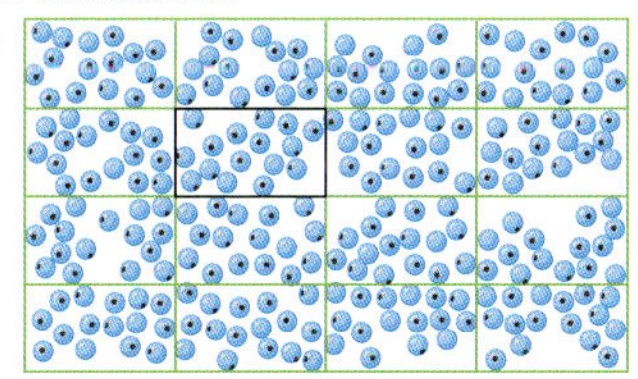

Rechnung: $16 \cdot 16$ Heidelbeeren = 256 Heidelbeeren

B

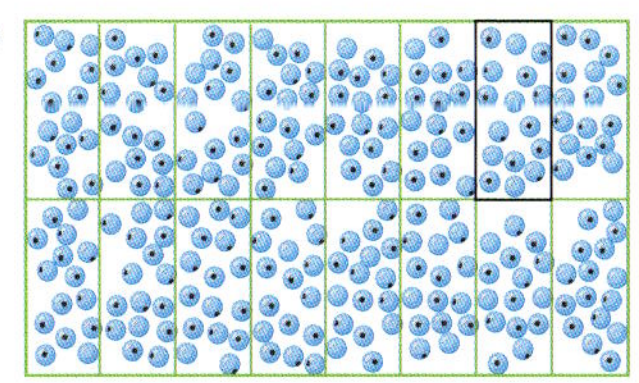

Rechnung: $16 \cdot 16$ Heidelbeeren = 256 Heidelbeeren

b) Vergleiche die beiden Ergebnisse. Gib eine Erklärung dafür.

Die unterschiedlichen Raster führen zum gleichen Ergebnis.

◐ **2** Schätze die Anzahl der Papageien.

z. B.: Im gewählten Feld sind etwa 10 Papageien.

$10 \cdot 4 = 40$

Es sind etwa 40 Papageien abgebildet.

◐ **3** Schätzen (S) oder Runden (R)? Kreuze an.

a) Wie viele Personen werden zum Schulfest kommen?
S ☒ R ☐

b) Kuchenverkauf auf dem Schulfest
S ☐ R ☒

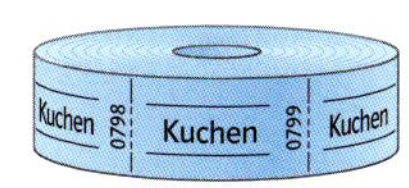

c) Der Erlös des Schulfestes von 1278,98 € wird den Hochwasseropfern gespendet.
S ☐ R ☒

d) Anzahl der Gäste im Erlebnisschwimmbad
S ☐ R ☒

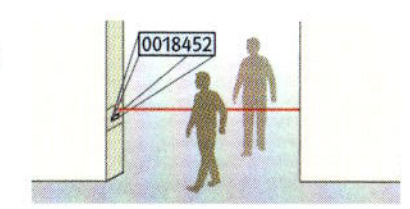

e) Wie viele Kastanien liegen unter dem Kastanienbaum?
S ☒ R ☐

1 Zehner- und Zweiersystem. Wandle in das Zehnersystem um. Ergänze.

	32	16	8	4	2	1	Zahl im Zehnersystem
$(1011)_2$			1	0	1	1	1·8 + 0·4 + 1·2 + 1·1 = 11
$(11100)_2$		1	1	1	0	0	1·16 + 1·8 + 1·4 + 0·2 + 0·1 = 28
$(110101)_2$	1	1	0	1	0	1	1·32 + 1·16 + 0·8 + 1·4 + 0·2 + 1·1 = 53

2 Binäruhren zeigen die Uhrzeit mit Leuchtdioden. Jede Diode steht für einen Stellenwert im Zweiersystem.
a) Gib die auf der Binäruhr angezeigte Uhrzeit an. Schreibe für die brennende Leuchtdiode die Ziffer 1 in die Stellenwerttafel, für die anderen die Ziffer 0. Ergänze.

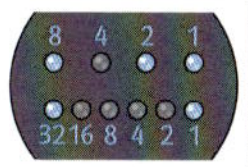

Anzeige der Binäruhr		Stellenwerttafel 32	16	8	4	2	1	Uhrzeit im Zehnersystem 11:33 Uhr
	Stunden			1	0	1	1	1·8 + 0·4 + 1·2 + 1·1 = 11 h
	Minuten	1	0	0	0	0	1	1·32 + 0·16 + 0·8 + 0·4 + 0·2 + 1·1 = 33 min

b) Welche Leuchtdioden müssen bei 9:45 Uhr leuchten? Gib die Stunden und Minuten im Zweiersystem an.

	Umkreise die Zahlen, deren Summe die angegebene Zeit ergibt.						Male die passenden Leuchtdioden an.	Schreibe die Zahl im Zweiersystem.
9 h			(8)	4	2	(1)	● ○ ○ ●	$(1001)_2$
45 min	(32)	16	(8)	(4)	2	(1)	● ○ ● ● ○ ●	$(101101)_2$

c) Gib die Uhrzeit im Zweiersystem an. Male die passenden Leuchtdioden an.

12:59 Uhr	12 h	$(1100)_2$	● ● ○ ○	01:05 Uhr	1 h	$(1)_2$	○ ○ ○ ●
	59 min	$(111011)_2$	● ● ● ○ ● ●		5 min	$(101)_2$	○ ○ ○ ● ○ ●

3 Jana kann geheime Zahlen mithilfe von magischen Zahlenkarten erraten.
Sie hat auf den Zahlenkarten K1 bis K4 Dezimalzahlen von 1 bis 15 verteilt. Ob eine Zahl auf einer Karte steht, entscheidet Jana mit der Tabelle.
Beispiel: Die 7 hat im Zweiersystem an der vierten Stelle eine Null, also wird die 7 nicht auf die vierte Karte geschrieben. An den weiteren Stellen hat die 7 eine 1, also wird sie auf die Karten K3, K2 und K1 eingetragen.
a) Fülle zuerst die Lücken in der Tabelle, dann auf den Karten.

K4 8er-Stelle	K3 4er-Stelle	K2 2er-Stelle	K1 1er-Stelle
8 9 10 11	4 5 6 7	2 3 6 7	1 3 5 7
12 13 14 15	12 13 14 15	10 11 14 15	9 11 13 15

Stellenwerttafel Zweiersystem

	8	4	2	1
$(15)_{10}$	1	1	1	1
$(14)_{10}$	1	1	1	0
$(13)_{10}$	1	1	0	1
$(12)_{10}$	1	1	0	0
$(11)_{10}$	1	0	1	1
$(10)_{10}$	1	0	1	0
$(9)_{10}$	1	0	0	1
$(8)_{10}$	1	0	0	0
$(7)_{10}$	0	1	1	1
$(6)_{10}$	0	1	1	0
$(5)_{10}$	0	1	0	1
$(4)_{10}$	0	1	0	0
$(3)_{10}$	0	0	1	1
$(2)_{10}$	0	0	1	0
$(1)_{10}$	0	0	0	1

b) Jana errät die von Paul auf einer Karte ausgewählte Zahl blitzschnell. Er hat die 12 gewählt. Jana zeigt ihm die vier Karten. Kreuze seine Antworten an.
K4: ja ☒ nein ☐ K3: ja ☒ nein ☐ K2: ja ☐ nein ☒ K1: ja ☐ nein ☒
Da für „Nein" die Ziffer 0 und für „Ja" die Ziffer 1 steht, rechnet sie

1 · 8 + 1 · 4 + 0 · 2 + 0 · 1 = 12.

c) Jana betrachtet immer eine Ecke der Karten. Warum?

Links oben steht der Stellenwert des Zweiersystems.

Bei "Ja" addiert sie diesen.

1 Notiere, auf welche Zahlen die Pfeile zeigen.

a) 100, 600, 950, 1300 (Zahlenstrahl 0 – 1000)

b) 1200, 1900, 2600, 3900 (Zahlenstrahl 2000 – 3000 – 4000)

2 Trage zu den am Zahlenstrahl notierten Zahlen den Vorgänger und Nachfolger ein. Verbinde.

9994, 9996, 9999, 10 001, 10 008, 10 010 (Zahlenstrahl: 9995, 10 000, 10 009)

3 Hier sind Zahlen unterschiedlich dargestellt. Vervollständige die Tabelle.

	Zahl	Zahlwort	Millionen HM	ZM	M	Tausender HT	ZT	T	Einer H	Z	E
a)	63	dreiundsechzig								6	3
b)	584	fünfhundertvierundachtzig							5	8	4
c)	25 080	fünfundzwanzigtausendachtzig					2	5	0	8	0
d)	1 620 000	eine Million sechshundertzwanzigtausend			1	6	2	0	0	0	0
e)	410 000 030	vierhundertzehn Millionen dreißig	4	1	0	0	0	0	0	3	0

4 Setze das passende Zeichen ein:
<; > oder =.

7870 > 7708
500 = 100 · 5
3489 < 3849
10 001 > 9999
1 Million < 1 Milliarde
99 000 000 > 99 000

5 Vervollständige die Tabelle durch Runden.

Zahl	gerundet auf Hunderter	gerundet auf Tausender	gerundet auf Zehntausender
76 518	76 500	77 000	80 000
23 005	23 000	23 000	20 000
94 848	94 800	95 000	90 000
367 264	367 300	367 000	370 000
209 898	209 900	210 000	210 000

6 Schreibe in Ziffern.

2T + 4H + 2E: 2402
3ZT + 8T + 3Z + 5E: 38 035
9H + 4E: 904
5HT + 3ZT + 4T + 3H + 5Z + 9E: 534 359
vierzigtausend: 40 000
drei Millionen fünfhunderttausend: 3 500 000

7 Schätze die Anzahl der Käfer.

Im gewählten Feld sind etwa 17 Käfer.
17 · 8 = 136 ≈ 140
Es sind etwa 140 Käfer abgebildet.

8 a) Ergänze die Tabelle.

Vorgänger	Zahl	Nachfolger
9 999 999	10 000 000	10 000 001
10 000 998	10 000 999	10 001 000
9998	größte vierstellige Zahl	10 000
9999	kleinste fünfstellige Zahl	10 001

b) Streiche das falsche Kärtchen.

(1) Der Vorgänger liegt am Zahlenstrahl immer [links] [~~rechts~~] von der Zahl.

(2) Der Nachfolger liegt am Zahlenstrahl immer [~~links~~] [rechts] von der Zahl.

(3) Für den Vorgänger der Zahl [subtrahierst du 1.] [~~addierst du 1.~~]

(4) Für den Nachfolger der Zahl [~~verringerst du die Zahl um 1.~~] [vermehrst du die Zahl um 1.]

9 Überprüfe die Aussagen. Kreuze an und begründe.

Aussage	richtig	falsch	Begründung
Es gibt keine sechsstellige Zahl, die größer als 999 999 ist.	×		999 999 + 1 = 1 000 000 ist schon siebenstellig.
Jede sechsstellige Zahl hat einen sechsstelligen Vorgänger.		×	100 000 – 1 = 99 999 ist fünfstellig
Die kleinste fünfstellige Zahl mit zwei Einsen ist die 11 000.		×	10 001 < 11 000

10 Runde die Entfernung der Planeten Mars, Erde und Jupiter zur Sonne.

	Erde	Mars	Jupiter
Entfernung zur Sonne	149 600 000 km	227 990 000 km	773 360 000 km
gerundet auf hundert Mio.	100 000 000 km	200 000 000 km	800 000 000 km
gerundet auf zehn Mio.	150 000 000 km	230 000 000 km	770 000 000 km

11 Die Anzahl der Vögel wird geschätzt. Dazu sind drei verschiedene Raster eingezeichnet.

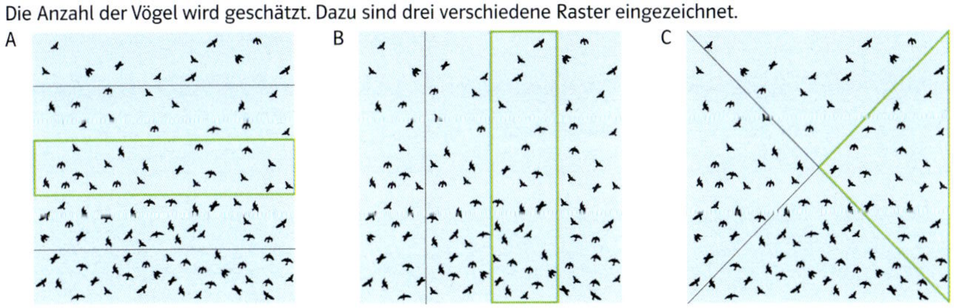

a) Markiere jeweils das Feld, das du zum Schätzen für geeignet hältst. **Begründe** deine Wahl.

A: Man wählt ein Feld, das eine mittlere Anzahl von Vögeln enthält.

B: Hier ist jedes Feld wählbar, da alle Felder etwa gleich viele Vögel enthalten.

C: Man wählt das markierte dreieckige Feld oder das gegenüberliegende, weil diese Felder eine mittlere Anzahl an Vögeln enthalten.

b) Es sind etwa 100 Vögel dargestellt.

A: 20 · 5 = 100; B und C: 25 · 4 = 100

1 Addiere im Kopf.

a) 31 + 20 = 51 b) 30 + 54 = 84 c) 60 + 49 = 109 d) 68 + 50 = 118

e) 14 + 12 = 26 f) 25 + 35 = 60 g) 38 + 24 = 62 h) 75 + 34 = 109

2 Subtrahiere im Kopf.

a) 72 – 30 = 42 b) 84 – 40 = 44 c) 90 – 13 = 77 d) 100 – 28 = 72

e) 86 – 22 = 64 f) 31 – 9 = 22 g) 77 – 18 = 59 h) 96 – 59 = 37

3 Notiere die Aufgaben und berechne.

a) Addiere Zahlenpaare vorteilhaft.

Kärtchen: 35, 19, 72, 15, 27, 44, 28, 36, 53, 11

35 + 15 = 50
11 + 19 = 30
28 + 72 = 100
44 + 36 = 80
53 + 27 = 80

b) Subtrahiere Zahlenpaare vorteilhaft.

Kärtchen: 51, 19, 96, 46, 79, 24, 82, 22, 54, 21

51 – 21 = 30
96 – 46 = 50
54 – 24 = 30
82 – 22 = 60
79 – 19 = 60

4 Ergänze die fehlenden Werte der Additionsmauer. Zahlen auf nebeneinanderliegenden Steinen werden addiert.

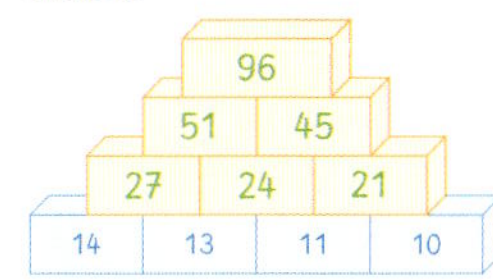

5 Ergänze die Rechnungen …

a) … zum nächsten …

Tausender.

980 + 20 = 1000
1200 + 800 = 2000
2892 + 108 = 3000

b) … zur nächsten …

Stufenzahl.

54 + 46 = 100
356 + 644 = 1000
1579 + 8421 = 10 000

6 Fülle die Lücken.

a) 39 – 12 = 27 b) 174 – 22 = 152

c) 18 + 30 = 48 d) 180 + 13 = 193

e) 32 + 18 = 50 f) 258 + 12 = 270

g) 27 – 22 = 5 h) 199 – 54 = 145

i) 86 – 12 = 74 j) 196 – 48 = 148

k) 123 – 29 = 94 l) 215 + 469 = 684

4 Welcher Text passt zu welcher Rechnung? Notiere den Buchstaben und berechne.

A Wie viele fehlen von 15 bis 44?

B Subtrahiere 12 von 68.

C Um wie viel ist 15 kleiner als 44?

D Addiere 44 und 15.

E Welche Zahl musst du zu 12 addieren, um 68 zu erhalten?

D 44 + 15 = 59

C 44 – 15 = 29

A 15 + 29 = 44

B 68 – 12 = 56

E 12 + 56 = 68

5 Ergänze die fehlenden Werte der Additionsmauer. Zahlen auf nebeneinanderliegenden Steinen werden addiert.

a)

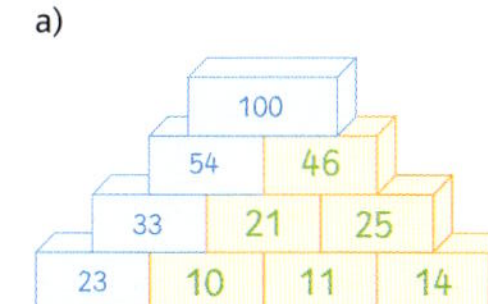

b)

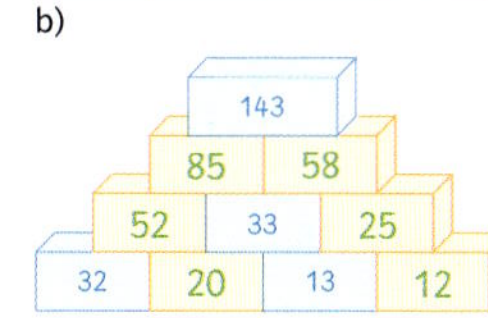

1 Schreibe die Zahlen stellengerecht untereinander und berechne.

a) einundvierzig plus dreiundzwanzig
b) achtundzwanzig plus dreiunddreißig
c) einhundertachtzig plus vierundachtzig
d) einhundertneunundzwanzig plus vierhundertdrei

a)	b)	c)	d)
41 + 23 = 64	28 + 33 = 61 (Übertrag 1)	180 + 84 = 264 (Übertrag 1)	129 + 403 = 532 (Übertrag 1)

2 Addiere.

	a)	b)	c)	d)
	665 + 132	3423 + 2354	4110 + 127 + 312	6974 + 123 + 1300 (Übertrag 1)
Ergebnis	797	5777	4549	8397

3 Herr Meier ist beruflich viel unterwegs. Notiere, wie viele Kilometer er jeweils gefahren ist.

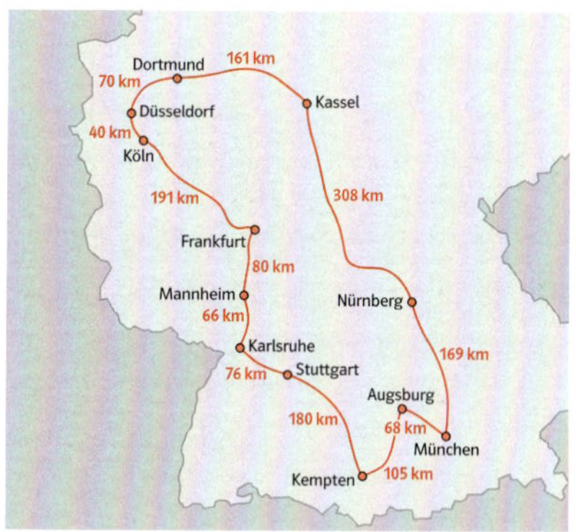

a) Düsseldorf – Köln – Frankfurt – Mannheim
b) Mannheim – Karlsruhe – Stuttgart – Kempten
c) Kempten – Augsburg – München – Nürnberg
d) Nürnberg – Kassel – Dortmund – Düsseldorf

a)	b)	c)	d)
40 + 191 + 80 = 311 (Übertrag 2)	66 + 76 + 180 = 322 (Übertrag 2, 1)	105 + 68 + 169 = 342 (Übertrag 1, 2)	308 + 161 + 70 = 539 (Übertrag 1)

Herr Meier fährt in a) 311 km, in b) 322 km, in c) 342 km bzw. in d) 539 km.

2 Einige Rechnungen sind falsch. Markiere die **Fehler** mit f und korrigiere das Ergebnis.

a)	b)	c)
201 + 156 = 357 ✓	373 + 158 = ~~421~~ f → 531 (Übertrag 1 1)	4090 + 2134 = ~~6134~~ f → 6224 (Übertrag 1)

3 Welche Ziffern gehören in die Lücken?

a)	b)	c)
23 + 335 = 358	913 + 87 = 1000 (Übertrag 1 1)	2134 + 1206 = 3340 (Übertrag 1)

4 Stefanie denkt sich eine Startzahl aus. Sie addiert 2793; 1354 und 15 853.

a) Berechne mit der Startzahl 37 289.
b) Berechne mit der Startzahl 52 367.

a)	b)
37289 + 2793 + 1354 + 15853 = 57289 (Übertrag 1 2 2 1)	52367 + 2793 + 1354 + 15853 = 72367 (Übertrag 1 2 2 1)

c) Berechne mit dem Ergebnis 60 079.
d) Berechne mit der Endzahl 99 999.

c)	d)
40079 + 2793 + 1354 + 15853 = 60079 (Übertrag 1 2 2 1)	79999 + 2793 + 1354 + 15853 = 99999 (Übertrag 1 2 2 1)

e) Vergleiche die Startzahl und die Ergebnisse der Teilaufgaben a) bis c). Was fällt dir auf? **Beschreibe** und **begründe**.

Das Ergebnis ist immer genau um 20 000 größer als die Startzahl. Das liegt daran, dass die zur Startzahl addierten Zahlen zusammen genau 20 000 ergeben.

1 Löse die Aufgaben schriftlich.

a)	b)	c)	d)	e)	f)
98 − 12 = 86	147 − 33 = 114	289 − 125 = 164	908 − 487 = 421 (Übertrag 1)	332 − 287 = 45 (Übertrag 1 1)	828 − 655 = 173 (Übertrag 1)

2 Bei den Hausaufgaben hat Simone einige **Fehler** gemacht. Korrigiere.

a)	b)
4532 − 1815 = ~~2747~~ f → 2717 (Übertrag 1 1)	876 − 296 = ~~620~~ f → 580 (Übertrag 1)

3 Berechne schriftlich.

a)	b)	c)	d)	e)	f)
88 − 4 − 12 = 72	57 − 21 − 13 = 23	383 − 20 − 31 = 332	723 − 32 − 41 = 650 (Übertrag 1)	835 − 47 − 120 = 668 (Übertrag 1 1)	502 − 159 − 79 = 264 (Übertrag 2 2)

4 Lisa geht einkaufen. Überschlage, ob 15 € ausreichen.

Überschlag: 15 − 4 − 1 − 9 = 1

☒ Das Geld reicht. ☐ Das Geld reicht nicht.

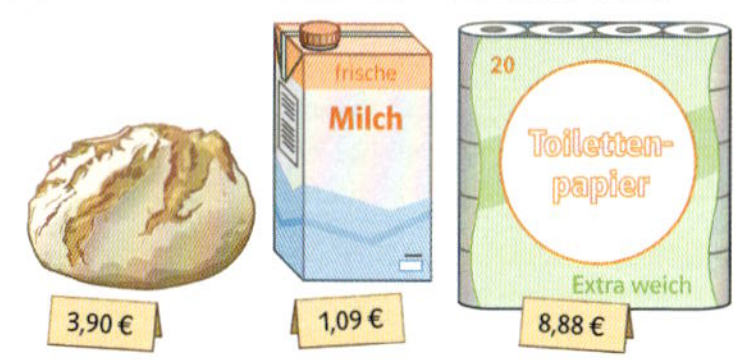

5 Schreibe als Rechenaufgabe und bestimme die fehlende Zahl. [T1]

a) Bilde die Differenz von 480 und 193 und berechne den Wert.
b) Der Wert der Differenz ist 370. Der Minuend ist 980.

a)	b)
480 − 193 = 287 (Übertrag 1 1)	980 − ☐ = 370; 980 − 370 = 610

2 Peter hat bei seinen Hausaufgaben einige **Fehler** gemacht. Markiere falsche Zeilen mit f und korrigiere.

a)	b)
1404 − 633 = ~~231~~ f → 771 (Übertrag 1 1 f)	3782 − ~~673~~ f → 3782 − 673 = ~~3052~~ f → 3109 (Übertrag 1)

c) Gib Peter Tipps, wie er die Fehler vermeiden kann.

Bei Teilaufgabe a) hast du manchmal addiert statt ergänzt. Bei Teilaufgabe b) musst du die Zahlen rechts beginnend untereinander schreiben.

3 Schreibe als Rechenaufgabe und bestimme die fehlende Zahl. [T1]

a) Welche Zahl musst du von 375 subtrahieren, um 103 zu erhalten?
b) Der Wert der Differenz ist 2000. Der Subtrahend ist 125.

a)	b)
375 − ☐ = 103; 375 − 103 = 272	☐ − 125 = 2000; 2000 + 125 = 2125

4 Esra war in Samnaun Skifahren. Berechne die Höhendifferenz der Bahnen in der Tabelle. Ordne dann die Bahnen nach ihrer Höhendifferenz:

A > C > D > B

	A Silvrettabahn	B Flimjochbahn
Berg	2321 m	2757 m
Tal	1360 m	2301 m
Höhendifferenz	961 m	456 m

	C Luftseilbahn	D Lange Wandbahn
Berg	2510 m	2853 m
Tal	1790 m	2221 m
Höhendifferenz	720 m	632 m

[T1] Minuend – Subtrahend = Differenz

1 Gleiche Zahlen – aber unterschiedliche Rechnungen!

a) 195 + 100 + 55
= 295 + 55 = 350

b) 195 – 100 – 55
= 95 – 55 = 40

c) 195 – (100 – 55)
= 195 – 45 = 150

d) 195 – (100 – 55 – 5)
= 195 – (45 – 5)
= 195 – 40 = 155

e) (195 – 100) – (55 – 5)
= 95 – (55 – 5)
= 95 – 50 = 45

f) 195 + (100 – 55) – 5
= 195 + 45 – 5
= 240 – 5 = 235

2 Berechne schrittweise.

a) 70 – (19 + 21)
= 70 – 40
= 30

b) (21 – 19) + 39
= 2 + 39
= 41

c) (39 – 31) – (21 – 19)
= 8 – 2
= 6

d) 50 – (39 – 31)
= 50 – 8
= 42

3 Unterstreiche die innere Klammer und berechne diese zuerst. Die Lösungen findest du auf den Kärtchen. Zwei Kärtchen bleiben übrig.

~~265~~ | 112 | ~~790~~ | ~~88~~ | 780

a) 121 – (14 + (7 + 12))
= 121 – (14 + 19)
= 121 – 33
= 88

b) (250 + 25) – (3 + (12 – 9) + 4)
= (250 + 25) – (3 + 3 + 4)
= 275 – 10
= 265

c) (500 + (340 – 20)) – (25 + 5)
= (500 + 320) – (25 + 5)
= 820 – 30
= 790

4 Setze ein Klammerpaar ( ) so, dass das Ergebnis
a) möglichst klein wird.
b) möglichst groß wird.

a) 200 – 50 – (30 + 10)
= 200 – 50 – 40
= 150 – 40
= 110

b) 200 – (50 – 30) + 10
= 200 – 20 + 10
= 180 + 10
= 190

2 Durch das Setzen von Klammern erhält man verschiedene Werte. Rechne möglichst im Kopf.
Lösungswort: KLAMMER

1000 – (150 + (200 – 20) + 80) – 10 = 580
1000 – 150 + (200 – (20 + 80) – 10) = 940
1000 – (150 + 200 – (20 + 80 – 10)) = 740
1000 – (150 + 200 – 20 + (80 – 10)) = 600
(1000 – 150) + 200 – (20 + (80 – 10)) = 960
(1000 – 150 + (200 – 20) + 80) – 10 = 1100
1000 – (150 + 200 – (20 + 80) – 10) = 760

R 760 | M 600 | A 740 | K 580 | L 940 | M 960 | E 1100

3 Ermittle die fehlende Zahl. Das Ergebnis ist immer 200. Welche Zahlenkärtchen bleiben übrig? Prüfe deine Lösung durch schrittweise Berechnung.

~~20~~ | ~~125~~ | 150 | ~~30~~ | ~~55~~ | 65 | ~~70~~ | ~~100~~

a) 120 + (135 – 55)
= 120 + 80 = 200

b) 85 + (100 + 15)
= 85 + 115 = 200

c) 350 – (125 + 25)
= 350 – 150 = 200

d) (230 + 30) – (30 + 30)
= 260 – 60 = 200

e) 275 – (145 – 70)
= 275 – 75 = 200

f) (280 – 40) – (60 – 20)
= 240 – 40 = 200

4 Setze zwei Klammerpaare ( ), ohne sie zu verschachteln, sodass das Ergebnis
a) möglichst klein wird. mögliche Lösung:
(1000 – 200) – 50 – (150 + 50) – 10
= 800 – 50 – 200 – 10 = 540

b) möglichst groß wird.
1000 – (200 – 50 – 150) + (50 – 10)
= 1000 – 0 + 40 = 1040

1 Setze für die Variable nacheinander die angegebenen Zahlen ein. Notiere Rechnung und Ergebnis in der Tabelle.

x	3	10	14
x + 15	3 + 15 = 18	10 + 15 = 25	14 + 15 = 29
20 + (50 – x)	20 + (50 – 3) = 20 + 47 = 67	20 + (50 – 10) = 20 + 40 = 60	20 + (50 – 14) = 20 + 36 = 56
5 + (25 – x)	5 + (25 – 3) = 5 + 22 = 27	5 + (25 – 10) = 5 + 15 = 20	5 + (25 – 14) = 5 + 11 = 16
100 – ((x – 2) + 5)	100 – ((3 – 2) + 5) = 100 – 6 = 94	100 – ((10 – 2) + 5) = 100 – 13 = 87	100 – ((14 – 2) + 5) = 100 – 17 = 83

2 Ordne die Rechenausdrücke auf den blauen Kärtchen den Sachtexten zu. **Erkläre**, wofür die Variable steht. Es bleiben Rechenausdrücke übrig.

y + 3 | ~~y – 3~~ | ~~z + (4 – 3)~~ | ~~x + 4~~ | ~~z + 4 – 3~~ | ~~x – 4~~

A Am Dienstag kostet die Eintrittskarte ins Kino 3 € weniger.
y – 3; y steht für den normalen Eintrittspreis.

B Am Fußballturnier der 5. Klassen nahmen dieses Jahr 4 Mannschaften mehr teil.
x + 4; x steht für die Anzahl der Mannschaften im letzten Jahr.

C In den Sommerferien verringert sich der Eintritt ins Schwimmbad um 4 €.
x – 4; x steht für den normalen Eintrittspreis.

D Bei einer Kontrolle wird die Anzahl der Personen im Bus notiert. Danach steigen 4 ein und 3 aus.
z + (4 – 3) oder z + 4 – 3; z steht für die Anzahl der Personen im Bus bei der Kontrolle.

3 Notiere den Buchstaben des passenden Terms.

(1) die Summe aus 40 und einer Zahl B
(2) eine Zahl addiert zu sich selbst C
(3) 10 vermindert um eine Zahl D
(4) die Differenz aus einer Zahl und 10 A

A x – 10 | B 40 + x | C x + x | D 10 – x

4 Schreibe einen Term für den Umfang der Figur auf.

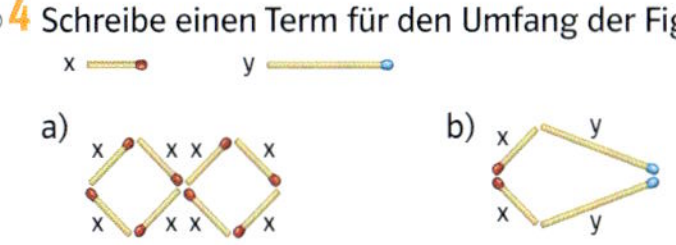

a) x + x + x + x + x + x + x + x
b) x + x + y + y

3 Schreibe als Term. Achte auf Klammern.
a) die Summe aus 4 und z vermindert um 10
(4 + z) – 10
b) Subtrahiere von 10 die Summe aus x und 4.
10 – (x + 4)
c) Subtrahiere von der Differenz aus 20 und a die Summe aus a und 2.
(20 – a) – (a + 2)

4 Schreibe einen Term für den Umfang der Figur auf.

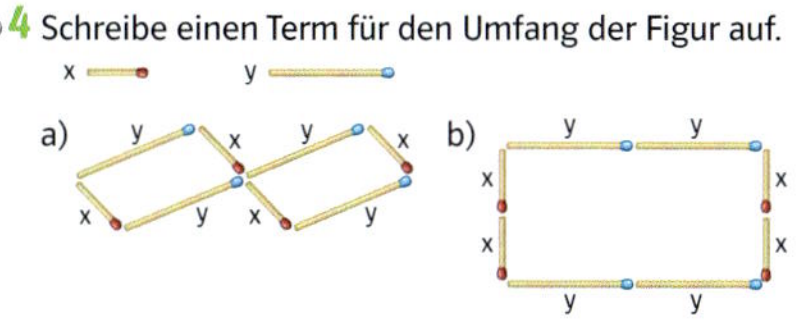

a) y + x + y + x + x + y + x + y
b) y + y + x + x + y + y + x + x

1 Finde die blauen Kärtchen, bei denen sich die Zahlen besonders gut zu den Zahlen auf den grünen Kärtchen addieren lassen. Notiere die Rechnung und berechne.

A	B	C	D	E	F	G	H
19	32	250	140	33	400	125	56
60	107	1600	21	18	14	75	50

A 19 + 21 = 40 B 32 + 18 = 50 C 250 + 50 = 300 D 140 + 60 = 200

E 33 + 107 = 140 F 400 + 1600 = 2000 G 125 + 75 = 200 H 56 + 14 = 70

2 Notiere die Summe aller Zahlen auf den Armen des Seesterns in der Mitte. Markiere dazu die Zahlen, die sich vorteilhaft addieren lassen.

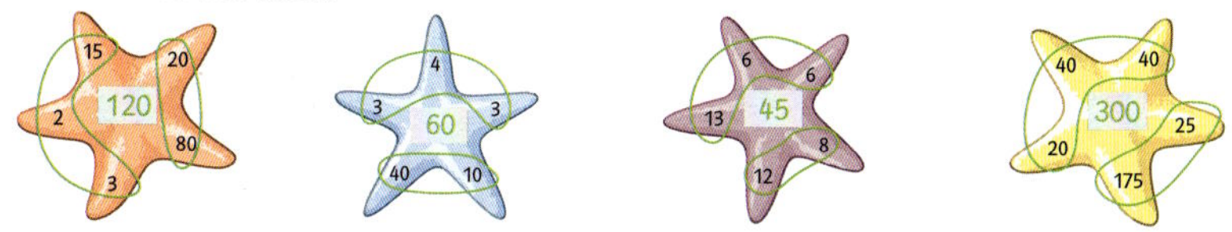

3 Setze die Zahlen auf den Kärtchen in die Lücken der Rechnung. Rechne vorteilhaft und löse.

19 200 400 7 250 16

a) 24 + 16 + 13 + 7
= (24 + 16) + (13 + 7)
= 40 + 20 = 60

b) 300 + 200 + 100 + 400
= (300 + 200) + (100 + 400)
= 500 + 500 = 1000

4 Nutze Rechenvorteile.

a) 13 + 41 + 37 + 59
= (13 + 37) + (41 + 59)
= 50 + 100 = 150

b) 77 + 38 + 42 + 23
= (77 + 23) + (38 + 42)
= 100 + 80 = 180

c) 83 + 38 + 72 + 27
= (83 + 27) + (38 + 72)
= 110 + 110 = 220

d) 48 + 93 + 12 + 77
= (48 + 12) + (93 + 77)
= 60 + 170 = 230

5 Finn berechnet vorteilhaft. Was meinst du dazu? **Begründe.**

212 − 35 + 12
= 212 − 12 + 35
= 200 + 35
= 235

Finn hat falsch gerechnet. Er darf nur beim Addieren die Zahlen tauschen.

3 Beim Rechnen mit vielen Summanden wird das Rechnen leichter, wenn man die Plus- und Minusglieder sortiert. Ergänze und berechne.

a) 154 − 35 + 23 − 41 − 3 + 13
= 154 + 23 + 13 − 35 − 41 − 3
= 190 − 79 = 111

b) 224 − 48 + 46 + 24 − 22 − 50
= 224 + 46 + 24 − 48 − 22 − 50
= 294 − 120 = 174

c) 572 − 24 − 126 + 38 − 45 + 55
= 572 + 38 + 55 − 24 − 126 − 45
= 665 − 195 = 470

4 In einem großen Lager werden die Ein- und Ausgänge sorgfältig erfasst. Notiere die Rechnung. Schreibe alle Eingänge und Ausgänge in einer eigenen Klammer. Berechne.

> Zu Beginn sind 2500 Schränke im Lager. Es kommen 25 hinzu. 15 Schränke verlassen das Lager. Am nächsten Tag werden 32 Schränke geliefert. In der darauffolgenden Woche werden erst 18, dann 7 Schränke verkauft, deshalb wird der Bestand mit 100 Schränken aufgestockt. Wie viele Schränke sind im Lager?

2500 + 25 − 15 + 32 − 18 − 7 + 100
= (2500 + 25 + 32 + 100) − (15 + 18 + 7)
= 2657 − 40 = 2617

Es sind 2617 Schränke im Lager.

1 Rechne im Kopf und bilde die Gegenaufgabe.

a) 78 − 2 = 76 | 76 + 2 = 78
b) 185 − 15 = 170 | 170 + 15 = 185
c) 278 − 72 = 206 | 206 + 72 = 278
d) 85 + 7 = 92 | 92 − 7 = 85
e) 192 + 17 = 209 | 209 − 17 = 192
f) 172 + 103 = 275 | 275 − 103 = 172

2 Ergänze so, dass das Ergebnis die nächstkleinere beziehungsweise die nächstgrößere Stufenzahl zur Zahl im Dach ist. [T1]

a) 605: 605 − 505 = 100; 605 + 395 = 1000
b) 65: 65 − 55 = 10; 65 + 35 = 100
c) 56: 56 − 46 = 10; 56 + 44 = 100
d) 565: 565 − 465 = 100; 565 + 435 = 1000

3 Addiere schriftlich.

a) 234 + 632 = 866
b) 607 + 95 = 702 (Übertrag 1 1)
c) 63 + 22 + 301 = 386
d) 1036 + 52 + 640 = 1728 (Übertrag 1)

4 Subtrahiere schriftlich.

a) 834 − 703 = 131
b) 3348 − 1493 = 1855 (Übertrag 1 1)
c) 6386 − 211 − 12 = 6163
d) 5632 − 2319 − 682 = 2631 (Übertrag 1 1 1)

5 Rechne

a) mit Klammer
72 − (23 − 9)
= 72 − 14
= 58

ohne Klammer
72 − 23 − 9
= 49 − 9
= 40

b) mit Klammer
183 − (23 + 55 − 15)
= 183 − (78 − 15)
= 183 − 63
= 120

ohne Klammer
183 − 23 + 55 − 15
= 150 + 55 − 15
= 150 + 40
= 200

6 Berechne den Wert des Terms. Ordne jedem Term einen Satz zu.

Term	Berechnung	Satz
100 − x für x = 19	100 − 19 = 81	C
(100 + x) − 45 für x = 24	(100 + 24) − 45 = 79	D
x − 4 für x = 10	10 − 4 = 6	A
x − 5 für x = 2022	2022 − 5 = 2017	B

A Anton ist 4 Jahre jünger als sein Bruder.
B Marie wohnt mit ihren Eltern seit 5 Jahren in der gleichen Wohnung.
C die Differenz aus 100 und der Zahl
D 45 wird von der Summe aus 100 und der Zahl subtrahiert.

7 Rechne vorteilhaft, indem du Summanden vertauschst und Klammern setzt.

a) 22 + 14 + 23 + 16
= (22 + 23) + (14 + 16)
= 45 + 30
= 75

b) 45 + 7 + 13 + 15
= (45 + 15) + (7 + 13)
= 60 + 20
= 80

c) 14 + 12 + 9 + 98 + 76
= (14 + 76) + (12 + 98) + 9
= 90 + 110 + 9
= 209

[T1] Stufenzahlen sind 10; 100; 1000;…

8 Rechne von außen nach innen.

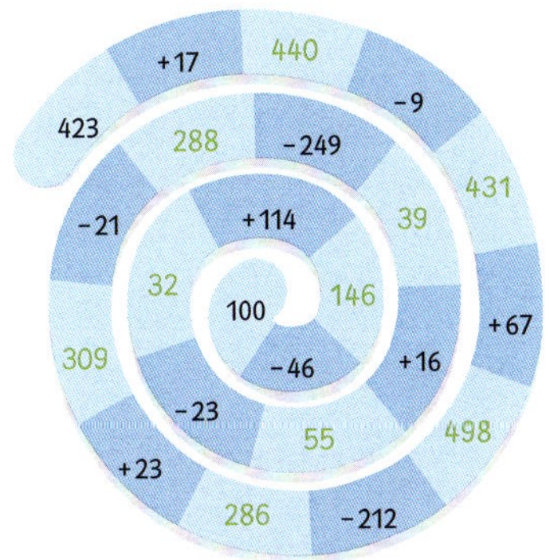

9 Stelle den Term auf. Berechne den Wert des Terms, indem du für die Variable den Wert 12 einsetzt.

a) Addiere 27 und eine Zahl.
27 + x
27 + 12 = 39

b) Berechne die Differenz von 296 und einer Zahl.
296 − x
296 − 12 = 284

c) 1237 wird um die Summe aus 198 und einer Zahl vermehrt.
1237 + (198 + x)
1237 + (198 + 12)
= 1237 + 210
= 1447

d) 1000 vermindert um die Differenz von einer Zahl und 5.
1000 − (x − 5)
1000 − (12 − 5)
= 1000 − 7
= 993

10 Fasse wie im Beispiel Subtrahenden zusammen. Berechne vorteilhaft weiter.

a) 780 − 28 − 19 − 12 − 11
= 780 − (28 + 19 + 12 + 11)
= 780 − (28 + 12 + 19 + 11)
= 780 − (40 + 30)
= 780 − 70 = 710

b) 100 − 15 − 12 − 5 − 8
= 100 − (15 + 12 + 5 + 8)
= 100 − (15 + 5 + 12 + 8)
= 100 − (20 + 20)
= 100 − 40 = 60

c) 250 − 12 − 14 − 21 − 12 − 16
= 250 − (12 + 14 + 21 + 12 + 16)
= 250 − (14 + 16 + 12 + 12 + 21)
= 250 − (30 + 45)
= 250 − 75 = 175

11 In einem magischen Quadrat ergibt die Summe der Zahlen aus jeder Zeile, jeder Spalte und jeder Diagonalen dieselbe Zahl, die „magische Zahl". [T1]

a) In diesem magischen Quadrat wird jede Zahl von 1 bis 16 nur einmal verwendet. Bestimme die magische Zahl und ergänze die Lücken: 4 + 6 + 11 + 13 = 34

16	3	2	13
5	10	11	8
9	6	7	12
4	15	14	1

b) Julian behauptet: „Wenn ich zu jeder Zahl des magischen Quadrats 10 addiere, erhalte ich wieder ein magisches Quadrat."
Überprüfe Julians Aussage mit dem Quadrat aus Teilaufgabe a). Julians Aussage ist richtig. Das berechnete Quadrat ist ein magisches Quadrat.

26	13	12	23
15	20	21	18
19	16	17	22
14	25	24	11

Notiere, wenn vorhanden, die magische Zahl: 26 + 13 + 12 + 23 = 74

c) Vergleiche die magischen Zahlen aus beiden Teilaufgaben. **Beschreibe**, was dir auffällt.
Da jede Zahl im unteren Quadrat um 10 erhöht wurde, muss sich die magische Zahl um 4 · 10 = 40 erhöhen: 34 + 40 = 74 ✓

[T1] Notiere dir zunächst die fehlenden Zahlen.

1 Berechne im Kopf.

a) 4 · 5 = 20 b) 7 · 9 = 63 c) 72 : 8 = 9 d) 21 : 3 = 7
e) 9 · 9 = 81 f) 11 · 5 = 55 g) 24 : 6 = 4 h) 77 : 7 = 11

2 Berechne die Aufgaben halbschriftlich.

a) 25 · 9 =
20 · 9 = 180
5 · 9 = 45
25 · 9 = 225

b) 208 · 7 =
200 · 7 = 1400
8 · 7 = 56
208 · 7 = 1456

c) 126 : 9 =
90 : 9 = 10
36 : 9 = 4
126 : 9 = 14

d) 324 : 3 =
300 : 3 = 100
24 : 3 = 8
324 : 3 = 108

3 Berechne im Kopf. Addiere alle gefundenen Zahlen. Vergleiche mit den Kontrollzahlen (Summe der eingetragenen Zahlen).

a) 7 · 9 = 63
8 · 6 = 48
5 · 4 = 20
Summe: 131
Kontrollzahl: 131

b) 5 · 6 = 30
7 · 7 = 49
2 · 12 = 24
Summe: 15
Kontrollzahl: 15

c) 4 · 12 = 48
15 · 5 = 75
17 · 10 = 170
Summe: 293
Kontrollzahl: 293

d) 9 · 8 = 72
13 · 3 = 39
6 · 7 = 42
Summe: 17
Kontrollzahl: 17

4 Notiere die Lösungen.

a) 4 · 8 = 32
40 · 8 = 320
400 · 8 = 3200
4000 · 8 = 32 000

b) 48 : 4 = 12
480 : 4 = 120
4800 : 4 = 1200
48000 : 4 = 12 000

5 Berechne geschickt im Kopf. Die Lösungen findest du auf den Kärtchen. Notiere das Lösungswort: SCHULHOF

15 · 4 = 30 · 2 = 60
18 · 5 = 9 · 10 = 90
48 · 5 = 24 · 10 = 240
5 · 26 = 10 · 13 = 130

64 : 16 = 32 : 8 = 4
98 : 14 = 49 : 7 = 7
108 : 12 = 54 : 6 = 9
128 : 16 = 64 : 8 = 8

H 9 | C 4 | H 90 | O 130
L 240 | S 60 | U 7 | F 8

3 Überlege. Berechne geschickt im Kopf. Die Lücken helfen dir dabei.

a) 18 · 3 = 20 · 3 − 2 · 3 (18 = 20 − 2)
= 60 − 6 = 54

b) 43 · 8 = 40 · 8 + 3 · 8 (43 = 40 + 3)
= 320 + 24 = 344

c) 27 · 7 = 30 · 7 − 3 · 7 (27 = 30 − 3)
= 210 − 21 = 189

d) 64 · 6 = 60 · 6 + 4 · 6 (64 = 60 + 4)
= 360 + 24 = 384

4 a) Denke dir als Startzahl nacheinander die Zahlen 5; 10; 20 und 50. Rechne im Kopf und trage deine Ergebnisse in die Tabelle ein.

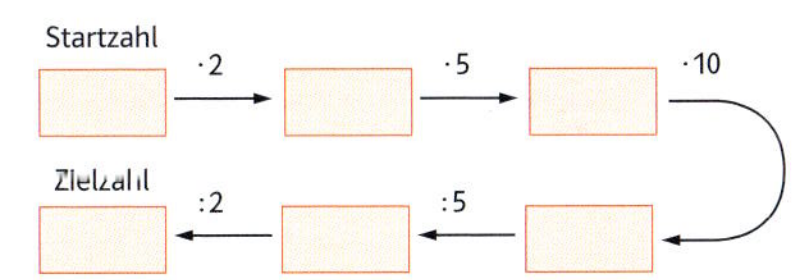

Startzahl	5	10	20	50
Zielzahl	50	100	200	500

b) Kehre die Rechnung von Teilaufgabe a) um. Die Zielzahl ist gegeben und die Startzahl ist gesucht.

Startzahl	4	6	30	120
Zielzahl	40	60	300	1200

c) Betrachte die Start- und Zielzahlen. Was fällt dir auf? **Begründe**.
Die Zielzahl ist immer das Zehnfache der Startzahl, da die Rechenoperationen zusammengefasst (· 10) ergeben.

○ **1** Berechne schriftlich.

a) 32 · 7
```
3 2 · 7
  2 2 4
```
b) 95 · 8
```
9 5 · 8
  7 6 0
```
c) 876 · 8
```
8 7 6 · 8
  7 0 0 8
```
d) 756 · 6
```
7 5 6 · 6
  4 5 3 6
```
e) 14 · 21
```
1 4 · 2 1
    2 8
+     1 4
    2 9 4
```
f) 15 · 809
```
1 5 · 8 0 9
  1 2 0
+     0 0
+     1 3 5
  1 2 1 3 5
```
g) 23 · 207
```
2 3 · 2 0 7
    4 6
+     0 0
+     1 6 1
    4 7 6 1
```
h) 194 · 29
```
1 9 4 · 2 9
    3 8 8
+   1 7 4 6
    1 1
    5 6 2 6
```

◒ **2** Finde den passenden Überschlag zu den Aufgabenkärtchen. Verbinde.

Aufgabe	Überschlag
19 · 11	500
52 · 19	200
95 · 5	1000
33 · 11	400
19 · 5	100
21 · 21	330

◒ **3** Hier hat sich der Fehlerteufel eingeschlichen.
a) Finde die **Fehler** und verbessere sie.
b) Notiere im grauen Feld, welcher Fehler gemacht wurde:
F1: Übertrag bei der Addition vergessen.
F2: Stellen wurden falsch untereinander notiert.
F3: Rechenfehler bei der Multiplikation.

(1)
```
1 2 4 · 5 1          1 2 4 · 5 1
    6 2 0              6 2 0
+     1 2 4          +   1 2 4
      7 4 4            6 3 2 4        Fehlerart: F2
```
(2)
```
1 2 8 · 4 7          1 2 8 · 4 7
    5 1 2              5 1 2
+     8 9 6          +   8 9 6
                       1 1
    5 9 1 6            6 0 1 6        Fehlerart: F1
```
(3)
```
3 5 9 · 1 6          3 5 9 · 1 6
    3 5 9              3 5 9
+ 2 1 5 4            + 2 1 5 4
                       1
  2 1 8 9 9            5 7 4 4        Fehlerart: F2
```

◒ **2** Mache erst einen Überschlag. Berechne dann schriftlich.

a)
```
Ü: 8 0 0 · 3 0 0
 = 2 4 0 0 0 0

8 4 3 · 2 7 2
  1 6 8 6
+   5 9 0 1
+     1 6 8 6
  1 1 1
  2 2 9 2 9 6
```
b)
```
Ü: 5 0 0 · 6 0 0
 = 3 0 0 0 0 0

4 6 8 · 5 8 7
  2 3 4 0
+   3 7 4 4
+     3 2 7 6
  1     1
  2 7 4 7 1 6
```

● **3** a) Ein Faultier schläft ungefähr 21 Stunden am Tag. Das sind ca. 147 Stunden in einer Woche und ca. 7665 Stunden in einem Jahr.

b) Ein 12-jähriges Kind schläft ca. 8 Stunden am Tag. Das sind in einer Woche ca. 56 Stunden und in einem Jahr ca. 2920 Stunden.
c) Stefan übt drei Stunden in der Woche Klavier. Das sind in einem Jahr 156 Stunden.

```
a) 3 6 5 · 2 1        a) 2 1 · 7
     7 3 0                1 4 7
+      3 6 5
     7 6 6 5          b) 3 6 5 · 8
                          2 9 2 0
c) 5 2 · 3
     1 5 6
```

Berechnung über die Wochenstunden:
a) 147 · 52 = 7644   b) 56 · 52 = 2912

○ **1** Berechne.
a) 6 · (7 · 3)
= 6 · 21 = 126
b) (3 · 5) · 6
= 15 · 6 = 90
c) (4 · 15) · 4
= 60 · 4 = 240
d) 2 · (8 · 125)
= 2 · 1000 = 2000

○ **2** Berechne vorteilhaft. Vertausche, wenn nötig, die Faktoren und setze Klammern.
a) 4 · 7 · 25
= (4 · 25) · 7
= 100 · 7 = 700
b) 5 · 2 · 8
= (5 · 2) · 8
= 10 · 8 = 80
c) 20 · 3 · 5
= (20 · 5) · 3
= 100 · 3 = 300
d) 6 · 5 · 2
= 6 · (5 · 2)
= 6 · 10 = 60

◒ **3** Vertausche Faktoren, um vorteilhaft zu rechnen. Setze Klammern. Die Lösungen sind auf den Kärtchen.
a) 2 · 2 · 5 · 5
= (2 · 5) · (2 · 5)
= 10 · 10 = 100
b) 6 · 4 · 5 · 5
= (6 · 5) · (4 · 5)
= 30 · 20 = 600
c) 4 · 6 · 25 · 3
= (4 · 25) · (6 · 3)
= 100 · 18 = 1800
d) 2 · 25 · 2 · 75
= (2 · 2 · 25) · 75
= 100 · 75 = 7500
e) 125 · 10 · 8 · 2
= (125 · 8) · (10 · 2)
= 1000 · 20 = 20000
f) 4 · 10 · 25 · 3
= (4 · 25) · (10 · 3)
= 100 · 30 = 3000

Kärtchen: ~~1800~~ ~~3000~~ ~~7500~~ ~~20000~~ ~~600~~ ~~100~~

◒ **4** Eine Zahl aus dem ersten Säckchen soll mit einer Zahl aus dem zweiten Säckchen multipliziert werden.

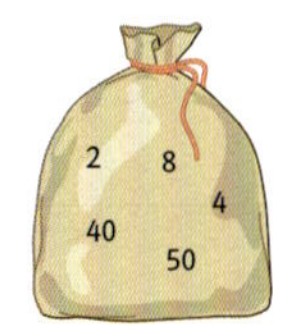

a) Finde je zwei Aufgaben zu den Stufenzahlen.
4 · 25 = 100 = 50 · 2
8 · 125 = 1000 = 4 · 250
b) Das größtmögliche Ergebnis ist 50 · 250 = 12500,
das kleinstmögliche Ergebnis ist 2 · 2 = 4.

○ **2** Vertausche Faktoren, um vorteilhaft zu rechnen. Setze Klammern. Berechne.
a) 4 · 4 · 5 · 5
= (4 · 5) · (4 · 5)
= 20 · 20 = 400
b) 3 · 5 · 4 · 20
= (5 · 20) · (3 · 4)
= 100 · 12 = 1200
c) 2 · 8 · 5 · 125 · 10
= (2 · 5 · 10) · (8 · 125)
= 100 · 1000
= 100000
d) 12 · 4 · 25 · 5
= (12 · 5) · (4 · 25)
= 60 · 100
= 6000

◒ **3** Zerlege Faktoren vorteilhaft und nutze das Vertauschungs- und Verbindungsgesetz zum Kopfrechnen.
a) 25 · 16
= 25 · 4 · 4
= (25 · 4) · 4
= 100 · 4 = 400
b) 75 · 16
= 25 · 3 · 4 · 4
= (25 · 4) · (3 · 4)
= 100 · 12 = 1200
c) 50 · 26
= 50 · 2 · 13
= (50 · 2) · 13
= 100 · 13 = 1300
d) 125 · 32
= 125 · 4 · 8
= (125 · 8) · 4
= 1000 · 4 = 4000

● **4** Finde Multiplikationsaufgaben. Benutze die Zahlen auf den Kärtchen. Du darfst jedes Kärtchen für jede Rechnung nur einmal benutzen. Rechne vorteilhaft. Bei mehr als zwei Faktoren: Setze Klammern.

4	8	10	50	125

Das Ergebnis soll 4000; 10 000; 40 000; 50 000 und 200 000 sein.
(8 · 50) · 10
= 400 · 10 = 4000
(8 · 125) · 4
= 1000 · 4 = 4000
(8 · 125) · 10
= 1000 · 10
= 10000
(8 · 125) · (4 · 10)
= 1000 · 40
= 40000
(8 · 125) · 50
= 1000 · 50
= 50000
(8 · 125) · (4 · 50)
= 1000 · 200
= 200000

1 Zu jedem Produkt gehört eine Potenz und der Wert der Potenz. Fülle die Lücken.

a) 7·7·7·7 = 7^4 = 2401 b) 8·8 = 8^2 = 64
c) 10·10 = 10^2 = 100 d) 2·2·2·2·2 = 2^5 = 32
e) 3·3·3 = 3^3 = 27 f) 7·7 = 7^2 = 49
g) 5·5·5 = 5^3 = 125 h) 10·10·10·10 = 10^4 = 10 000

2 Verbinde die Potenzen mit ihrem Wert. Es bleiben Potenzen übrig.

4^4 2^4 5^4 4^2 8^2 10^2 4^3 25^2

16 64 625

3 Finde den **Fehler** und korrigiere ihn.

a) 3^4 = ~~3·4 = 12~~
3^4 = 3·3·3·3 = 81

b) 5·5·5 = ~~3^5 = 243~~
5·5·5 = 5^3 = 125

c) 4^5 = ~~4+4+4+4+4+4 = 20~~
4^5 = 4·4·4·4·4 = 1024

d) 2^5 = 2·2·2·2·2 = ~~10~~
2^5 = 2·2·2·2·2 = 32

4 Färbe die Karten, die denselben Wert haben, in einer Farbe. Aus den Karten einer Farbe kannst du englische Wörter bilden.

10 Millionen | s 300 | d 10^3 | b zehn | e
10 | e 1000 | o Dreihundert | g $3\cdot10^3$ | d
Dreitausend | e 10^1 | y 10^7 | e $3\cdot10^2$ | o
Eintausend | y 10 000 000 | a 3000 | r

Lösungsworte: boy sea eye dog red

5 Bestimme die Werte der Potenzen und vergleiche. Notiere <; > oder =.

a) 10^2 = 100 < 2^{10} = 1024
b) 2^4 = 16 = 4^2 = 16
c) 3^5 = 243 > 5^3 = 125

2 Potenzen mit der Hochzahl 2 kann man durch Quadrate veranschaulichen. Deswegen nennt man diese Zahlen auch Quadratzahlen.

1. Zahl: 1^2 = 1 2. Zahl: 2^2 = 4 3. Zahl: 3^2 = 9

a) Wie lauten die weiteren Quadratzahlen?

Grundzahl	4	5	6	7
Quadratzahl	16	25	36	49

b) Finde die Grundzahlen.

Grundzahl	9	12	15	19
Quadratzahl	81	144	225	361

3 Schreibe als Potenz. Es gibt zwei Möglichkeiten. Kreuze die Lösung an, bei der der Exponent größer ist.

a) 16 = 4·4 = 4^2 ☐ 16 = 2·2·2·2 = 2^4 ☒
b) 81 = 9·9 = 9^2 ☐ 81 = 3·3·3·3 = 3^4 ☒
c) 625 = 25·25 = 25^2 ☐ 625 = 5·5·5·5 = 5^4 ☒

4 Um ein Samuraischwert herzustellen, wird ein Stahlbarren flach ausgeschmiedet, dann umgeklappt und wieder flach geschmiedet. Je nach Notwendigkeit wird der Stahl so 10- bis 20-mal zusammengefaltet. Dadurch entsteht eine Schichtung des Stahls, die für die Festigkeit und Schärfe wichtig ist.
Nach fünf Durchgängen hat der Barren 2^5 = 32 Schichten, nach zehn sind es schon 2^{10} = 1024. Um über 1 000 000 Schichten zu erhalten, müsste man das Werkstück 20 -mal flach schmieden und wieder umklappen. [T1]

[T1] Runde für das weitere Rechnen auf 1000.

1 Dividiere die Zahl auf der Spinne durch die Zahlen am Spinnennetz. Trage die Ergebnisse in die äußeren Felder ein.

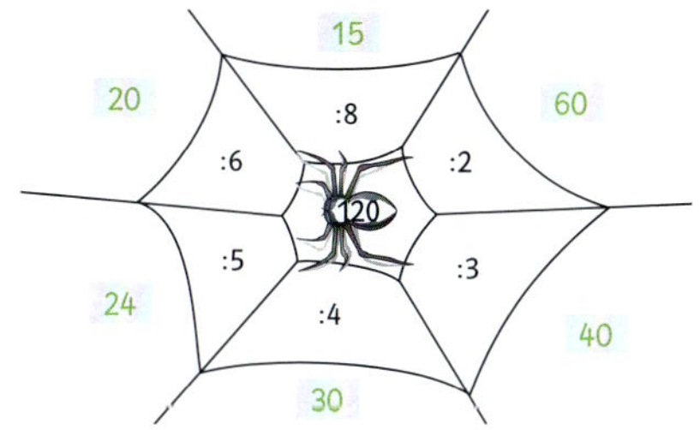

2 Was gehört in die Lücken?

a) 392 : 7 = 56
−35
42
−42
0
Probe: 56 · 7 = 392

b) 165 : 5 = 33
−15
15
−15
0
Probe: 33 · 5 = 165

c) 294 : 6 = 49
−24
54
−54
0
Probe: 49 · 6 = 294

d) 846 : 9 = 94
−81
36
−36
0
Probe: 94 · 9 = 846

3 Berechne.

a) 270 : 10 = 27 b) 2900 : 100 = 29
500 : 10 = 50 30 600 : 100 = 306
410 : 10 = 41 100 : 100 = 1
760 : 10 = 76 1200 : 100 = 12

4 Berechne. Schreibe so um, dass der Divisor am Ende keine Nullen hat. Rechne dann.

a) 250 : 50 = 25 : 5 = 5
b) 320 : 40 = 32 : 4 = 8
c) 4900 : 70 = 490 : 7 = 70
d) 56 000 : 70 = 5600 : 7 = 800
e) 1000 : 200 = 10 : 2 = 5
f) 98 000 : 2000 = 98 : 2 = 49
g) 1600 : 200 = 16 : 2 = 8
h) 72 000 : 400 = 720 : 4 = 180

5 Bei diesen Aufgaben bleibt ein Rest.

a) 109 : 7 = 15 Rest 4
109 : 7 = 15
−7
39
−35
4

b) 519 : 8 = 64 Rest 7
519 : 8 = 64
−48
39
−32
7

6 Überschlage. Verbinde die Aufgaben mit ihren Lösungen.

1872 : 4 1030 : 5 4536 : 8 2464 : 7

352 206 721 468 567

3 Überschlage und berechne.

a) Ü: 6000 : 15 = 400 b) Ü: 5800 : 20 = 290

a) 6006 : 13 = 462
−52
80
−78
26
−26
0

b) 5712 : 24 = 238
−48
91
−72
192
−192
0

4 a) Setze die Rechenreihe fort.

1600 : 20 = 80
1600 : 40 = 40
1600 : 80 = 20
1600 : 160 = 10
1600 : 320 = 5

b) **Beschreibe**, welche Regelmäßigkeit du entdeckst. Verwende die Begriffe: Quotient; Dividend; Divisor; halbieren.

Wenn man den Divisor verdoppelt, den Dividenden aber gleich lässt, so halbiert sich der Quotient.

5 Die Klasse 5c (22 Schülerinnen und Schüler) macht einen Ausflug zu einer Tropfsteinhöhle. Der Bus kostet für alle 264 € und die Führung mit Eintritt nochmal 66 €.

Jeder muss 15 € bezahlen.

264
+ 66
11
330

330 : 22 = 15
−22
110
−110
0

1 Berechne die Klammer zuerst.

a) (4 + 7) · 6
= 11 · 6 = 66

b) (22 − 12) · 7
= 10 · 7 = 70

c) 42 : (21 − 14)
= 42 : 7 = 6

d) (29 − 14) : 5
= 15 : 5 = 3

2 Es gilt: Punktrechnung vor Strichrechnung. Berechne schrittweise.

a) 12 + 3 · 2
= 12 + 6 = 18

b) 35 − 5 · 4
= 35 − 20 = 15

c) 3 · 3 + 2 · 5
= 9 + 10 = 19

d) 17 + 3 · 6 − 27
= 17 + 18 − 27 = 8

3 Denke an die Reihenfolge beim schrittweisen Berechnen der Rechenausdrücke.

a) (12 + 3) · 4 − 2
= 15 · 4 − 2
= 60 − 2 = 58

b) 2 · 12 − 3 − 4
= 24 − 3 − 4
= 21 − 4 = 17

c) 2 · (12 + 3) − 4
= 2 · 15 − 4
= 30 − 4 = 26

d) 2 · (12 − 3) + 4
= 2 · 9 + 4
= 18 + 4 = 22

4 Rechne mit Zwischenrechnungen.

a) 8 · 4 + 3 = 32 + 3 = 35
8 · (4 + 3) = 8 · 7 = 56
8 + 4 · 3 = 8 + 12 = 20
8 − (4 − 3) = 8 − 1 = 7

b) 250 : (25 − 20) + 5 = 250 : 5 + 5 = 50 + 5 = 55
(250 : 25) + (20 − 5) = 10 + 15 = 25
250 : (25 − 20 + 5) = 250 : 10 = 25
(250 − 25) − (20 − 5) = 225 − 15 = 210

5 Setze eine Klammer so, dass das Ergebnis stimmt. Ergänze die Zwischenrechnung.

a) 200 − 50 − (30 + 10)
= 200 − 50 − 40 = 110

b) 200 − (50 − 30) + 10
= 200 − 20 + 10 = 180 + 10 = 190

c) (200 − 40) : 20 + 2
= 160 : 20 + 2 = 8 + 2 = 10

d) 180 − 3 · (20 + 30)
= 180 − 3 · 50 = 180 − 150 = 30

e) 360 − 4 · (13 + 7) + 20
= 360 − 4 · 20 + 20 = 360 − 80 + 20 = 300

3 Berechne die innere Klammer zuerst.

a) 140 : ((38 − 13) · 2 − 15)
= 140 : (25 · 2 − 15)
= 140 : (50 − 15)
= 140 : 35
= 4

b) (28 − 2 · (3 + 4)) : 2
= (28 − 2 · 7) : 2
= (28 − 14) : 2
= 14 : 2
= 7

c) (25 · (17 − 7) + 23) − 46
= (25 · 10 + 23) − 46
= (250 + 23) − 46
= 273 − 46
= 227

4 Welche Zahl fehlt hier? Streiche die benutzten Kärtchen durch.

a) 4 · 20 + 70 = 150
b) 2 · 3 · 5 · 5 = 150
c) 200 − 2 · 25 = 150
d) 100 + 2 · 25 = 150
e) 400 : 2 − 50 = 150
f) 110 − 5 + 9 · 5 = 150
g) 120 : 6 · 5 + 50 = 150
h) (500 − 400) + (5 · (2 · 5)) = 150
i) 15 · (17 − 7) = 150

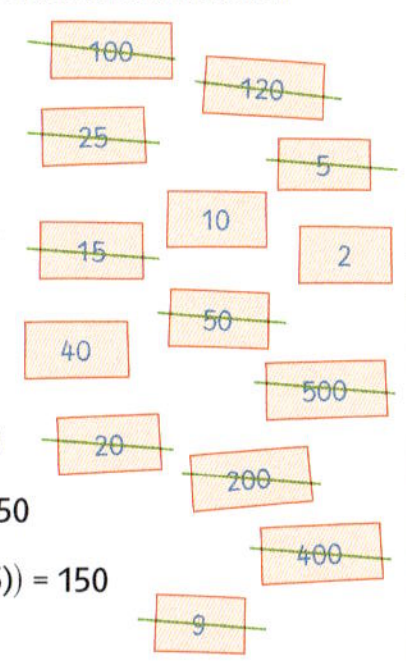

Welche Zahlenkärtchen bleiben übrig? 2; 10; 40

1 Löse durch Ausmultiplizieren. Ergänze die Pfeile.

a) 3 · (25 + 6)
= 3 · 25 + 3 · 6
= 75 + 18 = 93

b) 15 · (5 + 10)
= 15 · 5 + 15 · 10
= 75 + 150 = 225

c) (12 − 4) · 4
= 12 · 4 − 4 · 4
= 48 − 16 = 32

d) 6 · (12 − 3)
= 6 · 12 − 6 · 3
= 72 − 18 = 54

2 Bestimme den Rechenausdruck der dargestellten Aufgabe.

a)
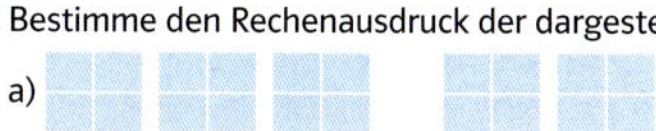

3 · 4 + 2 · 4
= 3 + 2 · 4 = 5 · 4 = 20

b)

3 · 3 + 2 · 3
= (3 + 2) · 3 = 5 · 3 = 15

c)

5 · 5 + 1 · 5
= (5 + 1) · 5 = 6 · 5 = 30

d)

2 · 12 + 2 · 12
= (2 + 2) · 12 = 4 · 12 = 48 (mögliche Lösung)

3 Klammere den gemeinsamen Faktor aus und vereinfache so die Rechnung. Umkreise vorher den gemeinsamen Faktor. Berechne danach erst die Klammer.

a) (4) · 13 + (4) · 7
= 4 · (13 + 7)
= 4 · 20 = 80

b) (9) · 17 − (9) · 13
= 9 · (17 − 13)
= 9 · 4 = 36

c) (8) · 13 − (8) · 7
= 8 · (13 − 7)
= 8 · 6 = 48

d) 5 · (19) + 4 · (19)
= 19 · (5 + 4)
= 19 · 9 = 171

e) 9 · (14) − 4 · (14)
= 14 · (9 − 4)
= 14 · 5 = 70

f) 12 · (13) − 8 · (13)
= 13 · (12 − 8)
= 13 · 4 = 52

4 Zerlege die größere Zahl in eine Summe oder Differenz, mit der du das Produkt dann durch Ausmultiplizieren leichter berechnen kannst.

a) 7 · 42
= 7 · (40 + 2)
= 7 · 40 + 7 · 2
= 280 + 14
= 294

b) 9 · 79
= 9 · (80 − 1)
= 9 · 80 − 9 · 1
= 720 − 9
= 711

c) 6 · 61
= 6 · (60 + 1)
= 6 · 60 + 6 · 1
= 360 + 6
= 366

d) 8 · 49
= 8 · (50 − 1)
= 8 · 50 − 8 · 1
= 400 − 8
= 392

4 Auf Peters Heft sind einige Regentropfen gekommen. Jetzt muss er die Aufgaben ausbessern. Hilf ihm. Berechne abschließend.

a) 17 · 13 + 17 · 12
= 17 · (13 + 12)
= 17 · 25 = 425

b) 13 · 7 + 8 · 7
= (13 + 8) · 7
= 21 · 7 = 147

c) 6 · 17 + 7 · 17 − 3 · 17
= (6 + 7 − 3) · 17 = 10 · 17 = 170

d) 14 · 11 − 9 · 11 + 4 · 11
= (14 − 9 + 4) · 11 = 9 · 11 = 99

a)	1	7	·	2	5		b)	2	1	·	7
			3	4					1	4	7
	+			8	5						
			1								
			4	2	5						

5 Zerlege eine Zahl in ein Produkt und klammere dann wie im Beispiel aus. Berechne.

a) $100 + 3 \cdot 25$
$= 4 \cdot 25 + 3 \cdot 25$
$= (3 + 4) \cdot 25$
$= 7 \cdot 25 = 175$

b) $24 \cdot 8 + 48$
$= 24 \cdot 8 + 6 \cdot 8$
$= (24 + 6) \cdot 8$
$= 30 \cdot 8 = 240$

6 Markiere den **Fehler**. Schreibe die Rechnung korrekt daneben.

a) $12 \cdot (20 - 3)$ | $12 \cdot (20 - 3)$
$= 12 \cdot 20 - 3$ | $= 12 \cdot 20 - 12 \cdot 3$
$= 240 - 3 = 237$ | $= 240 - 36 = 204$

b) $3 \cdot 45 + 5 \cdot 3$ | $3 \cdot 45 + 5 \cdot 3$
$= 3 \cdot (45 + 3)$ | $= 3 \cdot (45 + 5)$
$= 3 \cdot 48 = 144$ | $= 3 \cdot 50 = 150$

7 Löse die Aufgaben wie angegeben. Kreuze die Rechnung an, die dir leichter gefallen ist.

a) Ausklammern ☐ | Punkt- vor Strichrechnung ☐
$6 \cdot 9 + 6 \cdot 11$ | $6 \cdot 9 + 6 \cdot 11$
$= 6 \cdot (9 + 11)$ | $= 54 + 66$
$= 6 \cdot 20 = 120$ | $= 120$

b) Ausklammern ☐ | Punkt- vor Strichrechnung ☐
$20 \cdot 3 + 9 \cdot 3$ | $20 \cdot 3 + 9 \cdot 3$
$= 3 \cdot (20 + 9)$ | $= 60 + 27$
$= 3 \cdot 29 = 87$ | $= 87$

Welche Rechnung dir leichter fällt, ist individuell.

8 Peter kauft auf dem Flohmarkt 12 Spielzeugautos für jeweils 2 € und 12 Kartenspiele für jeweils 1 €. Kreuze alle Rechenterme an, die zur Lösung der Aufgabe führen. Berechne die Lösung.

☒ $12 \cdot 2 + 12 \cdot 1 = 24 + 12 = 36$
☒ $12 \cdot 2 + 12 = 24 + 12 = 36$
☐ $12 \cdot 2 + 1$
☒ $12 \cdot (2 + 1) = 12 \cdot 3 = 36$

5 **Entscheide**, ob das Ausklammern oder das Ausmultiplizieren Vorteile bietet. Rechne möglichst im Kopf. Notiere nur deinen Rechenweg und die Lösung.

a) $(67 + 23) \cdot 6 = 540$
$90 \cdot 6 = 540$ oder: $402 + 138 = 540$

b) $(20 + 8) \cdot 8 = 224$
$160 + 64 = 224$ oder: $28 \cdot 8 = 224$

c) $30 \cdot 6 - 12 \cdot 6 = 108$
$180 - 72 = 108$ oder: $6 \cdot (30 - 12) = 6 \cdot 18 = 108$

d) $13 \cdot 5 + 7 \cdot 5 = 100$
$65 + 35 = 100$ oder: $5 \cdot (13 + 7) = 5 \cdot 20 = 100$

6 Hier fehlen Klammerpaare. Korrigiere den **Fehler** und **prüfe** die Rechnung.

a) $5 \cdot (3 + 4) = 35$ — $5 \cdot 7 = 35$ ✓
b) $(50 - 20) \cdot 7 = 210$ — $30 \cdot 7 = 210$ ✓
c) $(25 - 5) \cdot 8 = 160$ — $20 \cdot 8 = 160$ ✓
d) $9 \cdot (32 + 18) = 450$ — $9 \cdot 50 = 450$ ✓
e) $(32 - 12) \cdot 15 = 300$ — $20 \cdot 15 = 300$ ✓
f) $13 \cdot (47 - 17) = 390$ — $13 \cdot 30 = 390$ ✓

7 Berechne. Denke, falls nötig, an die Klammern.

a) Eine Klasse (25 Schüler und Schülerinnen) muss pro Person 4 € Busgeld und 3 € Eintritt zahlen.
Kosten: 175,00 €

b) Herr Braun kauft 47 Rosen zu je 1,20 € und 47 Fresien zu je 0,80 €.
Kosten: 94,00 €

c) Frau Nau kauft für 3 Kinder je 1 T-Shirt für 5,50 €, Socken für 1,50 € und eine Hose für 18 €.
Kosten: 75,00 €

a) 25 · (4,00 € + 3,00 €) = 25 · 7,00 € = 175,00 €
b) 47 · (1,20 € + 0,80 €) = 47 · 2,00 € = 94,00 €
c) 3 · (5,50 € + 1,50 € + 18,00 €) = 3 · 25,00 € = 75,00 €

1 Jeweils eine Multiplikationsaufgabe und eine Divisionsaufgabe gehören zu einer Lösung. Berechne im Kopf und notiere den richtigen Lösungsbuchstaben. Lies das Lösungswort auf den blauen (E I N S E H B A R) Lösungskärtchen und den roten (B A H N R E I S E) Divisions-Kärtchen ab.

6·12 N	3·14 E	7·25 H	21·8 E	34·5 R	37·4 I	52·3 A	7·19 B	8·18 S
168 E	148 I	72 N	144 S	42 E	175 H	133 B	156 A	170 R
931:7 B	936:6 A	525:3 H	648:9 N	1020:6 R	336:8 E	740:5 I	576:4 S	336:2 E

2 Multipliziere schriftlich.

a) $93 \cdot 6 = 558$
b) $73 \cdot 14$: $73 + 292 = 1022$
c) $203 \cdot 13$: $203 + 609 = 2639$
d) $240 \cdot 57$: $1200 + 1680 = 13680$

3 Nutze Rechenvorteile. Vertausche Faktoren und setze Klammern. Berechne.

a) $4 \cdot 50 \cdot 12 = (4 \cdot 50) \cdot 12 = 200 \cdot 12 = 2400$
b) $4 \cdot 6 \cdot 25 = (4 \cdot 25) \cdot 6 = 100 \cdot 6 = 600$
c) $2 \cdot 6 \cdot 5 \cdot 12 = (2 \cdot 5) \cdot (6 \cdot 12) = 10 \cdot 72 = 720$
d) $7 \cdot 50 \cdot 13 \cdot 2 = (50 \cdot 2) \cdot (7 \cdot 13) = 100 \cdot 91 = 9100$

4 Schreibe die Potenzen als Produkt. Berechne.

a) $4^2 = 4 \cdot 4 = 16$
b) $2^4 = 2 \cdot 2 \cdot 2 \cdot 2 = 16$
c) $10^2 = 10 \cdot 10 = 100$
d) $5^3 = 5 \cdot 5 \cdot 5 = 125$

5 Dividiere schriftlich.

a) $216 : 4 = 54$ (-20, 16, -16, 0)
b) $504 : 9 = 56$ (-45, 54, -54, 0)
c) $598 : 7 = 85$ Rest 3 (-56, 38, -35, 3)

6 Achte auf die angegebene Rechenregel.

a) Berechne die Klammer zuerst.
(1) $120 : (24 + 6) = 120 : 30 = 4$
(2) $7 \cdot (19 + 14) = 7 \cdot 33 = 231$

b) Beachte die Punkt- vor Strichrechnung.
(1) $12 + 13 \cdot 5 - 22 = 12 + 65 - 22 = 77 - 22 = 55$
(2) $200 - 12 \cdot 2 + 8 : 4 = 200 - 24 + 2 = 176 + 2 = 178$

7 Benutze das Verteilungsgesetz (Distributivgesetz).

a) Multipliziere aus und berechne.
(1) $4 \cdot (30 - 4) = 4 \cdot 30 - 4 \cdot 4 = 120 - 16 = 104$
(2) $7 \cdot (50 + 6) = 7 \cdot 50 + 7 \cdot 6 = 350 + 42 = 392$

b) Klammere aus und berechne.
(1) $6 \cdot 17 + 6 \cdot 4 = 6 \cdot (17 + 4) = 6 \cdot 21 = 126$
(2) $13 \cdot 8 - 13 \cdot 3 = 13 \cdot (8 - 3) = 13 \cdot 5 = 65$

8 Wenn man die Werte zweier nebeneinanderliegender Steine multipliziert, erhält man den Wert des darüber liegenden Steins.

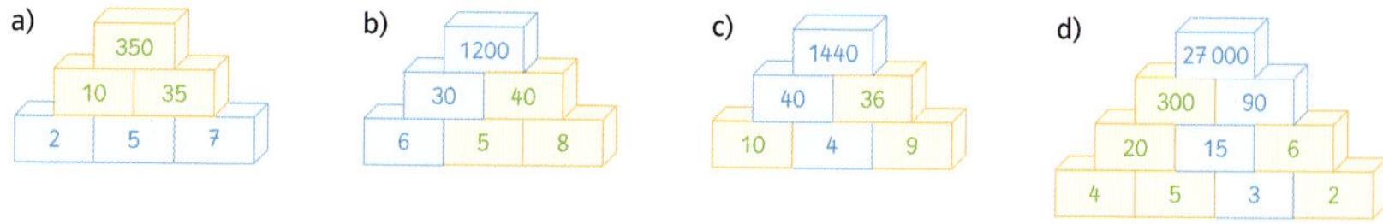

9 Rechne vorteilhaft durch Vertauschen der Faktoren.

a) $4 \cdot 9 \cdot 25 \cdot 8 \cdot 3 \cdot 125$
$= (4 \cdot 25) \cdot (8 \cdot 125) \cdot 9 \cdot 3$
$= 100 \cdot 1000 \cdot 27 = 2\,700\,000$

b) $3 \cdot 50 \cdot 2 \cdot 8 \cdot 6 \cdot 7 \cdot 25$
$= (50 \cdot 2) \cdot (8 \cdot 25) \cdot 3 \cdot 6 \cdot 7$
$= 100 \cdot 200 \cdot 126 = 2\,520\,000$

10 Beachte die Reihenfolge zum Berechnen von Rechenausdrücken. Berechne schrittweise.

a) $(144 - 29) : (95 : 19)$
$= 115 : 5$
$= 23$

b) $250 - (15 - (25 - 3 \cdot 5))$
$= 250 - (15 - (25 - 15))$
$= 250 - (15 - 10)$
$= 250 - 5 = 245$

c) $154 - (24 + 4 \cdot (25 - 14))$
$= 154 - (24 + 4 \cdot 11)$
$= 154 - (24 + 44)$
$= 154 - 68 = 86$

11 a) Verbinde jeden Text mit dem passenden Rechenausdruck und berechne den Wert des Rechenausdrucks.

Stefanie kauft eine Jeans für 50 € und vier T-Shirts zu je 8 €.

Anton überlegt: Wenn ich vier Monate lang mein Taschengeld von 8 € und das Zeitungsgeld von 50 € zurücklege, kann ich mir das neue Skateboard leisten.

Jonah bezahlt mit vier 50 €-Scheinen und erhält 8 € Rückgeld.

$4 \cdot 50 - 8 = 192$ | $(50 - 8) : 4 = 10$ Rest 2 | $(50 + 8) \cdot 4 = 232$ | $50 + 4 \cdot 8 = 82$

b) Überlege dir selbst eine Sachsituation zu dem nicht verbundenen Rechenausdruck.

Individuelle Lösung: Vier Kinder haben zusammen 50 € geschenkt bekommen.
Sie geben 8 € aus und verteilen den Rest gerecht untereinander.

12 Hier wurde schriftlich gerechnet. Findest du die fehlenden Ziffern?

a)
```
  423 · 56
   2115
 + 2538
 ------
  23688
```

b)
```
  346 · 409
    1384
 +     000
 +    3114
      1
 ---------
    141514
```

c)
```
  6673 · 78
   46711
 + 53384
   1 1
 -------
  520494
```

13 Erstelle Multiplikationsaufgaben mit zwei oder mehr Faktoren. Das Ergebnis soll 10 000 sein. Du darfst Kärtchen mehrfach verwenden.

2 | 100 | 8 | 125 | 10 | 1000 | 25

Mit zwei Faktoren:
$100 \cdot 100 = 10\,000$
$10 \cdot 1000 = 10\,000$

Mit drei Faktoren:
$10 \cdot 10 \cdot 100 = 10\,000$
$8 \cdot 10 \cdot 125 = 10\,000$

Mit vier Faktoren:
$2 \cdot 2 \cdot 25 \cdot 100 = 10\,000$
$10 \cdot 10 \cdot 10 \cdot 10 = 10\,000$
$2 \cdot 8 \cdot 25 \cdot 25 = 10\,000$

Mit fünf Faktoren:
$2 \cdot 2 \cdot 2 \cdot 10 \cdot 125 = 10\,000$

Mit sechs Faktoren:
$2 \cdot 2 \cdot 2 \cdot 2 \cdot 25 \cdot 25 = 10\,000$

1 Ordne die Linien den Begriffen zu.

a) Strecke: a
b) Gerade: d; e
c) Halbgerade: c; i

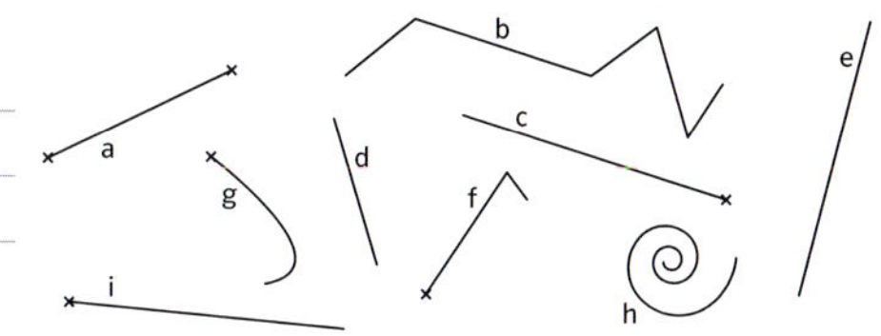

2 Hier sind Strecken gezeichnet. Markiere und benenne Anfangspunkt und Endpunkt.

a) Die Strecke a verbindet die Punkte A und B und ist 4 cm lang.
b) Die Strecke $c = \overline{CD}$ ist 5,5 cm lang.
c) Die Strecke $d = \overline{EF}$ ist 2 cm lang.

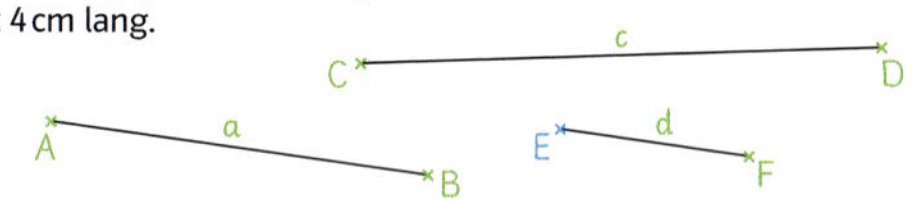

3 Zeichne folgende Strecken, die sich nicht schneiden dürfen. $\overline{AB} = 3$ cm; $\overline{CD} = 48$ mm; $\overline{EF} = 2{,}5$ cm; $\overline{GH} = 16$ cm

4 Benenne die entsprechenden Strecken.

a) kürzeste Strecke: $\overline{EK}$
b) längste Strecke: $\overline{EL}$
c) gleich lang sind: $\overline{LN}$ und $\overline{AB}$

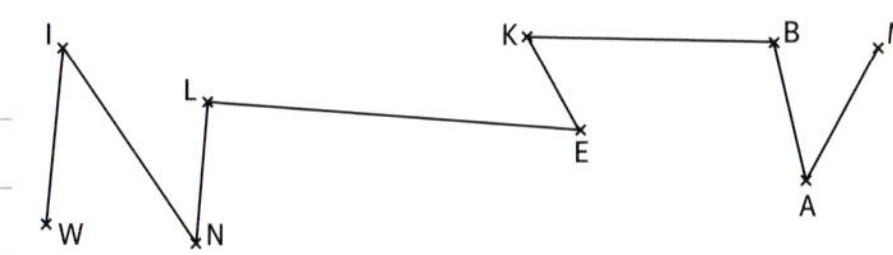

5 a) Verbinde die Punkte in folgender Reihenfolge: A mit B; B mit C; C mit D und D mit A; E mit F; F mit G und G mit E.

b) Miss die Längen der Strecken. $\overline{AB}$ = 5 cm
$\overline{BC}$ = 2,9 cm; $\overline{CD}$ = 8 cm; $\overline{DA}$ = 1,6 cm
$\overline{EF}$ = 4 cm; $\overline{FG}$ = 4,7 cm; $\overline{GE}$ = 4,3 cm

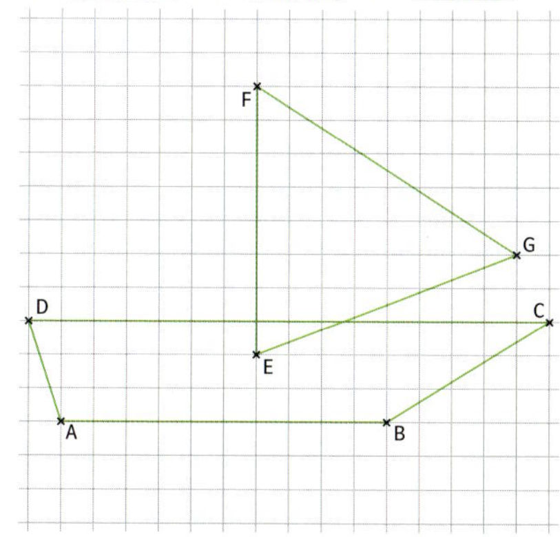

5 a) Zeichne zwei Geraden so ein, dass alle Punkte erfasst werden. In welchem Punkt schneiden sich die beiden Geraden? C

b) Miss die Längen der Strecken.
$\overline{AB}$ = 2,5 cm; $\overline{BC}$ = 2,5 cm; $\overline{AC}$ = 5,1 cm
$\overline{ED}$ = 3,2 cm; $\overline{DC}$ = 1,6 cm; $\overline{EC}$ = 4,7 cm

c) Zeichne die Gerade durch B und D und die Gerade durch E und A ein. Nenne den Schnittpunkt F.

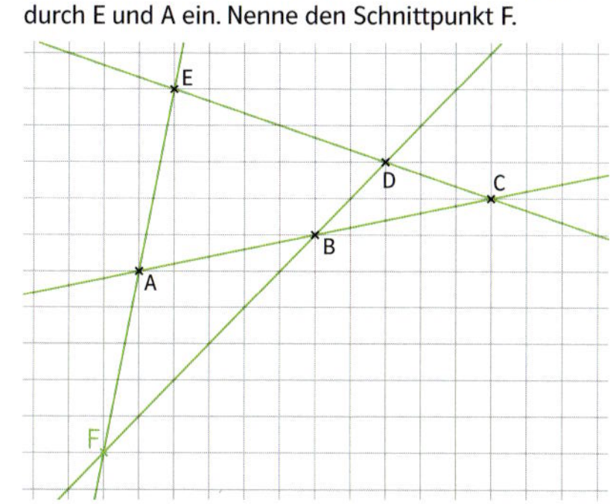

○ **1** Finde alle Geraden, die zueinander senkrecht stehen. Markiere mit ⊾. Die zugehörigen Buchstaben ergeben ein Lösungswort: Maus

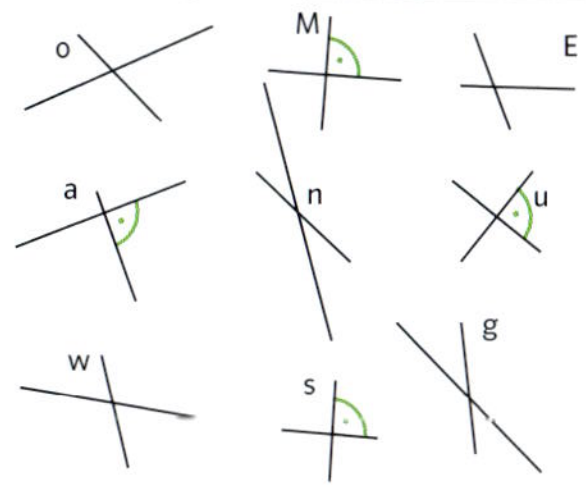

○ **2** Zeichne mit dem Geodreieck durch jeden der Punkte U; W und E eine Senkrechte zur Geraden g.

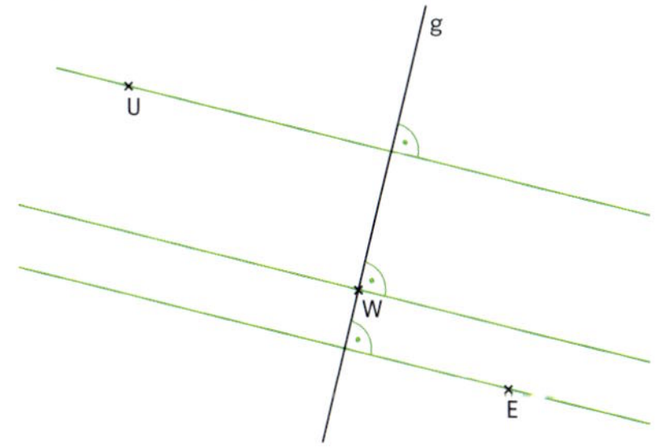

○ **3** Welche Seiten der Figuren stehen zueinander senkrecht? Markiere in den Figuren alle rechten Winkel.

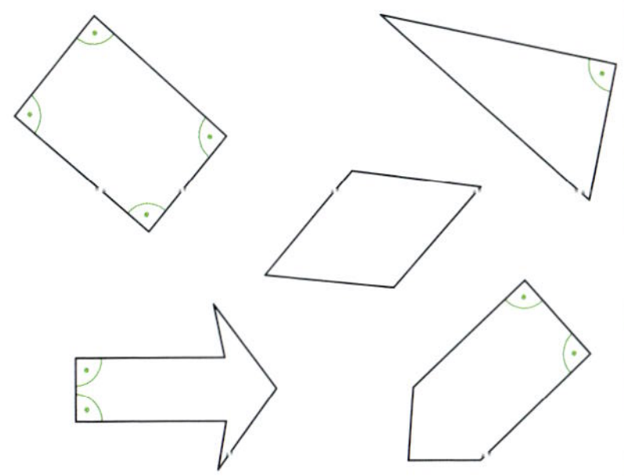

○ **3** Zeichne zu jeder Geraden die Senkrechte durch den Punkt P.

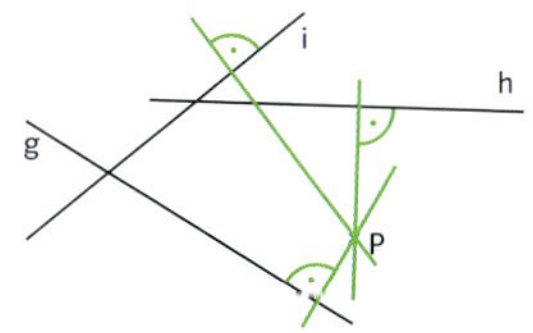

◒ **4** Markiere auf beiden Geraden Punkte im Abstand von 1cm. Zeichne durch jeden Punkt eine zu g bzw. zu h senkrechte Gerade.

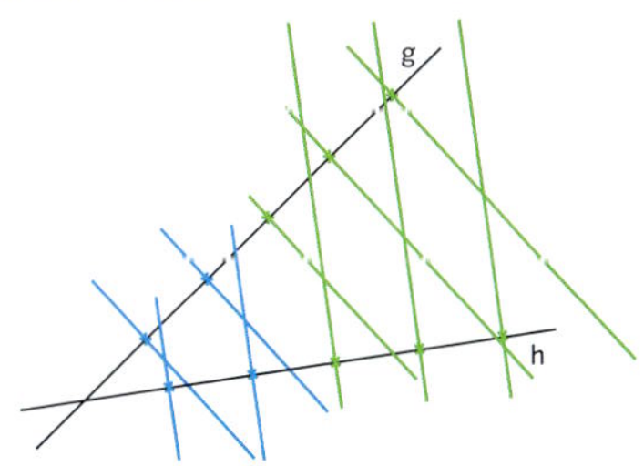

◒ **4** a) Zeichne die Senkrechte a zu g durch den Punkt P und die Senkrechte e zu g durch den Punkt R.

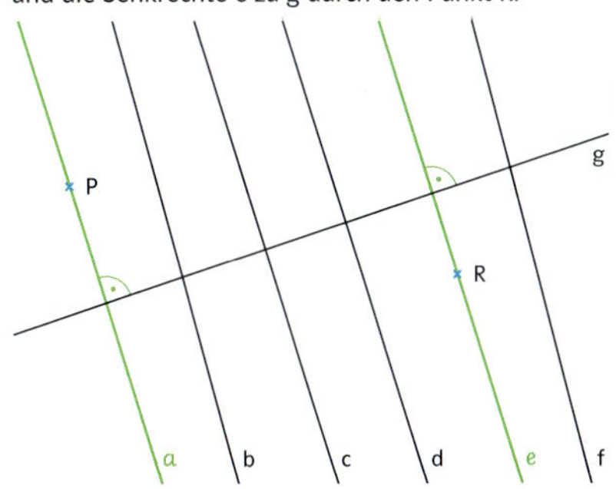

b) **Prüfe**, welche der Geraden senkrecht zur Geraden g sind. Notiere mit dem Zeichen ⊥.

a⊥g; c⊥g; d⊥g; e⊥g

● **5** Zeichne drei weitere Geraden b, c und d, für die gilt: d ⊥ c; b ⊥ a; d ⊥ a. Zum Beispiel:

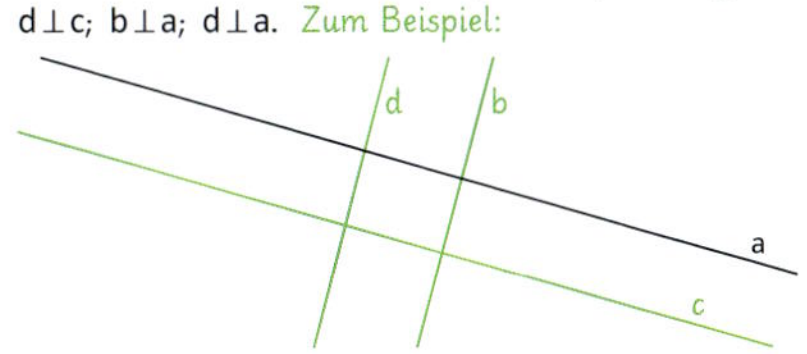

○ **1** a) Male alle Stäbchen, die zum blau-weiß gestreiften Stab parallel liegen, an.
b) Zeichne zwei weitere Stäbe hinzu, einen parallel zum blau-weiß gestreiften Stab, einen weiteren parallel zum blauen Stab.

○ **2** Notiere alle zu a parallelen Geraden.

Zu a parallel: e, d, c

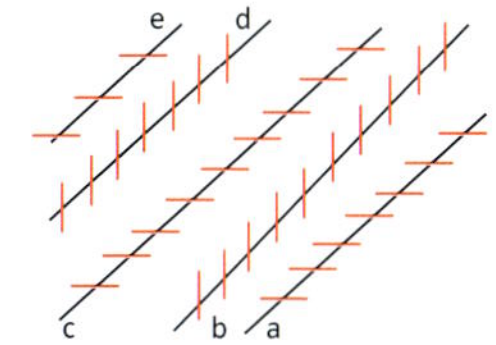

○ **3** Zeichne durch den Punkt A die Gerade i, die parallel zu g verläuft.

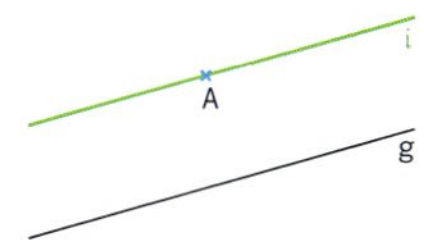

○ **4** Die Geraden durch die Punkte A und D sowie durch G und J sind parallel zu h. Zeichne sie.

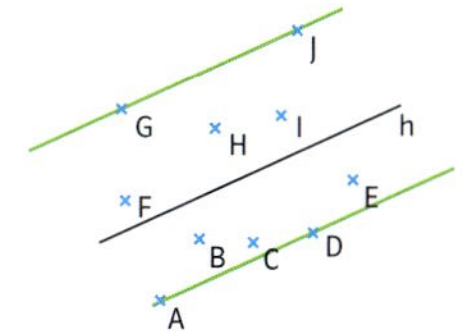

○ **5** **Prüfe**, welche Geraden zur Geraden g parallel sind und markiere sie.

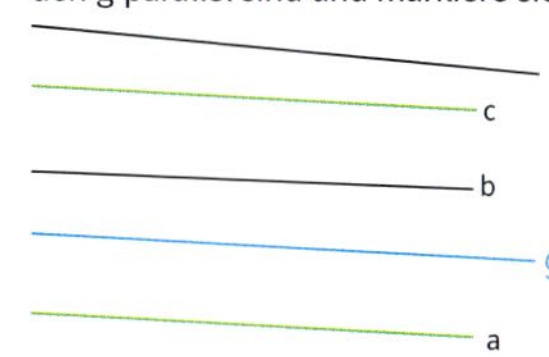

◒ **6** **Überprüfe** mit dem Geodreieck, welche Seiten der Figuren parallel zueinander sind.
a) Markiere parallele Seiten in der gleichen Farbe.

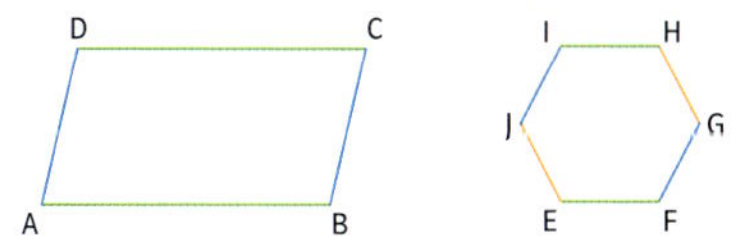

b) Notiere alle zueinander parallelen Seiten.

$\overline{AB} \parallel \overline{CD}$; $\overline{AD} \parallel \overline{BC}$;

$\overline{EF} \parallel \overline{HI}$; $\overline{IJ} \parallel \overline{FG}$; $\overline{EJ} \parallel \overline{GH}$

◒ **7** Zeichne zu jeder Geraden die Parallele durch den Punkt P.

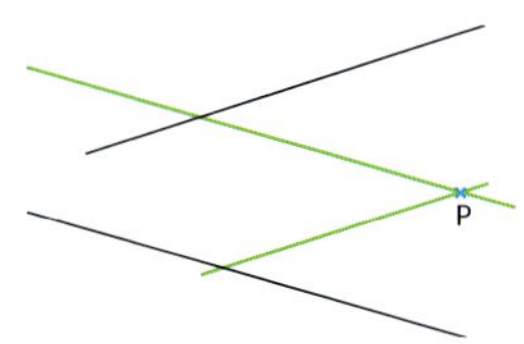

◒ **6** a) Verbinde die Punkte E bis H und I bis L zu Vierecken.
b) Markiere in der Gesamtfigur parallele Seiten farbig.

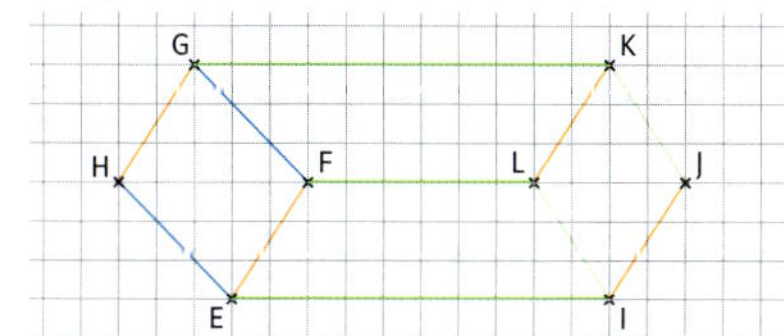

● **7** Kreuze alle wahren Aussagen an.
Begründe mit einer Skizze.

a) ☒ Wenn g ∥ h und h ∥ k, dann auch g ∥ k.

b) ☐ Wenn g ⊥ h und h ⊥ k, dann auch g ⊥ k.

c) ☒ Wenn g ∥ h und h ⊥ k, dann g ⊥ k.

zu a) zu b) zu c)

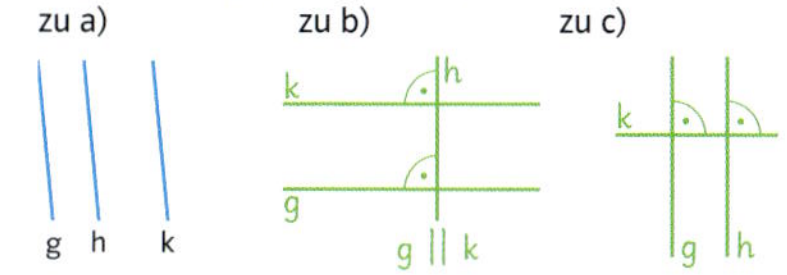

1 Zeichne folgende Punkte im Koordinatensystem ein und verbinde sie in der angegebenen Reihenfolge. Es entsteht ein Lösungswort.
a) (3|5); (1|5); (1|1); (3|1); (3|3); (2|3)
b) (4|1); (4|5)
c) (6|1); (6|5) und (5|5); (7|5)
d) (9|1); (9|5) und (8|5); (10|5)
e) (13|1); (11|1); (11|5); (13|5) und (11|3); (13|3)
f) (14|1); (14|5); (16|5); (16|3); (14|3); (16|1)

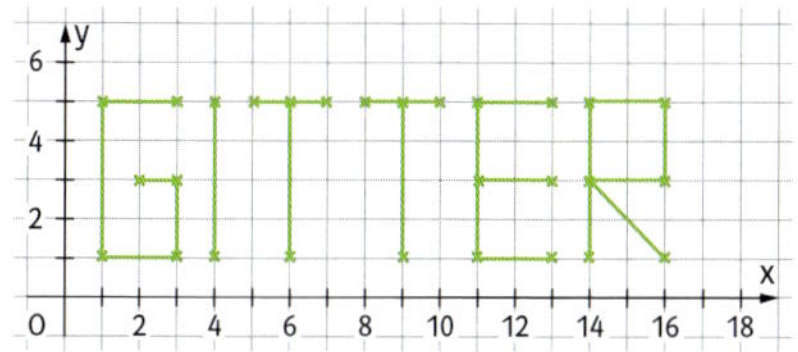

Lösungswort: G I T T E R

2 a) Gib die Koordinaten der Punkte an.

A(6 | 0); B(10 | 0); C(13 | 4);
D(14 | 8); E(10 | 6); F(8 | 7);
G(6 | 6); H(2 | 8); I(3 | 4)

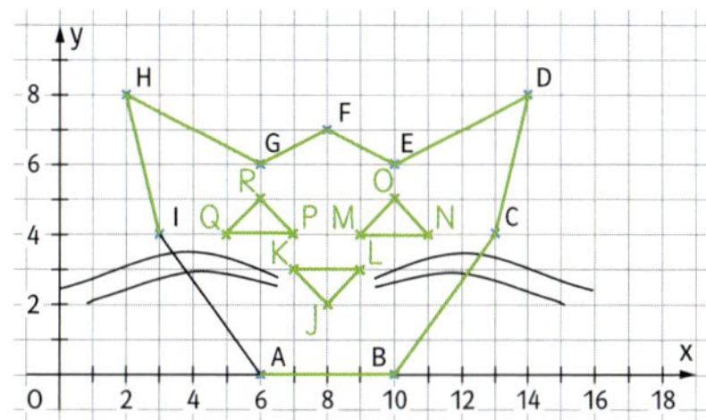

b) Verbinde nun die Punkte alphabetisch.
c) Zeichne die Punkte ein und verbinde passend.
J(8|2); K(7|3); L(9|3); M(9|4); N(11|4);
O(10|5); P(7|4); Q(5|4); R(6|5)

3 a) Zeichne das Schiff noch einmal. Alle Strecken des zweiten Schiffs sollen zu den entsprechenden Strecken des ersten Schiffs parallel sein.
b) Schreibe die Koordinaten der neuen Punkte auf.

A'(8 | 6); B'(13 | 6); C'(15 | 8);
D'(12 | 8); E'(12 | 10); F'(10 | 10);
G'(10 | 8); H'(7 | 8)

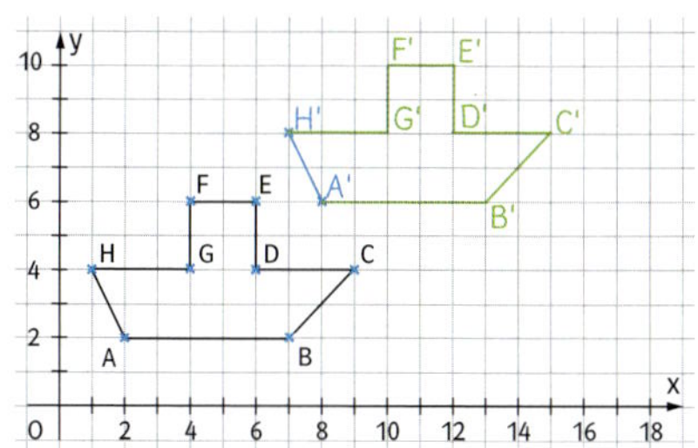

4 M(1|0) und P(4|5) sind gegeben.
a) Zeichne das passende Koordinatensystem ein.
b) Gib die Koordinaten der Punkte N und O an.

N(6 | 0);
O(7 | 5)

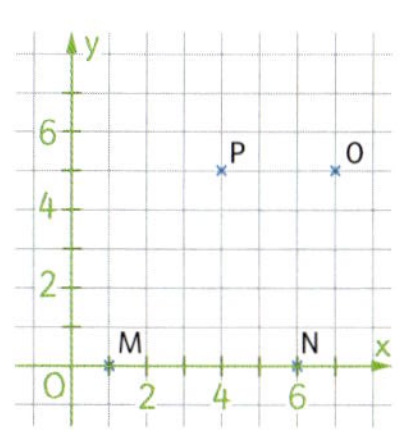

3 a) Zeichne die begonnene Figur fertig.
Die weiteren Punkte erhältst du wie im Beispiel:

2 Einheiten nach unten → B(4|1), von dort
6 Einheiten nach rechts → C(10 | 1), von dort
6 Einheiten nach oben;
2 Einheiten nach rechts → D(12 | 7), von dort
2 Einheiten nach unten;
7 Einheiten nach links → E(5 | 5), von dort
1 Einheit nach links;
2 Einheiten nach oben → F(4 | 7)

b) Notiere den Weg zu den Punkten G und H.

Von F zu G(3 | 5):
1 Einheit nach links; 2 Einheiten nach unten

Von G zu H(0 | 4):
3 Einheiten nach links; 1 Einheit nach unten

c) Verbinde die Punkte.

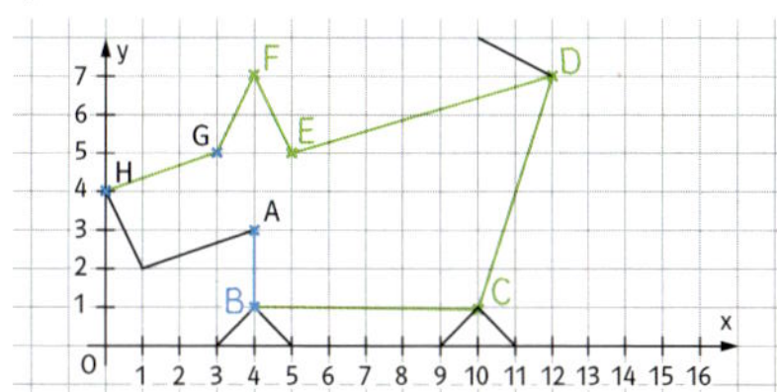

1 a) Miss die Entfernungen der Punkte

von A und B: $\overline{AB}$ = 4,6 cm,
von A und D: $\overline{AD}$ = 6 cm,
von B und C: $\overline{BC}$ = 3,6 cm.

b) Zeichne mithilfe des Geodreiecks die Abstände der Punkte A; B und C zur Geraden g ein.
c) Welcher der Punkte A; B; C hat zu der Geraden g den Abstand 2,5 cm? Punkt C
d) Die beiden parallelen Geraden f und g haben einen Abstand von 1,8 cm.

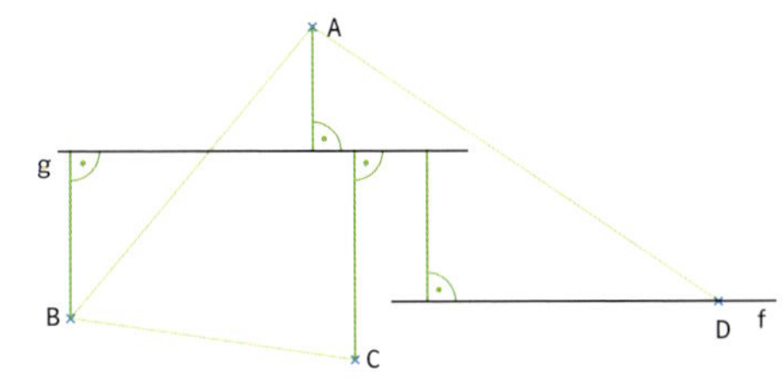

2 Kreuze an, welche Abstände richtig eingezeichnet sind:
a) ☒ b) ☐ c) ☒

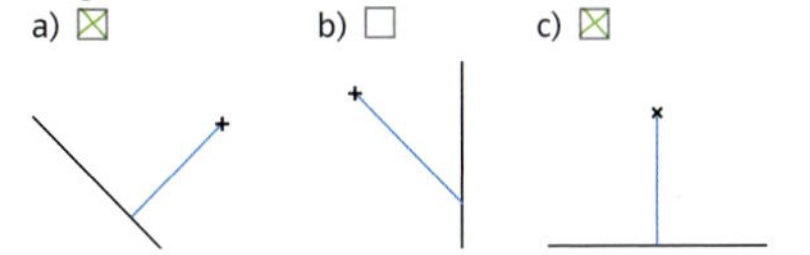

3 Miss mithilfe des Geodreiecks die Abstände von den Punkten A; B; C; D und E zu der Geraden h.

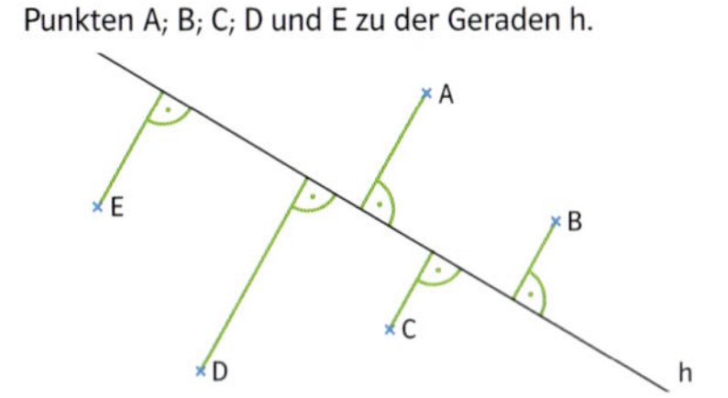

A zu h	B zu h	C zu h	D zu h	E zu h
1,5 cm	1 cm	1 cm	2,5 cm	1,5 cm

4 **Bestimme** die Abstände vom Punkt P zu den Geraden a und b.

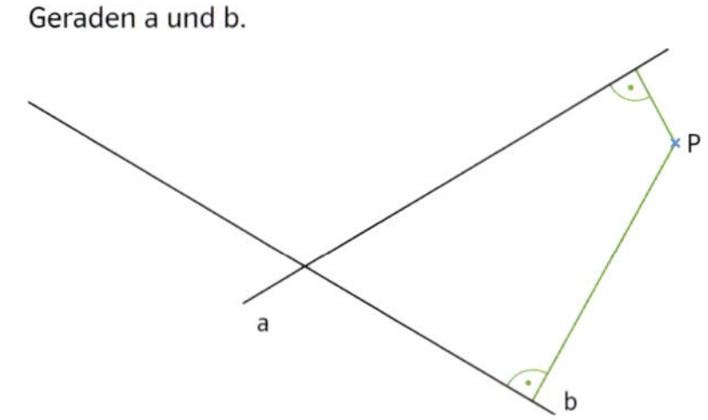

Abstand von P zu a	Abstand von P zu b
1 cm	3,5 cm

2 **Bestimme** die Abstände der zueinander parallelen Geraden a, b und c.

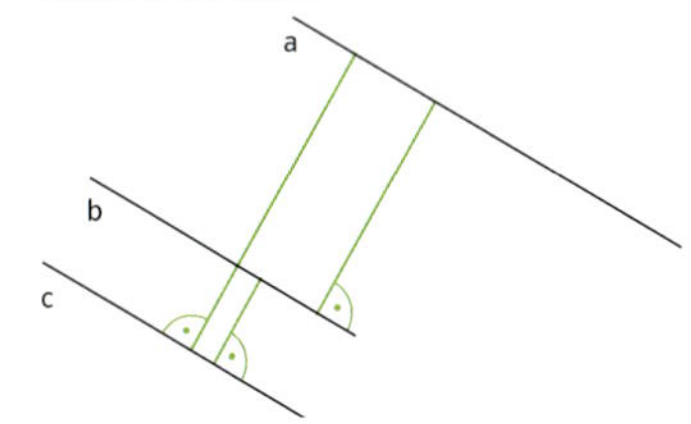

a von b	a von c	b von c
2,5 cm	3,5 cm	1 cm

3 Suche die Gerade, zu der der Punkt R den Abstand 2 cm hat. Gerade g

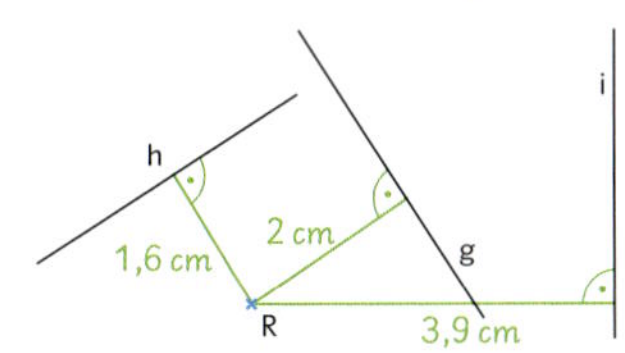

4 Zeichne eine Gerade g so, dass der Punkt A den Abstand 3,5 cm zu dieser Geraden hat.

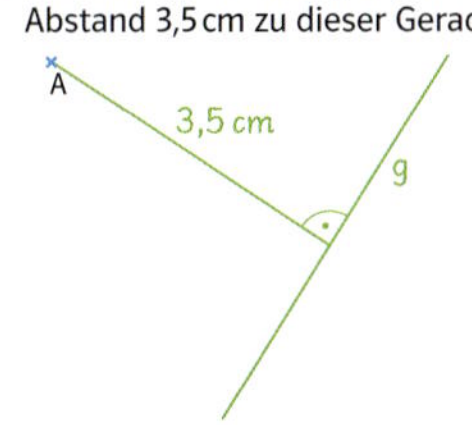

○ **1** Zeichne alle Symmetrieachsen ein.

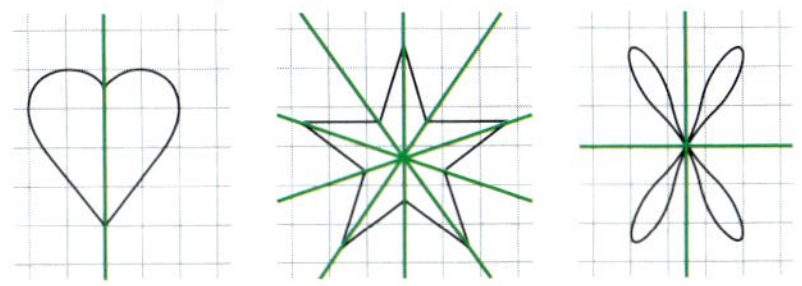

○ **2** Markiere das Symmetriezentrum.

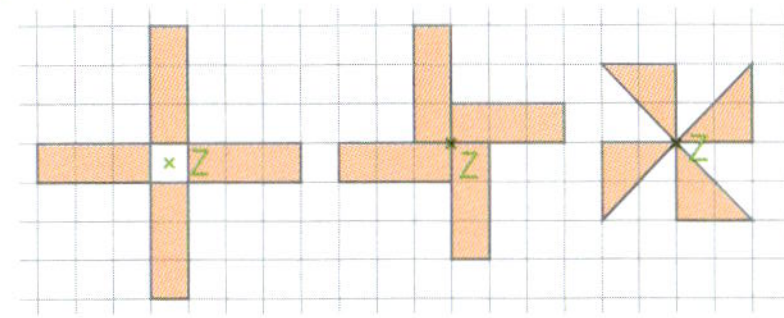

○ **3** Setze das Muster durch Spiegelung wie im Beispiel fort.

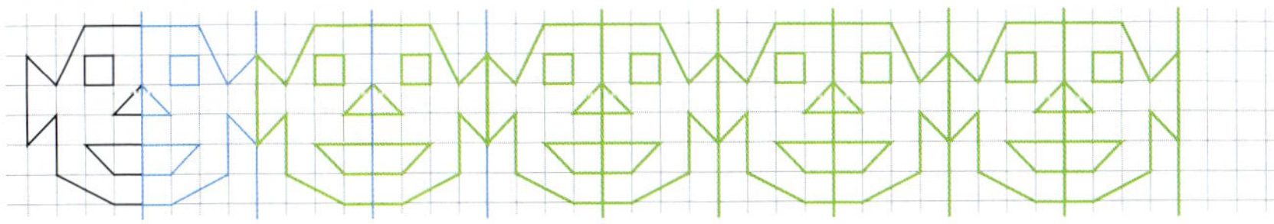

◒ **4** a) Spiegle den Pinguin an der Achse durch die Punkte P(9|3) und Q(9|6).
b) **Bestimme** die Koordinaten der Bildpunkte.

A′(16 | 2); B′(12 | 12); C′(15 | 8); D′(15 | 5)

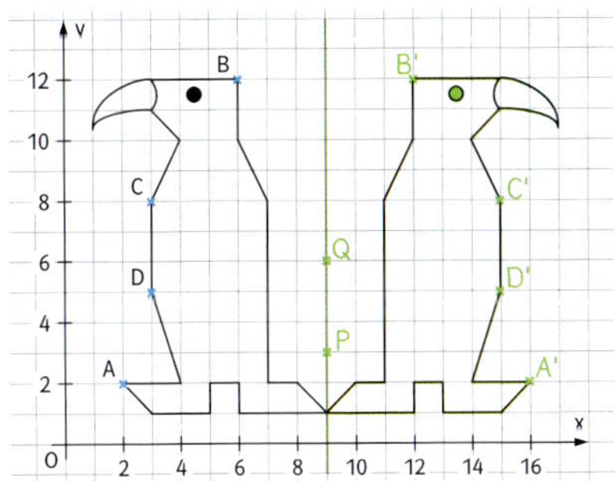

◒ **5** a) Welche Spielkarten sind achsensymmetrisch?

Pik Ass; Karo Ass

b) Welche Spielkarten sind punktsymmetrisch?

Herz König; Karo 10; Karo Ass

c) Welche Spielkarte ist beides? Karo Ass

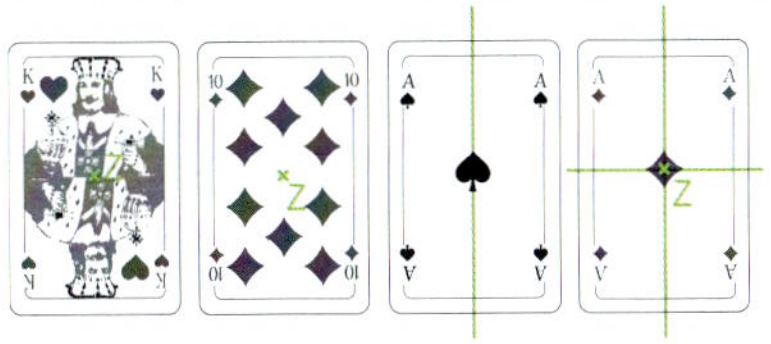

◒ **4** Hier sind beim Spiegeln einige **Fehler** unterlaufen. Verbessere die blauen Spiegelbilder.

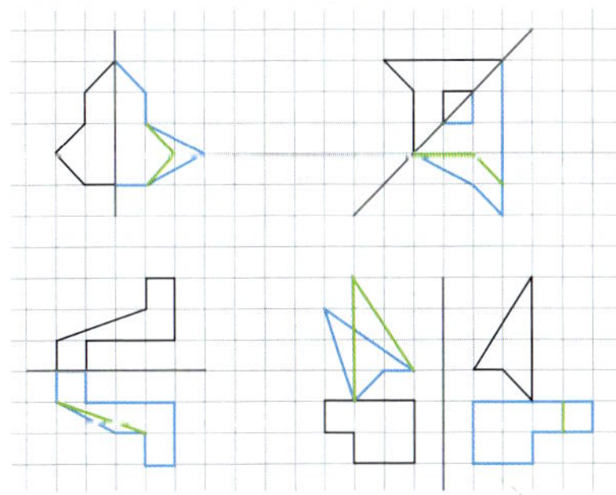

◒ **5** Ergänze zur punktsymmetrischen Figur.

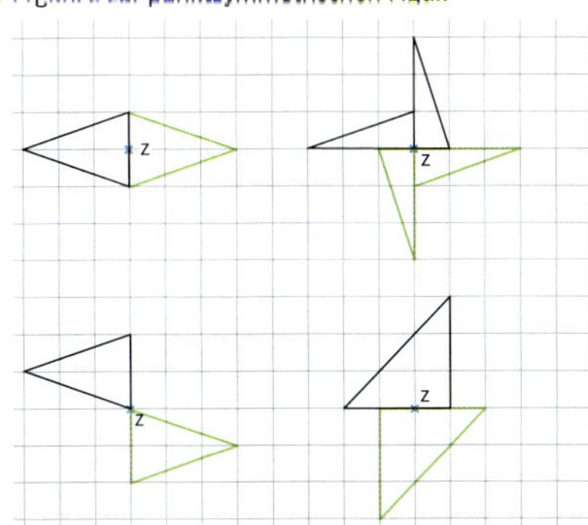

○ **1** Schraffiere in der Figur alle Rechtecke und male die Quadrate aus.

○ **2** Ergänze zum Quadrat.
a) b) c)

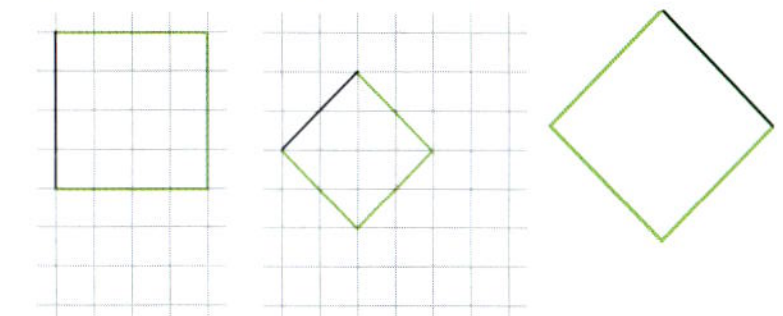

○ **3** Ergänze zu einem Rechteck.
a) b) c) d) e)

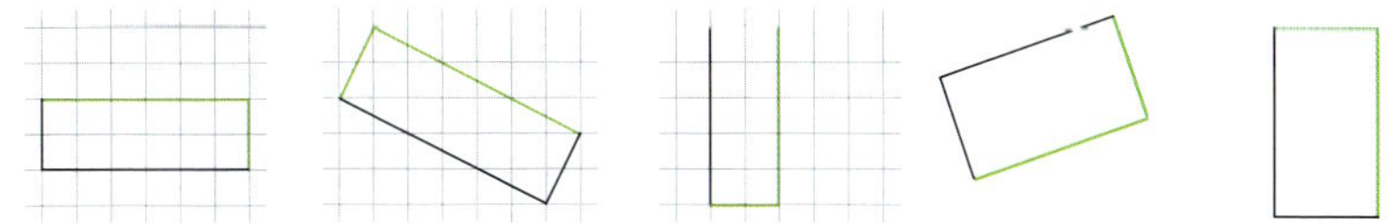

○ **4** a) Lege um die Zeichnung und den Text einen Rechteckrahmen mit 18 cm und 6 cm Seitenlänge.
b) In der Punktwolke sind zwei Quadrate, eines mit 3 cm und eines mit 2,5 cm Seitenlänge, versteckt. Die Punkte sind dabei jeweils Eckpunkte der Figur.

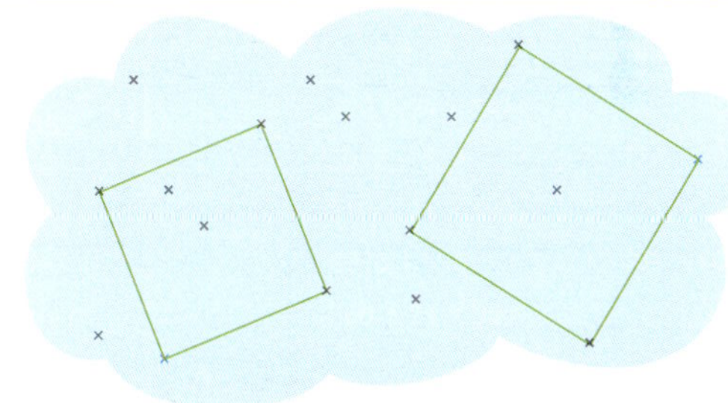

○ **5** Ergänze die Figur so, dass ein Quadrat oder ein Rechteck entsteht.
Du brauchst dazu nur dein Lineal.
a) b)

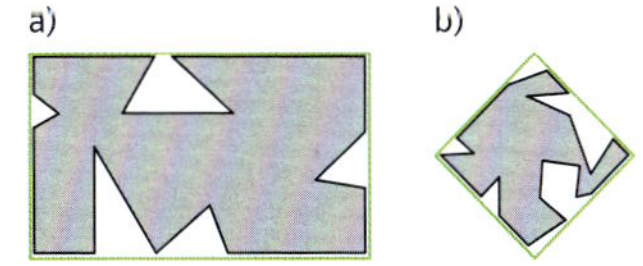

◒ **5** Zeichne nach Anweisung: Figur 1: Gehe von Punkt A vier Kästchen (K) nach rechts – zwei K nach oben – vier K nach links – zwei K nach unten.
Figur 2. Ergänze zum Quadrat. Füge nun in E wieder Figur 1 an. Fahre so fort bis zum Rand.

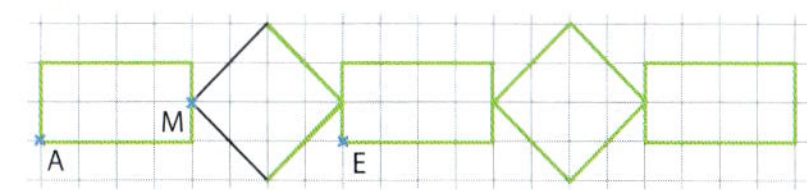

◒ **6** Zerlege die Figur in
a) fünf Rechtecke
b) zwei Quadrate und zwei Rechtecke.

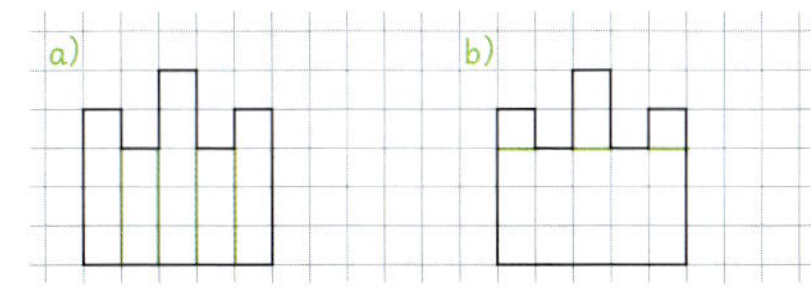

Beispiellösungen

◒ **6** Zerlege die Figur in
a) vier Quadrate und ein Rechteck.
b) fünf Rechtecke und zwei Quadrate.

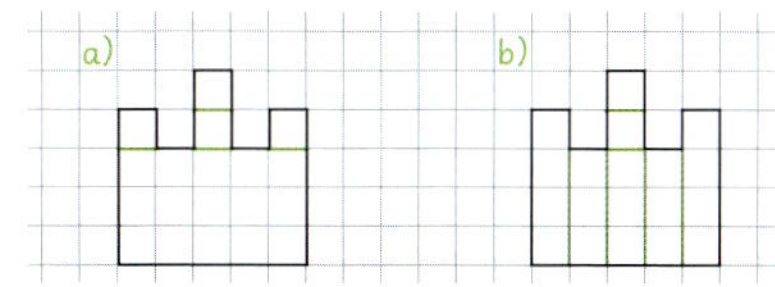

Beispiellösungen

1 Male alle Rauten aus und schraffiere alle übrigen Parallelogramme.

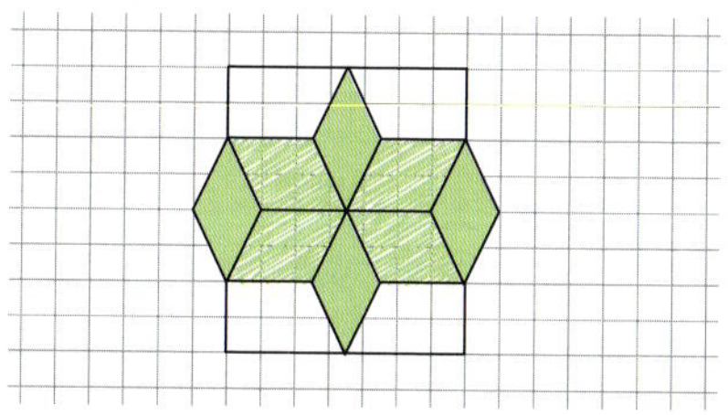

2 Zeichne drei weitere Rauten ein, die keine Quadrate sind. Zum Beispiel:

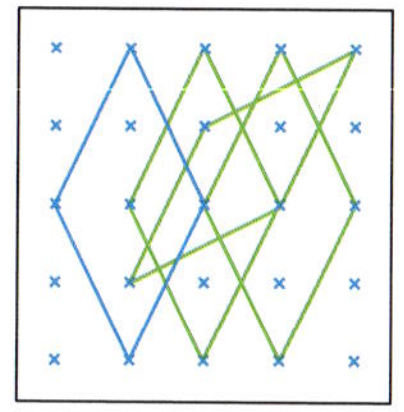

3 Ergänze
a) zum Parallelogramm.

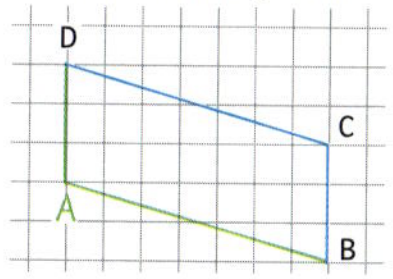

b) zur Raute.

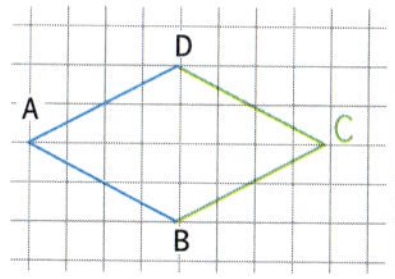

4 a) Ergänze einen Punkt P, sodass das Viereck APBC eine Raute bildet.
b) Ergänze einen Punkt Q, sodass das Viereck ABQC ein Parallelogramm bildet.

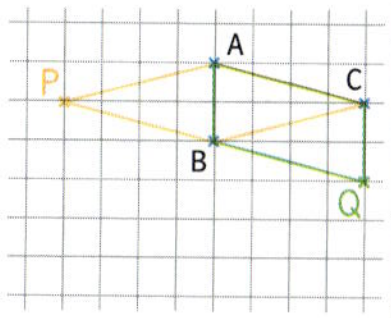

5 Trage die angegebenen Eckpunkte eines Parallelogramms in das Koordinatensystem ein. Suche den fehlenden Eckpunkt und zeichne das Viereck.

a) A(4|0); B(6|2); C(5|5); D(3 | 3)

b) E(5|5); F(7 | 3); G(10|4); H(8|6)

c) I(5|5); J(7|7); K(6 | 10); L(4|8)

d) M(3|7); N(0|6); O(2|4); P(5 | 5)

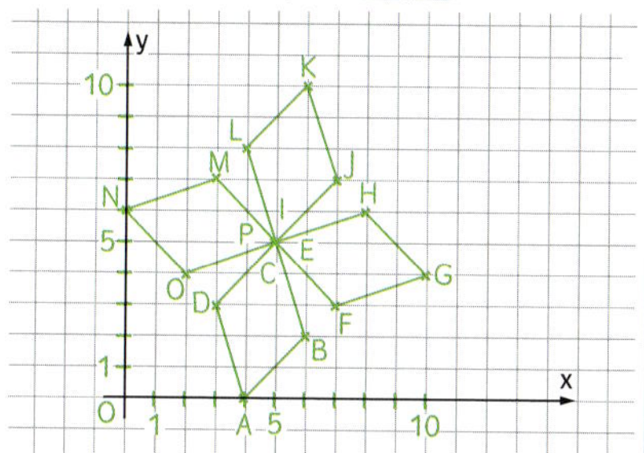

3 Zeichne ein Muster nach Anweisung.
a) Vervollständige die eingezeichneten Seiten zu einem Quadrat.
b) Füge nun die Raute mit den Eckpunkten A und B ein. Die obere Spitze der Raute liegt in A.
c) Fahre so fort bis zum Rand.

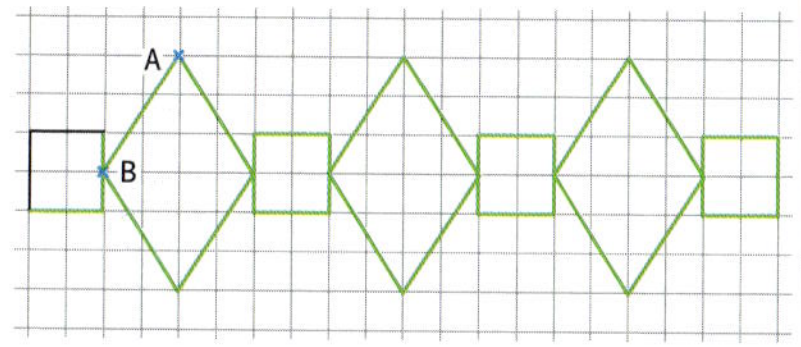

4 Ergänze
a) zum Parallelogramm.

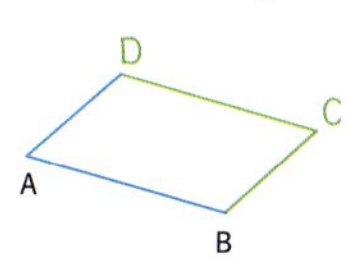

b) zur Raute.

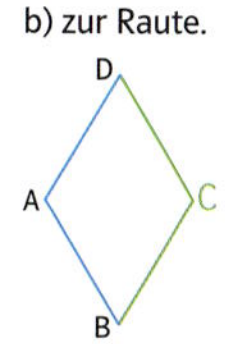

5 Ist die Aussage richtig oder falsch? Kreuze an und **begründe** deine Antwort.

a) Jede Raute ist ein Parallelogramm.

☒ Richtig, weil ☐ Falsch, weil

gegenüberliegende Seiten immer parallel zueinander sind.

b) Jede Raute ist ein Quadrat.

☐ Richtig, weil ☒ Falsch, weil

eine Raute nicht immer vier rechte Winkel besitzt.

1 a) Zeichne eine Gerade durch die Punkte A und B, nenne sie h.
b) Zeichne die Strecke $\overline{AC}$, nenne sie a.
c) Zeichne die Halbgerade mit dem Anfangspunkt C durch den Punkt D, nenne sie s.

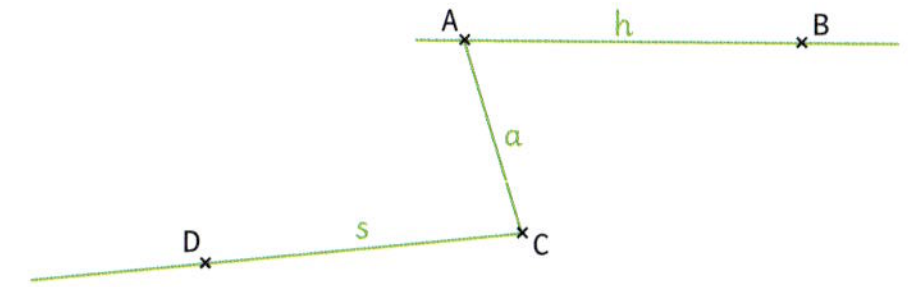

2 Zeichne durch die Punkte P und R die Senkrechten zur Geraden g.

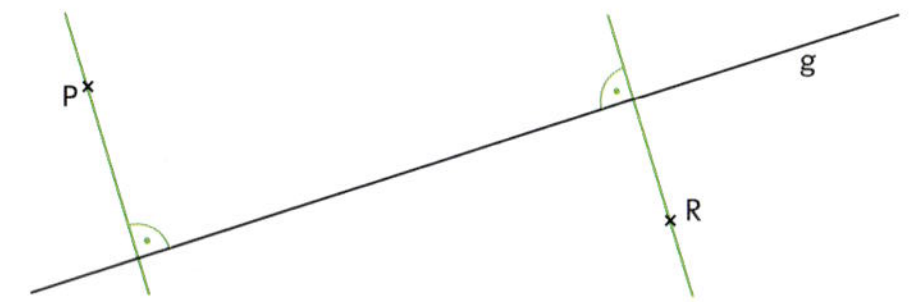

3 Zeichne die Parallelen zur Geraden h durch die Punkte Q und S.

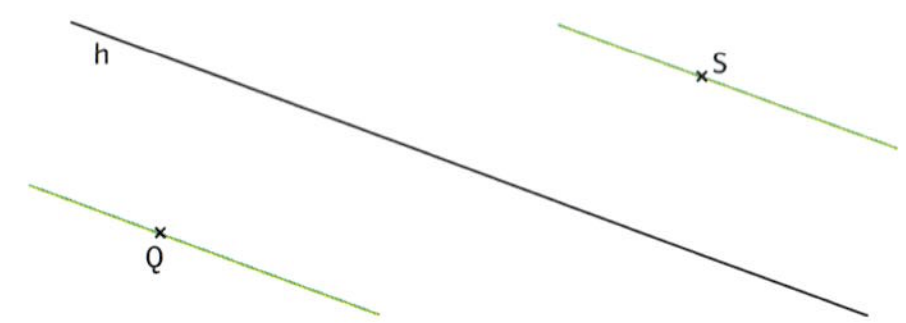

4 Zeichne den Abstand der Punkte T und U zur Geraden k ein und bestimme ihn.

Der Abstand von T zu k beträgt 2 cm.

Der Abstand von U zu k beträgt 3 cm.

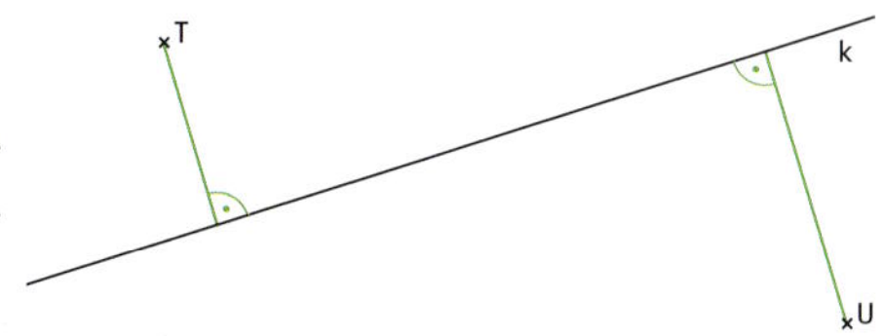

5 a) Trage alle Symmetrieachsen und -zentren ein.

b) Ergänze zu einer symmetrischen Figur.

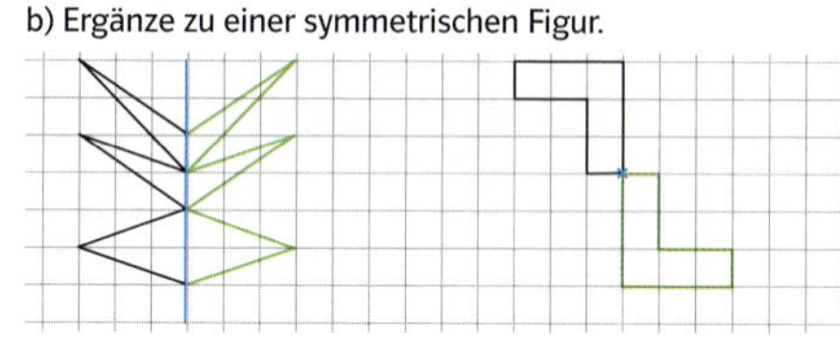

6 a) Bei jedem der folgenden Vierecke ist ein Eckpunkt verloren gegangen. Finde ihn.

Quadrat A(1|2); B(5|2); C(5|6); D(1 | 6)

Rechteck E(7|1); F(11 | 1); G(11|7); H(7|7)

b) Zeichne in beide Figuren die Diagonalen ein [T1] und bestimme die Koordinaten ihrer Schnittpunkte:

Quadrat S_1(3 | 4); Rechteck S_2(9 | 4)

c) Ergänze die Strecke $\overline{MN}$ zu einer Raute und die Strecke $\overline{TU}$ zu einem Paralellogramm.

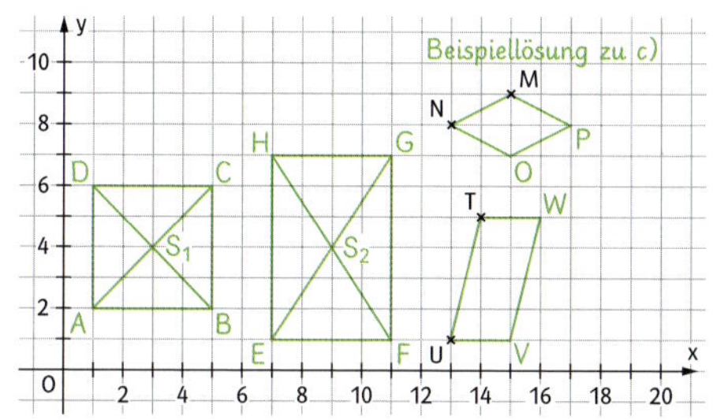

[T1] Die Diagonalen in einem Viereck sind die Verbindungslinien von gegenüberliegenden Eckpunkten.

7 Ergänze so, dass eine punktsymmetrische Figur entsteht.

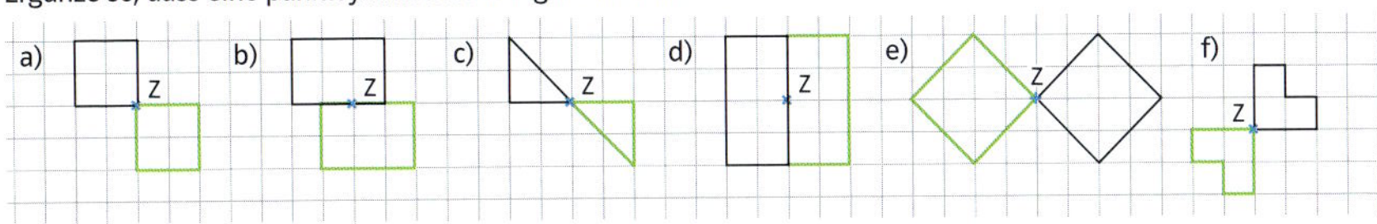

8 Je zwei Seiten eines Vierecks sind gegeben. Der vierte Eckpunkt liegt auf der x-Achse.

a) Zeichne diese Eckpunkte mit den Koordinaten A(1 | 0); F(9 | 0); J(16 | 0) und N(24 | 0) ein.

b) Zeichne die fehlenden Seiten und alle Symmetrieachsen der Figuren ein.

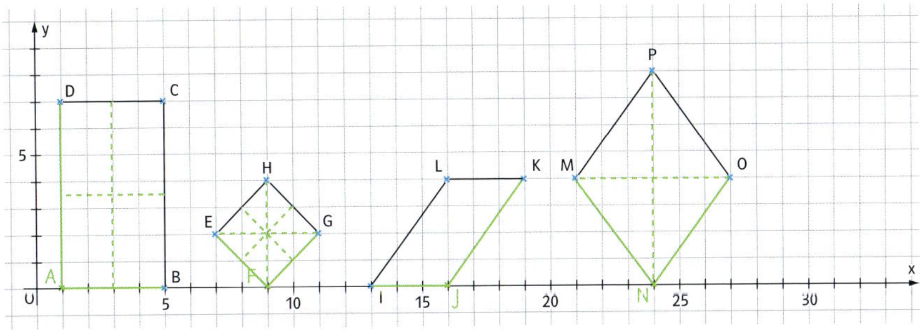

9 Verbinde die Aussage mit dem Namen des Vierecks auf den die Aussage zutrifft

(1) Das Viereck hat nur rechte Winkel, nebeneinander liegende Seiten sind nicht gleich lang. — Rechteck

(2) Das Viereck hat in der Regel keinen rechten Winkel, alle Seiten sind gleich lang. — Raute

(3) Je zwei Seiten sind gleich lang. Das Viereck ist nicht achsensymmetrisch. — Parallelogramm

Quadrat

10 Die Geraden g und h liegen parallel zueinander. Ergänze die Lücken.

a) g ∥ k; k ∥ m; m ∥ h

b) g ∥ k; k ⊥ m; m ⊥ h

c) g ⊥ k; k ⊥ m; m ∥ h

Hier kannst du die Geraden skizzieren.

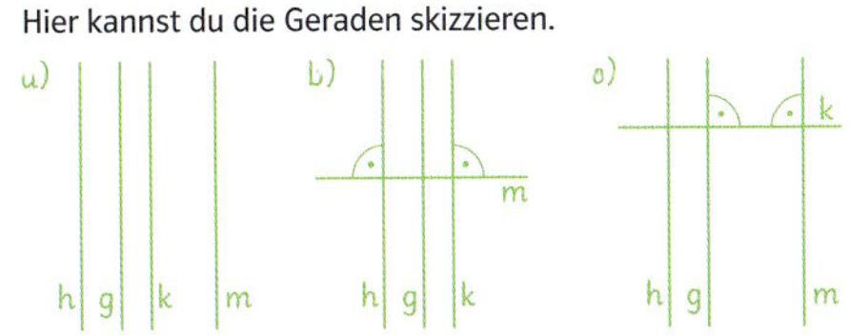

11 Die Punkte P(0|0); Q(5|0); R(5|4) und S(0|4) bilden die Eckpunkte eines Rechtecks. Entscheide bei den folgenden Punkten, ob sie innerhalb oder außerhalb des Rechtecks liegen.

T(3|2) X(4|5) W(8|2) Z(4|3) V(1|1) U(5|8) Y(6|5)

Innerhalb des Rechtecks liegen: T; V; Z

Außerhalb des Rechtecks liegen: U; W; X; Y

12 Zeichne die Punkte ein, die von beiden Geraden g und h genau 1,5 cm Abstand haben.

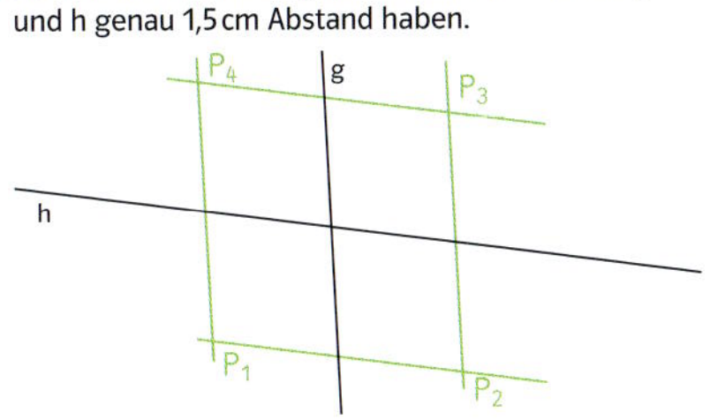

1 Ordne die Längen und Höhen den Abbildungen passend zu.

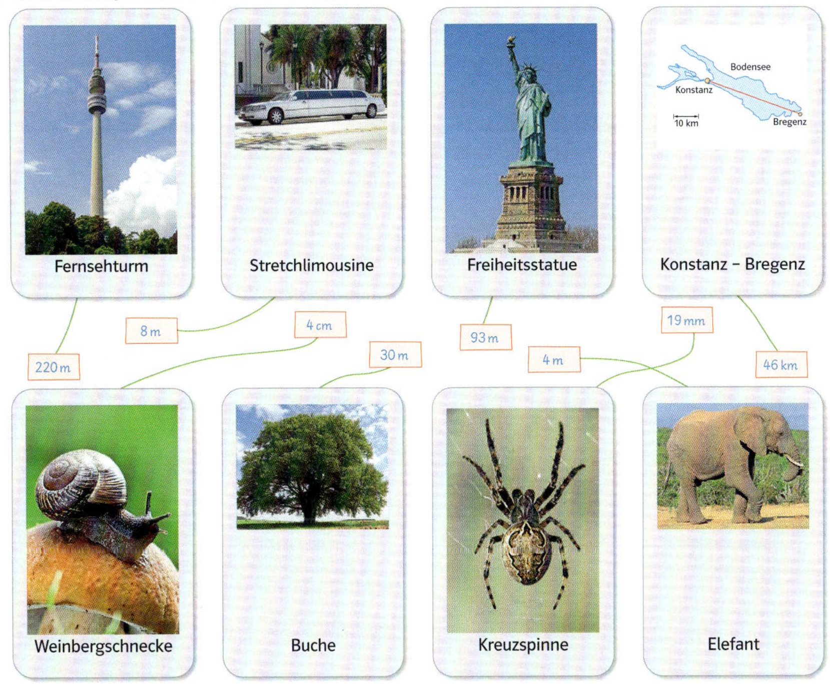

2 Ordne nach deiner Schätzung den Tieren die passenden Massen zu. Färbe in der gleichen Farbe.

Elefant | Blaumeise | Kuh | Katze | Schaf | 750 kg | 5 t | 60 kg | 10 g | 4 kg

3 Schätze die Anzahl der Bäume auf dem Bild.

8 Reihen mit je etwa 25 Bäumen: insgesamt
etwa 8 · 25 = 200 Bäume

3 Wie viele Körner enthält ein Maiskolben? Schätze.

Man sieht etwa 6 Reihen mit ungefähr 40 Körnern. Auf der Rückseite sind es nochmal so viele: 12 · 40 = 480 Körner.
Es sind zwischen 450 und 500 Körner.

1 Geldbeträge können auf unterschiedliche Weise geschrieben werden. Suche die vier passenden Kärtchen und male sie in der gleichen Farbe an.

zwölf Euro sechsundfünfzig Cent | 1,27 € | 0,12 € | 12 ct | 1270 ct | 1256 ct | 12 € 56 ct | 127 ct | 12 € 70 ct | zwölf Euro siebzig Cent | zwölf Cent | ein Euro siebenundzwanzig Cent | 1 € 27 ct | 12,70 € | 0 € 12 ct | 12,56 €

2 Ute ist für ihre Mutter einkaufen gegangen. Sie hatte 15,00 € mitgenommen. Jetzt wollen sie das Restgeld abrechnen. Leider ist vom Einkaufszettel die Gesamtsumme nicht mehr lesbar.
Wie viel Geld muss Ute ihrer Mutter zurückgeben?

Sie muss 15 € − 14,90 € = 10 ct zurückgeben.

Pizza	4,50 €
5 Becher Joghurt	4,45 €
Schollenfilet	5,95 €
	14,90 €

3 Wie lässt sich der vorgegebene Geldbetrag in möglichst wenige andere Geldscheine und Münzen wechseln?

a) 20 € = 10 € + 10 €
b) 10 € = 5 € + 5 €
c) 5 € = 2 € + 2 € + 1 €
d) 2,50 € = 2 € + 50 ct
e) 5,55 € = 5 € + 50 ct + 5 ct
f) 3,33 € = 2 € + 1 € + 20 ct + 10 ct + 2 ct + 1 ct

4 Addiere die Geldbeträge der vier Säckchen. Rechne zuerst in Cent um und addiere dann schriftlich.

340 ct | 290 ct | 230 ct | 1200 ct

 340 ct
+ 290 ct
+ 230 ct
+ 1200 ct
= 2060 ct = 20,60 €

3 Ayse geht für ihre Mutter einkaufen. Sie bezahlt mit einem 20-Euro-Schein.

	Anzahl	Preis pro Stück	Preis gesamt
Miniberliner	1	1,79 €	1,79 €
Schmelzkäse	2	0,65 €	1,30 €
Fischstäbchen	2	1,95 €	3,90 €
Geflügellyoner	2	0,85 €	1,70 €
Kartoffelpuffer	1	0,69 €	0,69 €
Joghurt	8	0,39 €	3,12 €
		Summe:	12,50 €

a) Wie viel Geld bekommt sie zurück? 7,50 €
b) Sie erhält fünf Münzen zurück. Welche Münzen könnten es sein? z. B.: Drei 2-Euro-Münzen, eine 1-Euro-Münze und ein 50-Cent-Stück.

4 Jenny möchte ein Fahrrad kaufen.
a) Opa Fritz schenkt ihr 75 €, von Oma Ulrike bekommt sie 60 € und ihr großer Bruder gibt ihr 15 €. Sie bekommt also insgesamt 150 €.
b) Das Fahrrad, das ihr gefällt, kostet 249 €. Sie muss deshalb von ihrem Taschengeld noch 99 € dazugeben.

 75 €
+ 60 €
+ 15 €
= 150 €

 249 €
− 150 €
= 99 €

1 Schreibe die Zeitspanne in der angegebenen Einheit. Zur Kontrolle erhältst du ein Lösungswort.

a) 2 d = 48 h b) 2 min = 120 s c) 240 h = 10 d d) 600 s = 10 min
e) 360 s = 6 min f) 5 d = 120 h g) 3 h = 180 min h) 24 h = 1440 min

10 min | R 1440 min | N 6 min | P 48 h | F 120 h | L 180 min | A 10 d | H 120 s | A

Lösungswort: F A H R P L A N

2 Markiere oder verbinde die Kärtchen, die die gleichen Zeitspannen zeigen.

7 h | 480 h | 540 s | 2 min | 5 h | 20 d | 9 min | 24 h | 420 min | 1440 min | 15 min | 2 d | 120 h | 900 s | 48 h | 300 min | 5 d | 120 s

3 Verbinde die Uhren mit Startzeiten, die Zeitspannen und die Uhren mit Endzeiten passend.

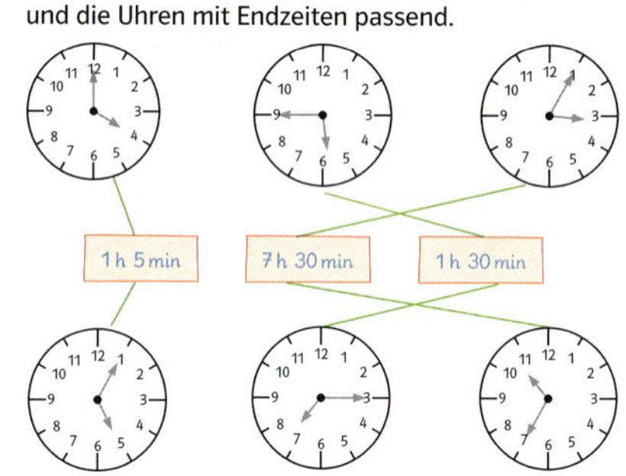

4 Vervollständige die Tabelle.

	Abfahrt	Fahrtdauer	Ankunft
a)	11:35 Uhr	2 Stunden 12 Minuten	13:47 Uhr
b)	22:47 Uhr	1 Stunde 7 Minuten	23:54 Uhr
c)	7:55 Uhr	4 h 17 min	12:12 Uhr
d)	22:44 Uhr	$1\frac{1}{2}$ Stunden	0:14 Uhr
e)	2:55 Uhr	1 Stunde 5 Minuten	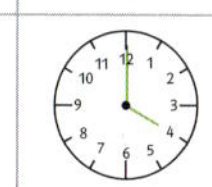

2 Bei einem Marathonlauf gewinnt der Erste mit einem Vorsprung von 1 min 47 s vor dem Zweiten und 3 min 25 s vor dem Dritten. Ergänze.
Zeit 1. Platz: 2 h 12 min 48 s
Zeit 2. Platz: 2 h 14 min 35 s (+ 1 min 47 s)
Zeit 3. Platz: 2 h 16 min 13 s (+ 3 min 25 s)

3 Hier ist ein Ausschnitt des Fahrplans der Kölner S-Bahn Linie S5 von Montag bis Freitag dargestellt.

Sparkasse Am Butzweilerhof	10:39	10:49	10:59
IKEA Am Butzweilerhof	10:40	10:50	11:00
Alter Flughafen Butzweilerhof	10:42	10:52	11:02
Rektor-Klein-Str.	10:43	10:53	11:03
Margaretastr.	10:44	10:54	11:04
Iltisstr.	10:47	10:57	11:07
Lenauplatz	10:49	10:59	11:09
Nußbaumerstr.	10:51	11:01	11:11
Subbelrather Str./Gürtel	10:52	11:02	11:12
Liebigstr.	10:54	11:04	11:14
Gutenbergstr.	10:56	11:06	11:16
Hans-Böckler-Platz/Bf West	10:59	11:09	11:19
Friesenplatz	11:00	11:10	11:20
Appellhofplatz an	11:02	11:12	11:22
Appellhofplatz ab	11:03	11:13	11:23
Dom/Hbf	11:04	11:14	11:24
Rathaus	11:05	11:15	11:25
Heumarkt	11:06	11:16	11:26

a) Wenn du eine S-Bahn knapp verpasst, musst du etwa 10 Minuten (z. B. 10:39–10:49) warten, bis die nächste S-Bahn kommt.
b) Für die gesamte Fahrt von der Sparkasse Am Butzweilerhof bis zum Heumarkt benötigt die S-Bahn 27 (z. B. 10:39–11:06) Minuten.
c) Die längste Fahrt ohne Halt ist von der Margaretastraße zur Iltisstr. oder von der Gutenbergstraße zum Hans-Böckler-Platz/Bf West. Sie dauert 3 Minuten.

1 Verbinde zusammengehörende Kärtchen.

304 g | 3 g | 3 t 4 kg | 34 kg | 304 kg | 3 g 40 mg | 3 t 400 kg

3004 kg | 34 000 g | 3000 mg | 304 000 g | 304 000 mg | 3400 kg | 3040 mg

2 Schreibe in der angegebenen Einheit.

a) 42 kg = 42 000 g b) 105 t = 105 000 kg c) 5000 mg = 5 g d) 87 000 kg = 87 t

e) 210 000 g = 210 kg f) 69 g = 69 000 mg g) 840 000 g = 840 kg h) 73 t = 73 000 kg

3 Ergänze das richtige Zeichen <; > oder =.

a) 5100 g > 5 kg b) 20 300 mg < 203 g c) 75 t = 75 000 kg d) 6200 mg < 61 g

e) 804 t < 8 030 000 kg f) 5 030 300 g > 5 t g) 409 kg = 409 000 g h) 42 g > 4300 mg

4 Schreibe ohne Komma, indem du eine geeignete kleinere Einheit verwendest und umwandelst.

a) 2,1 kg = 2 kg 100 g = 2100 g

b) 0,007 kg = 0 kg 7 g = 7 g

c) 5,123 t = 5 t 123 kg = 5123 kg

d) 17,004 t = 17 t 4 kg = 17 004 kg

e) 21,491 g = 21 g 491 mg = 21 491 mg

f) 7,79 g = 7 g 790 mg = 7790 mg

g) 0,04 kg = 0 kg 40 g = 40 g

h) 1,1 t = 1 t 100 kg = 1100 kg

5 Fülle die Lücken aus.

a) Mark soll einen Liter Milch (1,1 kg einschließlich Verpackung = 1100 g), 250 g Butter, 500 g Zucker und 1 kg (= 1000 g) Bananen einkaufen. Seine Einkaufstasche wiegt leer 300 g. Er trägt eine Masse von 3150 g nach Hause.

b) Eine Seekuh wiegt etwa 300 kg. Der Schwertwal (Orka) wiegt etwa 22-mal so viel wie eine Seekuh, das sind 6,6 t.

a) 1100 + 250 + 500 + 1000 + 300 = 3150

b) 300 · 22: 600 + 6000 = 6600

4 Ordne die Tiere nach ihrer Masse. Wandle dazu alle Masseneinheiten in kg bzw. t um. Schreibe das Ergebnis und die Sortierreihenfolge hinter die Massenangaben.
Alle Tiere außer dem Blauwal sollen auf einen Frachter verladen werden. Berechne die Ladungssumme.

	Masse in t	Masse in kg	Rangfolge
Nilpferd	2,5 t	2500 kg	3.
Blauwal	180 t	180 000 kg	1.
Elch	0,4 t	400 kg	5.
Elefant	3,1 t	3100 kg	2.
Strauß	0,1 t	100 kg	6.
Grizzly	0,45 t	450 kg	4.
Ladungssumme	6,55 t	6550 kg	

5 Fülle die Lücken aus.

a) Ein Lkw mit Anhänger wiegt unbeladen 8,5 t. Nach dem Beladen zeigt die Lkw-Waage 18,8 t.

Die Masse der Ladung beträgt 10 300 kg.

b) Im Lager einer Bäckerei sind 10,32 t = 10 320 kg Mehl in Säcken. In jedem Mehlsack sind 48 kg Mehl.

Im Lager liegen 215 Säcke.

a) 18 800 − 8500 = 10 300

b) 10 320 : 48 = 215; −96; 72; −48; 240; −240; 0

1 Ergänze die Einheit.

a) 800 mm = 80 cm

b) 32 000 m = 32 km

c) 5600 cm = 56 m

d) 78 dm = 780 cm

e) 15 cm = 150 mm

f) 96 m = 9600 cm

g) 1050 cm = 105 dm

h) 401 dm = 40 100 mm

i) 1 km = 10 000 dm

2 Ordne die jeweils passende Länge zu und wandle danach in die angegebene Einheit um.

Höhe eines Fahnenmastes | Länge eines Fußballfeldes | Türhöhe | Luftlinie Freiburg-Stuttgart | Dicke eines Radiergummis | Tischhöhe

2 m = 200 cm

8 dm = 80 cm

131 km = 131 000 m

1 cm = 10 mm

9 m = 90 dm

110 m = 1100 dm

3 Trage die Dominosteine passend ein.

Start | 20 mm — 2 cm | 200 mm — 2 dm | 2000 mm — 2 m | 200 cm — 2 m | 2000 m — 2 km | Ziel

Steine: 2 cm / 200 mm; 2 dm / 2000 mm; 2 m / 2000 m; 2 m / 200 cm

4 Wandle zuerst eine Längenangabe in eine kleinere Maßeinheit um und berechne dann.

a) 46 mm + 9 cm = 46 mm + 90 mm = 136 mm

b) 2 km − 809 m = 2000 m − 809 m = 1191 m

c) 7 m + 436 cm = 700 cm + 436 cm = 1136 cm

d) 3 m 18 dm − 30 dm 18 dm − 12 dm

e) 2 m 5 dm · 3 = 25 dm · 3 = 75 dm

f) 70 cm : 20 = 700 mm : 20 = 35 mm

g) 4 cm 3 mm · 6 = 43 mm · 6 = 258 mm

h) 5 km 100 m : 5 = 5100 m : 5 = 1020 m

5 Aus einer Tapetenrolle mit 10 m Länge schneidet Lea 210 cm lange Bahnen. Sie erhält 4 ganze Bahnen und einen Rest von 160 cm.

Umrechnen: 10 m = 100 dm = 1000 cm
1000 cm : 210 cm = 4 Rest 160 cm

4 Korrigiere die **Fehler** in Kims Hausaufgaben.

	Aufgabe	Aufgabenkorrektur
a)	1200 km : 20 = 60 m	1200 km : 20 = 60 km
b)	6 · 130 m = 0,078 km	6 · 130 m = 780 m = 0,78 km
c)	50 cm + 2 m = 2,50 m	richtig gerechnet
d)	7300 dm − 5 m = 2,3 m	730 m − 5 m = 725 m
e)	2 cm − 2 mm = 1,8 mm	20 mm − 2 mm = 18 mm = 1,8 cm

5 Die offizielle Marathonstrecke wurde 1921 auf genau 42,195 km festgelegt. Eine Stadionrunde ist 400 m lang. Berechne, wie viele ganze Runden für einen Marathon nötig wären.

Umrechnen: 42,195 km = 42 195 m
z.B. 40 000 m : 400 m = 400 m : 4 m = 100
2000 m : 400 m = 20 m : 4 m = 5
(195 m ≈ 200 m, also 195 m ≈ $\frac{1}{2}$ Runde)
Rundenzahl berechnen: 100 + 5 = 105
Für einen Marathon müssen 105 ganze Runden (und etwa $\frac{1}{2}$ Runde) gelaufen werden.

1 a) Die Abbildung des DIN-A-4-Hefts ist verkleinert. Im Original sind die Seitenlängen 210 mm und 297 mm lang. Die Darstellung ist verkleinert im Maßstab

1 : 10 .

b) Eine Nano-Sim-Card hat die Abmessungen 12,3 mm × 8,848 mm. Die Darstellung hier ist vergrößert im Maßstab

3 : 1 .

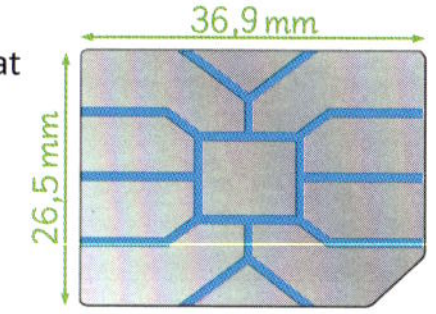

2 Du siehst rechts eine Strecke der Länge 5 cm.
a) Zeichne darunter eine Abbildung dieser Strecke im Maßstab 1 : 5. Der Maßstab 1 : 5 bedeutet: 1 cm in der Zeichnung entsprechen 5 cm in der Wirklichkeit.

5 cm

1 cm

b) Zeichne nun noch eine Abbildung der 5 cm langen Strecke im Maßstab 3 : 1. Der Maßstab 3 : 1 bedeutet:

3 cm in der Zeichnung entsprechen 1 cm in der Wirklichkeit.

15 cm

3 Maßstäbe trifft man auf vielerlei Zeichnungen. In der Tabelle sind einige Verwendungen für spezielle Maßstäbe angegeben. Berechne jeweils, wie viele cm (bzw. dm, m oder km) in der Wirklichkeit 1 cm auf der Zeichnung entsprechen.

		Möbelzeichnung	Bauplan	Stadtplan	Wanderkarte	Fahrradkarte	Autokarte
Maßstab		1:10	1:100	1:10 000	1:50 000	1:100 000	1:200 000
1 cm entspricht	cm	10	100	10 000	50 000	100 000	200 000
	dm	1	10	1000	5000	10 000	20 000
	m	—	1	100	500	1000	2000
	km	—	—	—	—	1	2

4 Die Yacht auf dem Foto ist in Wirklichkeit 14 m lang. Auf dem Foto ist sie 7 cm lang. Also entsprechen 7 cm im Bild 14 m = 1400 cm in der Wirklichkeit.
Dividierst du die wirkliche Länge durch die abgebildete Länge, so erhältst du die Länge, die einem abgebildeten Zentimeter in der Wirklichkeit entspricht.

Rechnung: 1400 cm : 7 cm = 200

Das Foto zeigt die Yacht im Maßstab 1: 200 .

7 cm

4 Die Giraffe ist im Maßstab 1 : 100 abgebildet.

a) Die Giraffe ist etwa 5 cm · 100 = 5 m groß.
Der Hals der Giraffe ist etwa 200 cm lang.

b) Die Zunge einer Giraffe kann gut 40 cm lang werden. Zeichne die Länge der Zunge maßstabsgetreu in das Foto ein.

Sie muss 40 cm : 100 = 0,4 cm = 4 mm lang sein.

1 Bringe die einzelnen Schritte zur Lösung von Sachaufgaben in die richtige Reihenfolge A bis E.

D | Prüfe am Text, ob die Lösung sinnvoll ist.
C | Stelle einen Rechenplan auf und führe die Rechnung durch.
B | Entnimm gegebene und gesuchte Größen aus dem Text.
E | Formuliere einen Antwortsatz.
A | Lies die Aufgabe sorgfältig und formuliere eine Frage.

2 Familie Schmidt fährt mit zwei Kindern, 6 und 12 Jahre alt, zwei Wochen zum Skifahren.

Ferienwohnung für 7 Tage		Skipässe für 1 Woche	
2 Zimmer	492,00 €	Kinder	105,00 €
		Erwachsene	193,00 €

a) Gegebene Größen sind: Preis für die Unterkunft 492 € für jeweils 7 Tage.
Preis für die Skipässe: für Kinder 105 € und Erwachsene 193 € für 1 Woche.

b) Frage: Wie hoch sind die Gesamtkosten?

c) Die Kinder berechnen die Preise.
Thea berechnet die Kosten für die Ferienwohnung, Peter die Kosten für die Skipässe.

Thea: ① 2 · 492,00 € = 984,00 €

Peter: ② 2 · 105,00 € + 2 · 193,00 € = 596,00 €

③ 2 · 596,00 € = 1192,00 €

Schreibe zu jedem der drei Rechenschritte auf, was die Kinder berechnen:

① Wohnung für 7 Tage 492,00 €; also für 14 Tage 2-mal so viel.

② Kosten der Skipässe für eine Woche für 2 Kinder und 2 Erwachsene.

③ Multiplikation mit 2, da die Familie die Skipässe für 2 Wochen braucht.

Berechne nun die Gesamtkosten:

984 € + 1192 € = 2176 €

d) Prüfe, ob deine Lösung sinnvoll ist.
sinnvoll ☒ nicht sinnvoll ☐
e) Formuliere einen passenden Ergebnissatz.

Die Gesamtkosten für Ferienwohnung und Skipässe belaufen sich auf 2176 €.

2 Strauße legen Eier, die bis zu 1,5 kg schwer sind. Ein Hühnerei wiegt etwa 60 g und ein Wachtelei nur etwa 10 g.

Man müsste also 25 Hühnereier oder 150 Wachteleier nehmen, um die Masse eines Straußeneis zu erreichen.

1,5 kg = 1500 g

1500 : 10 = 150

```
 1500 : 60 = 25
-120
  300
 -300
    0
```

3 Lies den Artikel aufmerksam durch.

Das Wunder von Lengede
Am 24. Oktober 1963 brach der Klärteich 12 der Eisenerzgrube Lengede-Broistedt ein. 128 Bergleute und ein Monteur befanden sich zu jener Zeit unter Tage. In den ersten Stunden nach dem Unglück konnten sich 79 von ihnen in Sicherheit bringen. Für die übrigen schien es keine Hoffnung mehr zu geben. Drei Bergleute konnten am 1. November nach einer fieberhaften Suchaktion geborgen werden. Zwei Tage später wurde Kontakt zu elf weiteren Eingeschlossenen aufgenommen, die am 7. November gerettet wurden.

a) Nach wie vielen Tagen konnten die letzten eingeschlossenen Männer gerettet werden?

Nach 14 Tagen konnten sie gerettet werden.

b) Für wie viele Männer kam die Rettung zu spät?

129 – 79 – 3 – 11 = 36

Für 36 Männer kam die Rettung zu spät.

c) Wie viele Tage waren die drei Bergleute, die am 1. November gerettet wurden, eingeschlossen?

Sie wurden am 9. Tag gerettet, waren also 8 Tage eingeschlossen.

1 Schätze

a) die Höhe des Gebäudes.

etwa 4 · 3 m = 12 m

b) die Anzahl der Parkplätze.

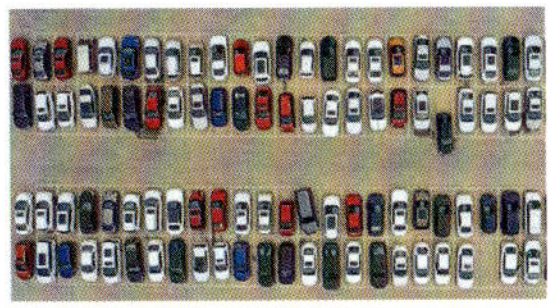

4 · 25 Plätze = 100 Plätze

c) den Preis des Fahrrads.

☐ 4500 € ☒ 450 € ☐ 4500 ct

2 Ergänze die passende Maßzahl.

a) Ein Baguette kostet

1 € 5 ct = 105 ct.

b) Eine Kugel Eis kostet

80 ct = 0,80 €.

c) Eine Erdbeere kostet

5 ct = 0,05 €.

3 Ergänze die passende Maßzahl oder Maßeinheit.

a) 3 d = 72 h b) 5 h 20 min = 320 min c) 300 s = 5 min

d) 3 h 30 min = 210 min e) 240 min = 4 h f) 8 Wochen = 56 d

4 Verbinde gleiche Größen.

2 kg 3 g | 203 g | 2030 mg | 2300 g | 23 000 g

2 kg 300 g | 2 g 30 mg | 23 kg | 2003 g | 203 000 mg

5 Verbinde gleiche Größen.

146 mm | 14 m 6 dm | 14 dm 6 cm | 146 km | 146 m

146 cm | 14 600 cm | 14 cm 6 mm | 146 dm | 146 000 m

6 Berechne. Wandle um, wenn nötig.

a) 4,30 € + 85 ct = 5,15 € (515 ct) b) 12,50 € − 5,80 € = 6,70 € (670 ct)

c) 15,30 m : 3 = 153 dm : 3 = 51 dm (5,1 m) d) 9 · 13 cm = 117 cm (1,17 m)

e) 4 · 45 min = 180 min (3 h) f) 4 h : 6 = 240 min : 6 = 40 min

g) 5 kg − 1500 g = 5000 g − 1500 g = 3500 g (3,5 kg) h) 19 cm + 20 mm = 19 cm + 2 cm = 21 cm (210 mm)

7 Das Modellwindrad ist in echt 180 m hoch. Es wurde im Maßstab 1 : 600 nachgebaut. Das Modell ist 30 cm hoch.

180 m = 18 000 cm
18 000 cm : 600
= 180 cm : 6 = 30 cm

8 Ein Schreibwarenhändler verkauft im Januar, Juli und August jeweils 100 Rechenhefte. In den restlichen Monaten des Jahres verkauft er durchschnittlich 80 Hefte monatlich.

Insgesamt verkauft er 1020 Rechenhefte im Jahr.

12 Monate − 3 Monate = 9 Monate
3 · 100 + 9 · 80 = 300 + 720 = 1020

9 Berechne den Zeitunterschied.

a) von 14:27 Uhr bis 18:03 Uhr → 3 h 36 min b) von 23:30 Uhr bis 4:20 Uhr → 4 h 50 min

c) vom 18.03., 10 Uhr bis 20.03., 17 Uhr → 2 d 7 h d) vom 28.04., 20 Uhr bis 03.05., 20 Uhr → 5 d

10 Ergänze die Lücken.

a) 2,5 m + 130 cm = 3,8 m (1,3 m) b) 12 h + 3 d 8 h = 92 h (3 d 20 h)

c) 14,48 € − 370 ct = 10,78 € (1448 ct) d) $1\frac{1}{2}$ kg + 2,7 kg = 4,2 kg (2700 g)

e) 1,05 km + 950 m = 2 km (1050 m) f) 105 min + $\frac{3}{4}$ h = $2\frac{1}{2}$ h (1 h 45 min)

g) $\frac{1}{2}$ kg + $\frac{1}{4}$ kg = 500 g + 250 g = 750 g h) 10 km − 5300 cm = 9947 m (53 m)

11 a) Im Bild siehst du einige berühmte Gebäude maßstäblich dargestellt. Miss die Höhe der jeweiligen Gebäude in der Zeichnung und trage die Werte unter der Zeichnung ein. In welchem Maßstab sind die Gebäude dargestellt? 1 : 10 000

(50 000 cm : 10 000 = 5 cm)

b) Der Messeturm in Frankfurt ist 259 m hoch. Zeichne für ihn ein Rechteck neben die anderen Türme, damit man die Höhen gut vergleichen kann.

Der Willis Tower ist etwa zwei mal so groß wie der Messeturm.

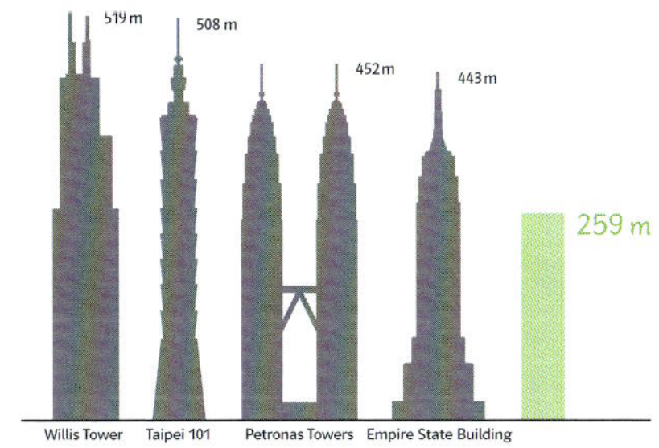

5,2 cm 5,1 cm 4,5 cm 4,4 cm 2,6 cm

12 a) Ein 1,8 m langes Seil wird in 6 gleich lange Stücke zerschnitten. Wie viele cm lang ist ein Teilstück?

1,8 m = 18 dm; 18 dm : 6 = 3 dm

Ein Seilstück ist 3 dm = 30 cm lang.

b) Berechne, wie viele 40 cm lange Seilstücke man aus einem 17 m langen Seil schneiden kann.

17 m = 170 dm;
170 dm : 4 dm = 42 Rest 2
Man kann 42 Stücke schneiden.

13 Mats will die fehlerhaften Aufgaben seiner Klassenarbeit verbessern. Hilf ihm.

Aufgabe	Korrektur
30 g + 2 kg = 230 g	30 g + 2000 g = 2030 g
5 m − 40 cm = 46 cm	500 cm − 40 cm = 460 cm
2 h − 39 min = 161 min	120 min − 39 min = 81 min
5 · 62 ct = 3,20 €	310 ct = 3,10 €
6 g : 12 = 50 mg	6000 mg : 12 = 500 mg
9,70 € − 0,93 € = 8,87 €	8,77 €

14 Lies den Zeitungsartikel und fülle die Lücken.

Mario Barth schafft neuen Weltrekord

Den Weltrekord „Das größte Publikum für einen Komiker in 24 Stunden" erreichte Barth am 7. und 8.6.2014 im Berliner Olympiastadion mit 116 498 Zuschauern. Er übertraf seinen alten Weltrekord vom 13.7.2008. Damals waren es rund 70 000 Zuschauer. Für 48 € gab es Programm von 16:30 Uhr

Felix liest den Artikel und erzählt seinem Bruder:

Zwischen Barths Weltrekorden lagen fast 6 Jahre.

2014 waren etwa 46 500 Zuschauerinnen und Zuschauer mehr beteiligt. Die Einnahmen betrugen 5 591 904 €.

Dafür gab es 400 min Unterhaltung.

2014 − 2008 = 6
116 500 − 70 000
= 46 500

116 498 · 48
  465 992
+ 931 984
  1 1 1 1
  5 591 904

16:30 Uhr bis 23:10 Uhr sind 400 min

1 Bestimme die Anzahl der Kästchen, aus denen die Figuren bestehen. Ordne die Figuren anschließend nach der Größe ihrer Flächeninhalte. Beginne mit der Figur, die den kleinsten Flächeninhalt hat.

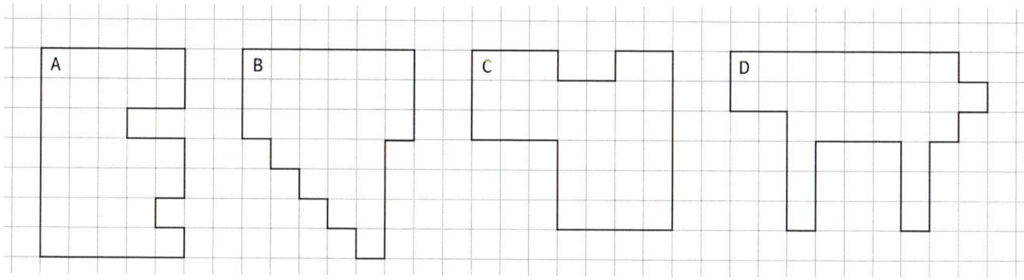

Anzahl der Kästchen: A 32 B 28 C 31 D 29

Figur B hat den kleinsten Flächeninhalt, dann kommen die Figuren D ; C und A .

2 Färbe alle halben Kästchen (K) in den Figuren, alle ganzen Kästchen bleiben weiß.
Zähle dann alle halben und ganzen Kästchen.

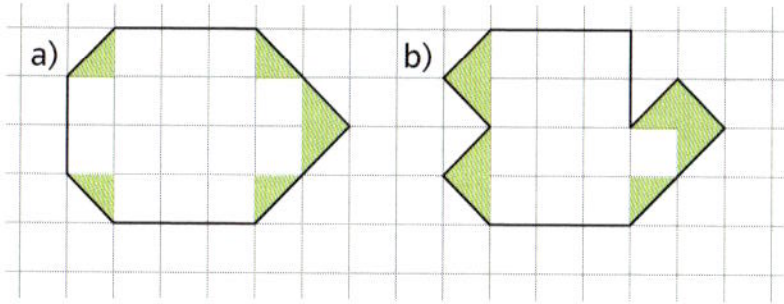

a) halbe K: 6
ganze K: 16
insgesamt: 3K + 16K = 19K

b) halbe K: 8
ganze K: 13
insgesamt: 4K + 13K = 17K

3 Jedes Dreieck kann so zu einem Rechteck ergänzt werden, dass das Rechteck aus doppelt so vielen Kästchen besteht wie das Dreieck.
Zeichne das Rechteck ein und bestimme dann den Flächeninhalt des Rechtecks und des Dreiecks in Kästchen.

a)

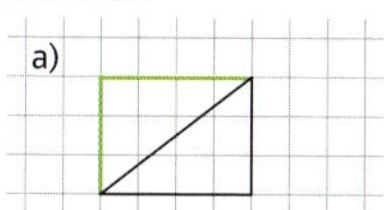

Rechteck: 12 Kästchen
Dreieck: 12 : 2 = 6 Kästchen

b)

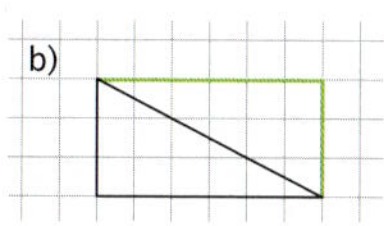

Rechteck: 18 Kästchen
Dreieck: 18 : 2 = 9 Kästchen

2 Bestimme die Anzahl der Kästchen, aus denen die Figur besteht. [T1]

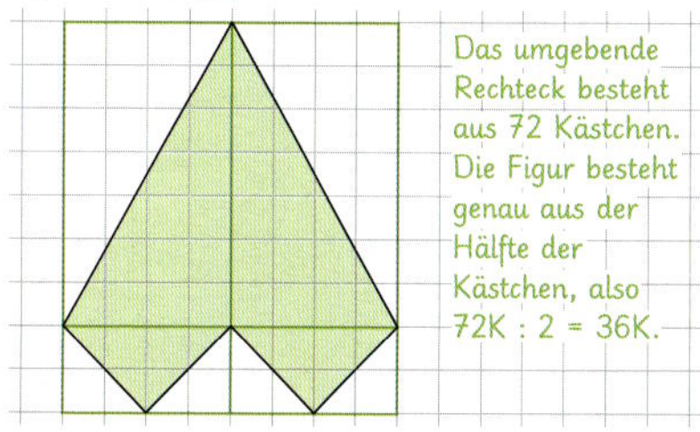

Das umgebende Rechteck besteht aus 72 Kästchen. Die Figur besteht genau aus der Hälfte der Kästchen, also 72K : 2 = 36K.

3 a) Ergänze die Zeichnung zu einer achsensymmetrischen Figur.
b) Bestimme den Flächeninhalt in Kästchen (K).

Die Figur besteht aus 46 ganzen und 22 halben Kästchen.
22 halbe K sind 11 ganze K.
Flächeninhalt: 46 K + 11 K = 57 Kästchen

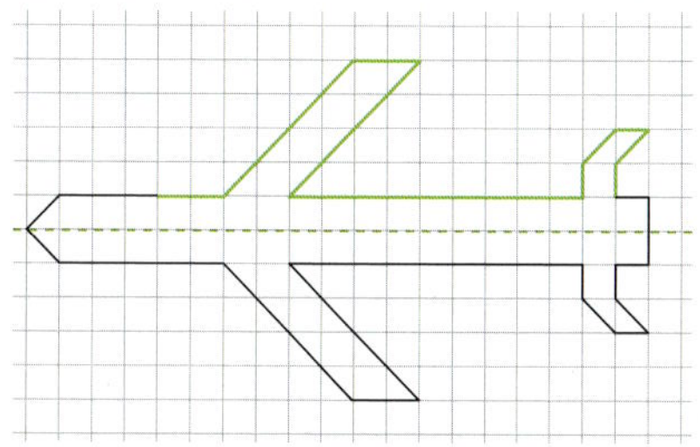

[T1] Zerlege in Dreiecke, die jeweils ein halbes Rechteck darstellen.

1 Ordne jeweils die passende Größe zu und wandle in die angegebene Einheit um.

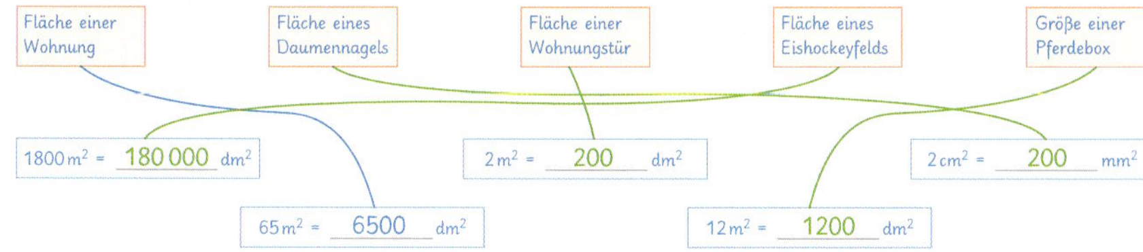

2 a) Trage die folgenden Flächeninhalte in die Stellenwerttafel ein:

45 km², 808 dm², 2 cm² 40 mm², 261 a, 980 cm², 894 ha, 4010 m²

km²		ha		a		m²		dm²		cm²		mm²	
4	5	0	0										
							8	0	8	0	0		
											2	4	0
			2	6	1								
									9	8	0		
	8	9	4										
				4	0	1	0						

b) Nutze die Stellenwerttafel, um den Flächeninhalt in der angegebenen Einheit anzugeben.

$45\,km^2 =$ 4500 ha $808\,dm^2 =$ 80 800 cm² $2\,cm^2\ 40\,mm^2 =$ 240 mm²

c) Nutze die Stellenwerttafel, um den Flächeninhalt in gemischter Schreibweise und dann mit Komma anzugeben.

$261\,a =$ 2 ha 61 a = 2,61 ha
$894\,ha =$ 8 km² 94 ha = 8,94 km²
$980\,cm^2 =$ 9 dm² 80 cm² = 9,80 dm²
$4010\,m^2 =$ 40 a 10 m² = 40,10 a

3 Notiere die Buchstaben von jeweils drei Kärtchen, auf denen der gleiche Flächeninhalt steht.

471 dm² | A	40,71 m² | B	4700 cm² | C
4071 dm² | D	47,0 dm² | E	0,47 m² | F
47,1 m² | G	4701 dm² | H	47 100 cm² | I
407 100 cm² | J	4 m² 71 dm² | K	4,71 a | L

Lösungen: A – I – K; B – D – J; C – E – F

übrige Kärtchen: G; H; L

4 Eine Wiese von 1 ha 5 a wird in 20 gleich große Baugrundstücke aufgeteilt. Bestimme die Größe eines Baugrundstücks in m².

1 ha 5 a = 105 a = 10 500 m²
10 500 m² : 20 = 525 m²
Ein Baugrundstück ist 525 m² groß.

3 Wandle vor dem Rechnen in die kleinere Einheit um.

a) $572\,cm^2 + 34\,mm^2$
= 57 200 mm² + 34 mm² = 57 234 mm²

b) $24\,m^2\ 7\,dm^2 + 4\,m^2\ 12\,dm^2$
= 2407 dm² + 412 dm² = 2819 dm²

c) $58\,dm^2\ 90\,cm^2 - 9\,dm^2\ 80\,cm^2$
= 5890 cm² − 980 cm² = 4910 cm²

4 Für eine Fabrik wird ein 2,6 ha großes Parkplatzgelände angelegt. Für die Zu- und Abfahrt werden 80 a benötigt. Berechne, wie viele Parkplätze mit je 15 m² Größe entstehen.

2,6 ha = 260 a
Fläche Parkplätze: 260 a − 80 a = 180 a
180 a = 18 000 m²
Anzahl Parkplätze: 18 000 m² : 15 m² = 1200
Es entstehen 1200 Parkplätze mit je 15 m² Größe.

○ **1** a) Der Flächeninhalt verschiedener Dinge soll bestimmt werden. Ergänze die Tabelle.

	Länge	Breite	Rechnung	Flächeninhalt
Blatt Papier	4 dm	3 dm	A = 4 dm · 3 dm	A = 12 dm²
Computerbildschirm	60 cm	30 cm	A = 60 cm · 30 cm	A = 1800 cm²
Landebahn am Flughafen	2000 m	50 m	A = 2000 m · 50 m	A = 100 000 m²
Klebeband	500 cm	2 cm	A = 500 cm · 2 cm	A = 1000 cm²

b) Berechne den Umfang des Computerbildschirms aus Teilaufgabe a). u = 2 · 60 cm + 2 · 30 cm = 180 cm

○ **2** Miss die Seitenlängen des Rechtecks. Berechne den Umfang u und den Flächeninhalt A.

Länge a: 2 cm ;

Breite b: 3 cm

u = 2 · a + 2 · b
u = 2 · 2 cm + 2 · 3 cm
u = 4 cm + 6 cm = 10 cm

A = a · b
A = 2 cm · 3 cm
A = 6 cm²

◒ **3** a) Ein Rechteck hat die Länge 7 cm und den Flächeninhalt 14 cm². Berechne die Breite, zeichne das Rechteck und gib dann dessen Umfang an.

Breite: 14 cm² : 7 cm = 2 cm

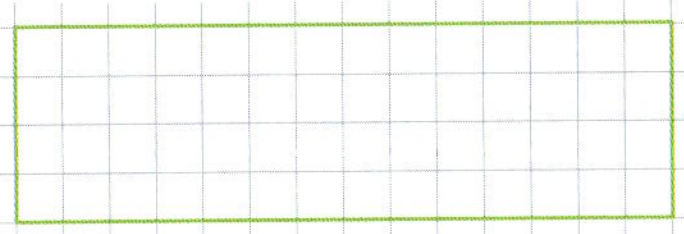

Umfang: u = 2 · 7 cm + 2 · 2 cm = 18 cm

b) Ein Quadrat hat den Umfang 12 cm. Berechne die Seitenlänge des Quadrats, zeichne das Quadrat und bestimme anschließend seinen Flächeninhalt.

Seitenlänge: 12 cm : 4 = 3 cm

Flächeninhalt: A = 3 cm · 3 cm = 9 cm²

◒ **2** Jana hat 16 Streichhölzer mit einer Länge von je 5 cm. Sie legt aus allen Hölzern Rechtecke mit verschiedenen Längen und Breiten.
a) Der Umfang der Rechtecke ist immer gleich. **Begründe.**

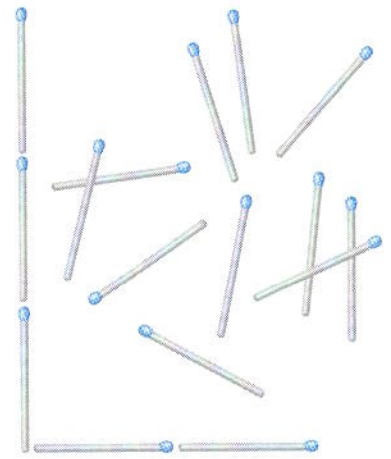

Es werden immer alle 16 Hölzchen verwendet. Der Umfang ist immer u = 16 · 5 cm = 80 cm.

b) Jana legt ein Rechteck aus je 2 Hölzern für dessen Länge und je 6 Hölzern für dessen Breite. Bestimme den Flächeninhalt des Rechtecks.

A = (2 · 5 cm) · (6 · 5 cm) = 10 cm · 30 cm = 300 cm²

● **3** Herr Müller besitzt eine rechteckige Wiese mit einer Länge von 40 m und einem Flächeninhalt von 12 a. Für einen Straßenausbau soll er über die gesamte Länge ein rechteckiges Teilgrundstück mit einer Breite von 10 m verkaufen. Er erhält 5 € je m². [T1]

Das Grundstück hat eine Breite von 30 m.

Herr Müller erhält für das Teilstück einen Preis von 2000 €.

Breite:
1200 m² : 40 m = 30 m

Skizze:

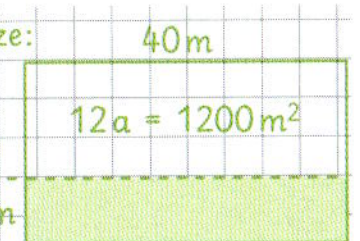

Teilstück:
A = 40 m · 10 m = 400 m²
Preis: 400 m² · 5 €/m² = 2000 €

[T1] Fertige zunächst eine Skizze des Grundstücks mit den gegebenen Maßen an.

○ **1** Berechne Flächeninhalt und Umfang des rechtwinkligen Dreiecks. (Maße in cm)

a)

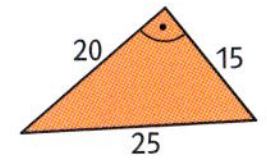

A = (a · b) : 2
A = (20 cm · 15 cm) : 2
= 300 cm² : 2 = 150 cm²
u = a + b + c
u = 25 cm + 20 cm + 15 cm
= 60 cm

b)

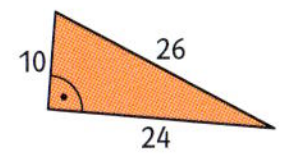

A = (a · b) : 2
A = (10 cm · 24 cm) : 2
= 240 cm² : 2 = 120 cm²
u = a + b + c
u = 10 cm + 26 cm + 24 cm
u = 60 cm

c)

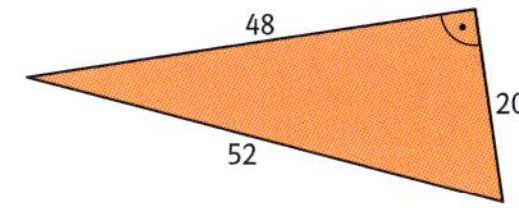

A = (a · b) : 2
A = (48 cm · 20 cm) : 2
= 960 cm² : 2 = 480 cm²
u = a + b + c
u = 48 cm + 20 cm + 52 cm
u = 120 cm

○ **2** Die Seiten a = 40 mm und b = 9 mm eines Dreiecks bilden einen rechten Winkel.
a) Zeichne das Dreieck.

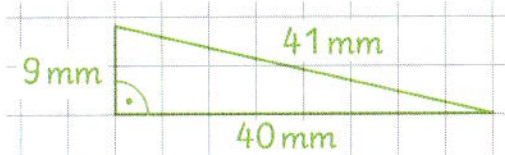

b) Bestimme den Flächeninhalt und den Umfang des Dreiecks.

A = (40 mm · 9 mm) : 2 = 360 mm² : 2
A = 180 mm²
u = 40 mm + 41 mm + 9 mm = 90 mm

◒ **3** Berechne den Flächeninhalt der beiden Teildreiecke und damit den Flächeninhalt des gesamten Dreiecks.

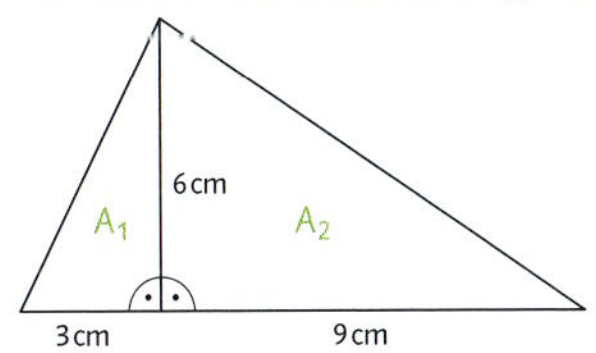

A_1 = (3 cm · 6 cm) : 2 = 18 cm² : 2
= 9 cm²
A_2 = (6 cm · 9 cm) : 2 = 54 cm² : 2
= 54 cm²
A = A_1 + A_2
A = 9 cm² + 54 cm² = 63 cm²

◒ **2** Die Seiten a = 2 cm und b = 1,5 cm eines Dreiecks bilden einen rechten Winkel.
a) Zeichne das Dreieck.

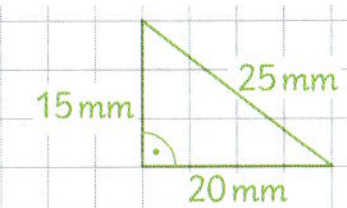

b) Bestimme den Flächeninhalt und den Umfang des Dreiecks. Gib in mm/mm² und in cm/cm² an.

A = (15 mm · 20 mm) : 2 = 300 mm² : 2
A = 150 mm² = 1,5 cm²
u = 15 mm + 25 mm + 20 mm
u = 60 mm = 6 cm

● **3** Paula behauptet: „Wenn ich in einem rechtwinkligen Dreieck, bei dem die Seiten a und b den rechten Winkel bilden, die Seite a um 1 cm verlängere und die Seite b um 1 cm verkürze, dann bleibt der Flächeninhalt gleich groß."
Überprüfe diese Aussage.

Gegenbeispiel beispielsweise: rechtwinkliges Dreieck mit a = 4 cm; b = 3 cm und c = 5 cm gilt:
A_1 = (4 cm · 3 cm) : 2 = 12 cm² : 2 = 6 cm²
A_2 = (5 cm · 2 cm) : 2 = 10 cm² : 2 = 5 cm²
Also stimmt Paulas Aussage nicht.

1 Der Flächeninhalt der zusammengesetzten Figur soll auf drei Arten ermittelt werden. Hilfslinien sind in rot eingezeichnet. Fülle die Lücken und trage die berechneten Flächeninhalte aller Teilflächen in die Zeichnung ein. Berechne anschließend den Umfang.

a) Die Figur wird zerlegt. b) Die Figur wird zerlegt. c) Die Figur wird ergänzt.

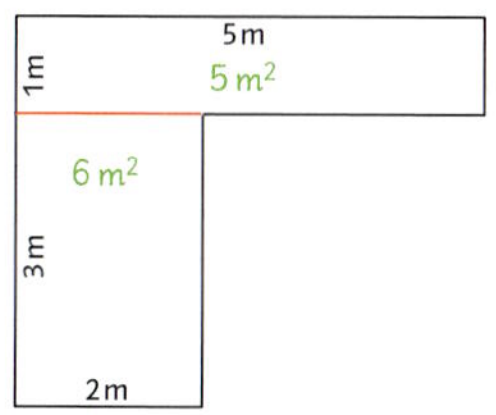

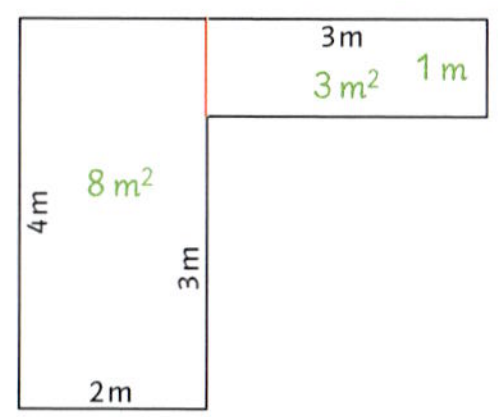

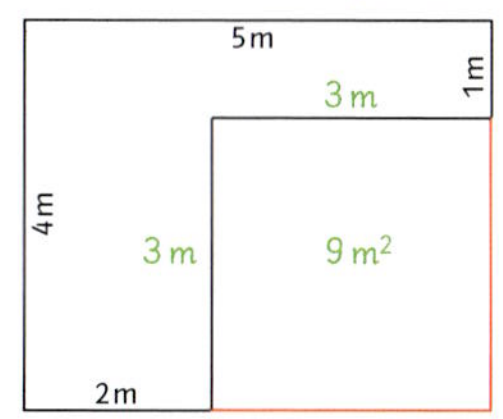

A = 1 m · 5 m + 2 m · 3 m = 11 m² | A = 2 m · 4 m + 3 m · 1 m = 11 m² | A = 4 m · 5 m − 3 m · 3 m = 11 m²

Umfang u = 5 m + 1 m + 3 m + 2 m + 3 m + 4 m + 1 m = 19 m

2 **Bestimme** Flächeninhalt und Umfang der Buchstaben. (Maße in dm)

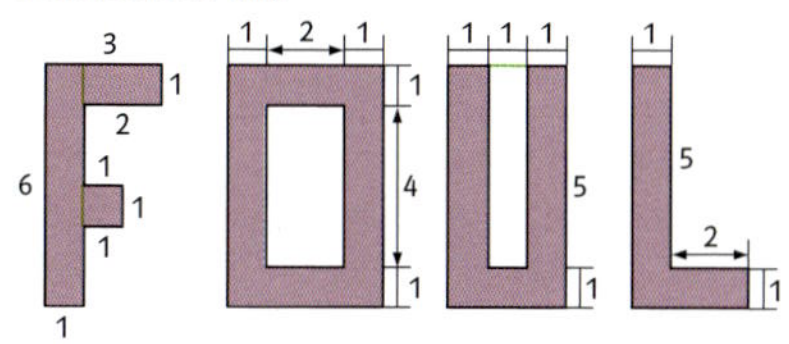

Flächeninhalt „F": beispielsweise

A_F = 1 dm · 6 dm + 2 dm · 1 dm + 1 dm · 1 dm = 9 dm²

Flächeninhalt „O": beispielsweise

A_O = 6 dm · 4 dm − 4 dm · 2 dm = 16 dm²

Flächeninhalt „U": beispielsweise

A_U = 6 dm · 3 dm − 1 dm · 5 dm = 13 dm²

Flächeninhalt „L": beispielsweise

A_L = 1 dm · 5 dm + 1 dm · 3 dm = 8 dm²

Umfang Figur „F": u_F = 3 dm + 6 dm + 1 dm + 2 dm + 1 dm + 1 dm + 1 dm + 2 dm + 2 dm + 1 dm = 20 dm

Umfang Figur „U": u_U = 3 dm + 6 dm + 1 dm + 5 dm + 1 dm + 5 dm + 1 dm + 6 dm = 28 dm

Umfang Figur „L": u_L = 3 dm + 1 dm + 2 dm + 5 dm + 1 dm + 6 dm = 18 dm

2 **Bestimme** den Flächeninhalt der blauen Figur. Alle Angaben sind in cm.

a)

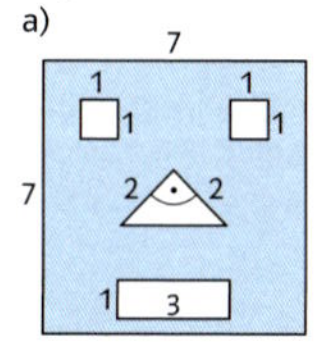

A = $A_{großes\ Quadrat}$ − $A_{innere\ Teilfiguren}$

A = 7 cm · 7 cm − (2 · (1 cm · 1 cm) + (2 cm · 2 cm) : 2 + (1 cm · 3 cm))
= 49 cm² − (2 cm² + 2 cm² + 3 cm²)
= 49 cm² − 7 cm²
= 42 cm²

b)

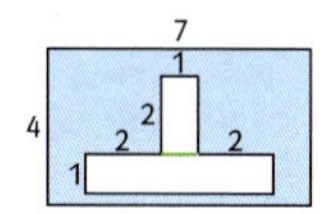

A = $A_{Rechteck}$ − $A_{innere\ Teilfiguren}$

A = 7 cm · 4 cm − (5 cm · 1 cm + 1 cm · 2 cm)
= 28 cm² − 7 cm²
= 21 cm²

3 Berechne Umfang und Flächeninhalt der Figur.

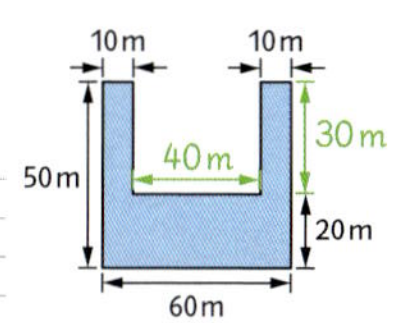

u = 60 m + 50 m + 10 m + 30 m + 40 m + 30 m + 10 m + 50 m
u = 280 m

A = 60 m · 20 m + 2 · (30 m · 10 m)
= 1200 m² + 600 m²
A = 1800 m²

1 Ermittle den Flächeninhalt der Figur durch Abzählen von Kästchen.

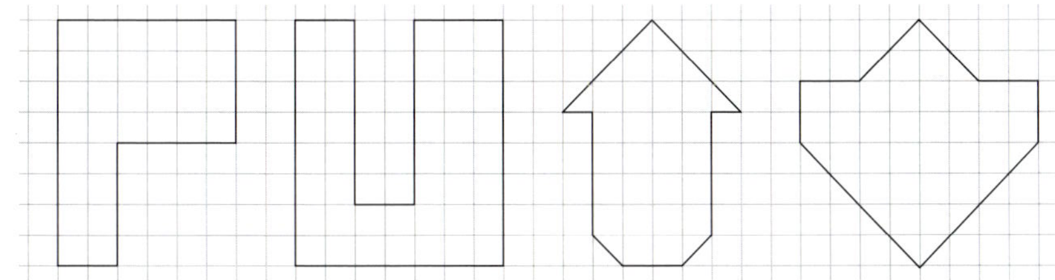

a) 32 Kästchen b) 44 Kästchen c) 28 Kästchen d) 36 Kästchen

2 Trage den Flächeninhalt in die Stellenwerttafel ein. Streiche dann das Kärtchen mit falschem Ergebnis.

2 dm² 15 cm²	2,15 dm²	~~2015 cm²~~	215 cm²
31 a 8 m²	3108 m²	31,08 a	~~318 m²~~
67 m² 1 dm²	6701 dm²	67,01 m²	~~671 dm²~~
1 cm² 2 mm²	~~120 mm²~~	1,02 cm²	102 mm²

a		m²		dm²		cm²		mm²	
					2	1	5		
3	1	0	8						
		6	7	0	1				
							1	0	2

3 Berechne den Flächeninhalt und den Umfang des Rechtecks.

a) a = 4 cm; b = 3 cm

A = 4 cm · 3 cm = 12 cm²

u = 2 · 4 cm + 2 · 3 cm = 8 cm + 6 cm = 14 cm

b) a = 7 cm; b = 2 cm

A = 7 cm · 2 cm = 14 cm²

u = 2 · 7 cm + 2 · 2 cm = 14 cm + 4 cm = 18 cm

c) a = 5 cm; b = 3 cm

A = 5 cm · 3 cm = 15 cm²

u = 2 · 5 cm + 2 · 3 cm = 10 cm + 6 cm = 16 cm

4 Berechne Flächeninhalt und Umfang des rechtwinkligen Dreiecks.

a)

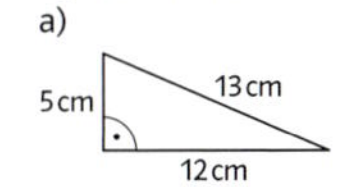

b)

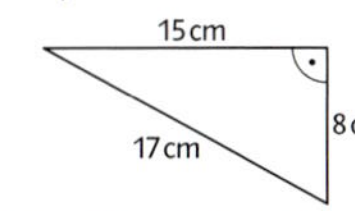

a) A = (5 cm · 12 cm) : 2 = 60 cm² : 2 = 30 cm²
u = 5 cm + 13 cm + 12 cm = 30 cm
b) A = (15 cm · 8 cm) : 2 = 120 cm² : 2 = 60 cm²
u = 15 cm + 8 cm + 17 cm = 40 cm

5 Bestimme Umfang und Flächeninhalt der zusammengesetzten Figur. Miss die benötigten Längen.

Durch Zerlegen:

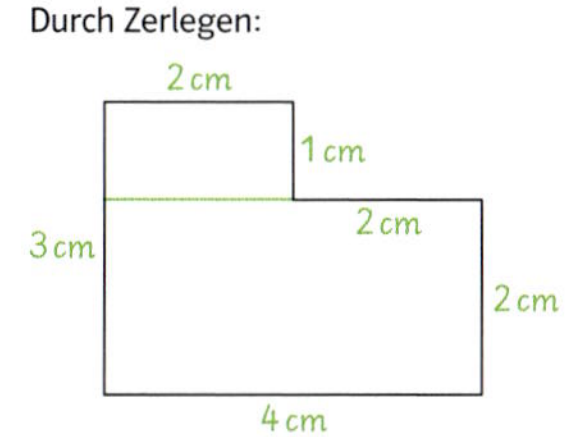

A = 2 cm · 1 cm + 4 cm · 2 cm
= 2 cm² + 8 cm² = 10 cm²
u = 3 cm + 2 cm + 1 cm + 2 cm + 2 cm + 4 cm = 14 cm

Durch Ergänzen:

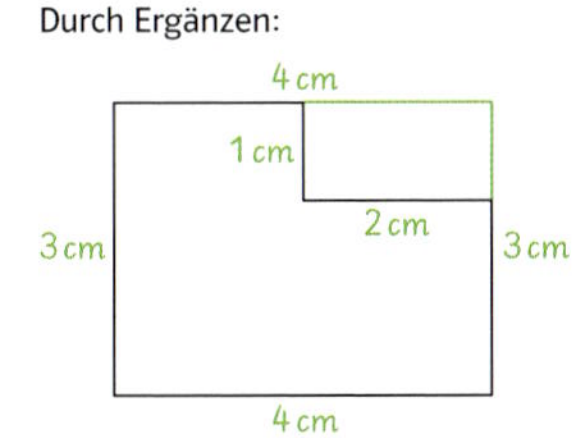

A = 3 cm · 4 cm − 1 cm · 2 cm
= 12 cm² − 2 cm² = 10 cm²

6 Vervollständige die Tabelle.

Aufgabe	Umwandlung	Ergebnis in gemischter Schreibweise	mit Komma
24 a 32 m² + 5 a 8 m²	2432 m² + 508 m²	2940 m² = 29 a 40 m²	29,4 a
56 dm² 2 cm² − 21 dm² 1 cm²	5602 cm² − 2101 cm²	3501 cm² = 35 dm² 1 cm²	35,01 dm²
5,5 km² · 4	550 ha · 4	2200 ha	22,0 km²
4,8 ha : 8	480 a : 8	60 a	0,6 ha

7 Ein Rechteck hat den Flächeninhalt 36 cm² und den Umfang 26 cm. Kreuze an, welche Länge und Breite dieses Rechteck haben kann. Nur eine Antwort ist richtig.

☐ Länge 3 cm; Breite 12 cm ☐ Länge 2 cm; Breite 18 cm ☐ Länge 36 cm; Breite 1 cm
☐ Länge 7 cm; Breite 6 cm ☒ Länge 4 cm; Breite 9 cm ☐ Länge 6 cm; Breite 6 cm

8 Familie Jansen will in eine neue Wohnung umziehen. Unten siehst du den Grundriss der Wohnung. Um einen Überblick über die Größe der Zimmer zu bekommen, legt Jana eine Tabelle an:

Zimmer	Größe in m²	Zimmer	Größe in m²
Eltern	15 m²	Kind 1	18 m²
Wohnen	24 m²	Kind 2	9 m²
Küche	18 m²	Flur	18 m²
Bad	12 m²	Gesamt	114 m²

Küche:
A = 3 m · 4 m
+ (3 m · 4 m) : 2
= 12 m² + 6 m²
A = 18 m²

114 m² · 6 €/m² = 684 €

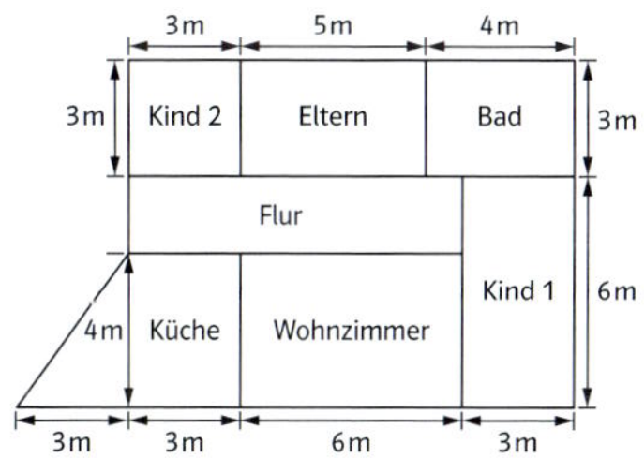

Die Miete beträgt 6 € pro Quadratmeter. Monatlich sind 684 € zu bezahlen.

9 Die Abbildung zeigt zwei vollständig gezeichnete Figuren (A und B) und eine noch unvollständig gezeichnete Figur (C). Alle Angaben in den Zeichnungen sind in Zentimetern.

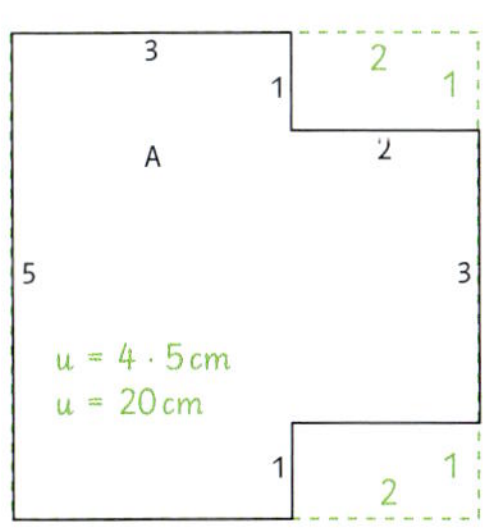

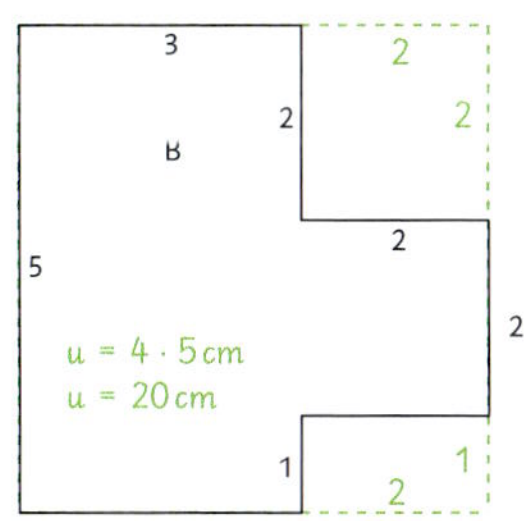

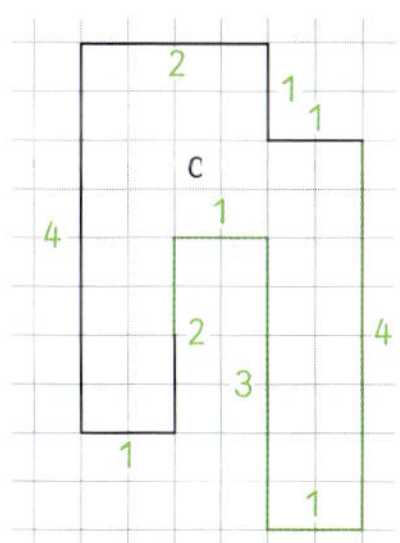

a) Begründe ohne Rechnung, dass die Figuren A und B denselben Umfang besitzen.

Klappt man die nach innen liegenden Ecken nach außen, erhält man in beiden Figuren dasselbe Quadrat mit der Seitenlänge 5 cm. Der Umfang dieses Quadrats beträgt 4 · 5 cm = 20 cm.

b) Vervollständige Figur C so, dass sie denselben Umfang wie Figur A hat. Die ergänzten Strecken sollen dabei ganzzahlige Zentimeterlängen haben und nicht über das Karogitter hinausgehen.

1 a) Trage die passenden Begriffe ein.

$\frac{3}{5}$ — Zähler, Bruchstrich, Nenner

b) Streiche falsche Kärtchen durch.

Der ~~Zähler~~ Nenner gibt an, in wie viele gleich große Teile das Ganze zerlegt wird.
Der Zähler ~~Nenner~~ gibt an, wie viele Teile davon genommen werden.

c) Die Pizza wurde in 8 Teile zerlegt. Es wurde $\frac{1}{8}$ der Pizza gegessen. Übrig sind noch $\frac{7}{8}$.

2 Fülle die Lücken.

a) Das Ganze wird in 6 gleich große Teile zerlegt.
Bruch: $\frac{1}{6}$

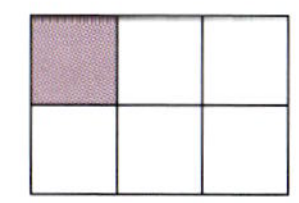

b) Das Ganze wird in 5 gleich große Teile zerlegt.
Bruch: $\frac{1}{5}$

c) Das Ganze wird in 3 gleich große Teile zerlegt.
Bruch: $\frac{1}{3}$

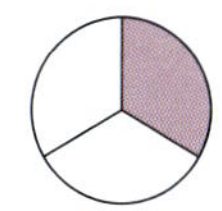

d) Das Ganze wird in 9 gleich große Teile zerlegt.
Bruch: $\frac{1}{9}$

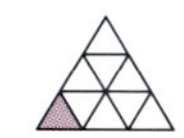

3 Fülle die Lücken wie im Beispiel.

	a)	b)	c)	d)	e)	f)	g)	h)
dargestellter Bruchteil	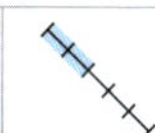	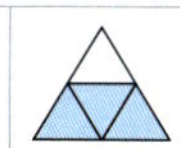	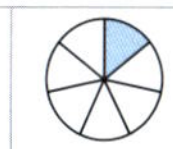	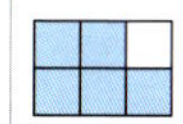	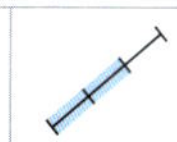	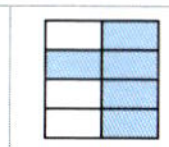	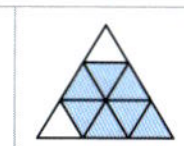	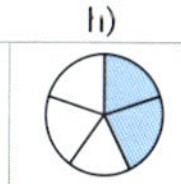
Anzahl gleicher Teile	5	4	7	6	3	8	9	5
Anzahl gefärbter Teile	2	3	1	5	2	5	7	2
Bruchteil	$\frac{2}{5}$	$\frac{3}{4}$	$\frac{1}{7}$	$\frac{5}{6}$	$\frac{2}{3}$	$\frac{5}{8}$	$\frac{7}{9}$	$\frac{2}{5}$

4 Färbe den angegebenen Bruchteil in allen Figuren.

a) $\frac{1}{3}$ b) $\frac{4}{5}$ c) $\frac{5}{12}$ d) $\frac{3}{8}$

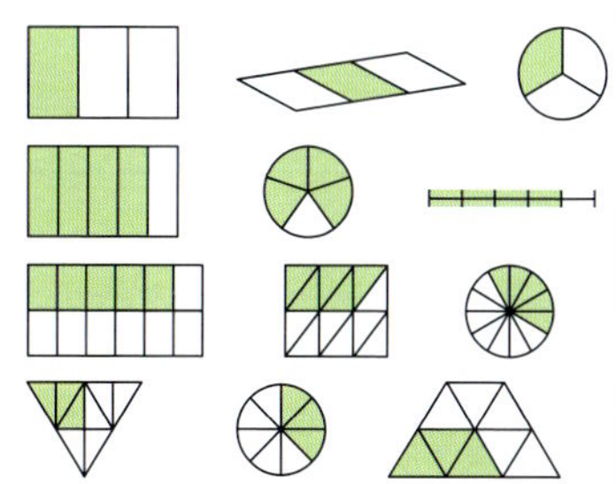

4 Färbe den angegebenen Bruchteil aller Figuren.

a) $\frac{2}{8}$ b) $\frac{2}{6}$ c) $\frac{9}{16}$ d) $\frac{4}{9}$

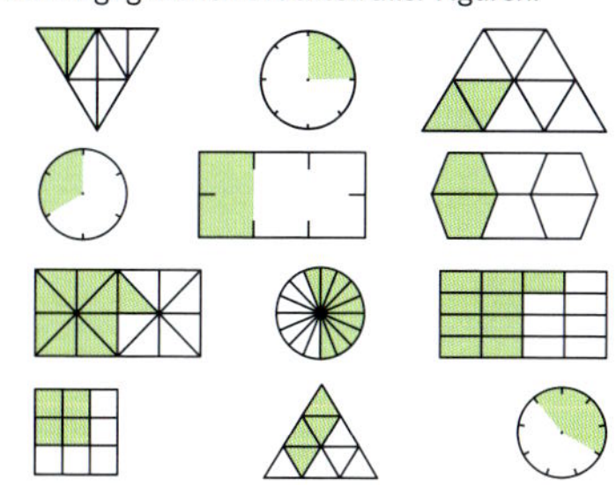

5 Färbe den angegebenen Bruchteil. Das Ganze ist in 20 gleich große Teile aufgeteilt.

a) $\frac{5}{20}$ des Ganzen sind 5 Teile.

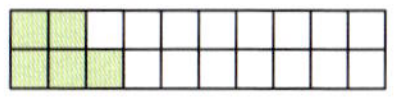

Es sind mehrere Lösungen möglich.

b) $\frac{3}{10}$ des Ganzen sind 6 Teile.

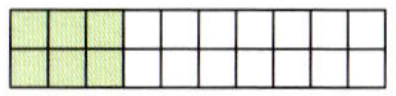

c) $\frac{4}{5}$ des Ganzen sind 16 Teile.

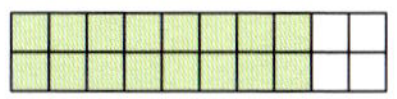

6 a) Welche Bruchteile wurden **falsch** dargestellt? Streiche durch.

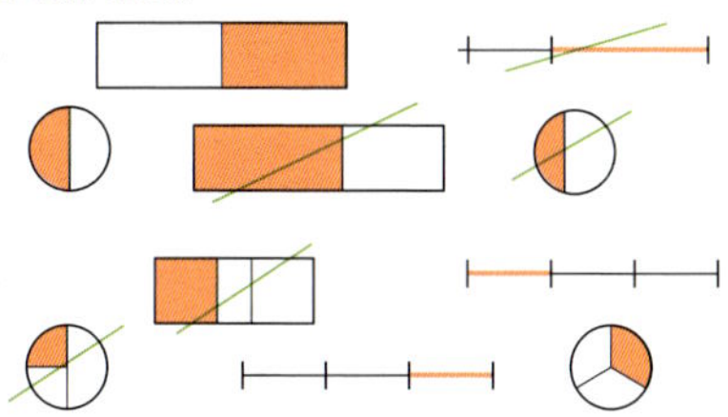

b) Welcher Fehler wurde mehrfach gemacht?

Das Ganze wurde nicht in gleich große Teile unterteilt.

7 Lenas Vater hat gebacken. Er teilt den Kuchen in 36 Stücke auf. Färbe in verschiedenen Farben:

Svenja hat $\frac{1}{6}$ der Stücke genommen, Ken $\frac{1}{12}$,

Werner $\frac{1}{18}$ und Lenas Eltern $\frac{2}{9}$.

Es bleiben 17 Stücke übrig.

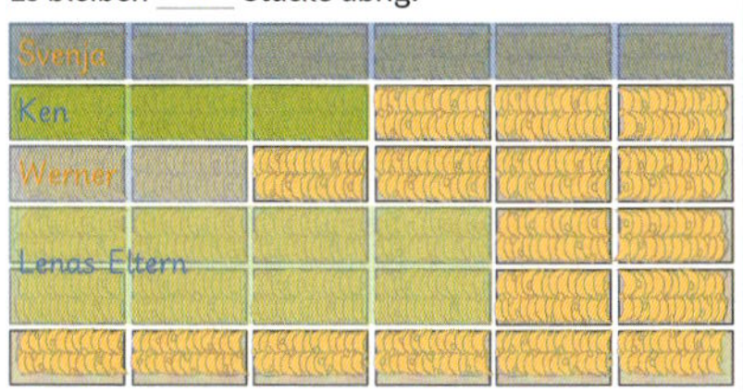

8 Der angegebene Bruchteil des Ganzen ist dargestellt. Ergänze zu einem Ganzen.

a) $\frac{1}{3}$

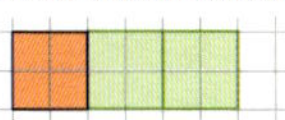

b) $\frac{2}{5}$

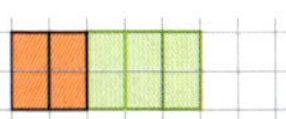

5 Streiche die Figuren durch, bei denen der Bruchteil $\frac{6}{8}$ falsch dargestellt wurde.

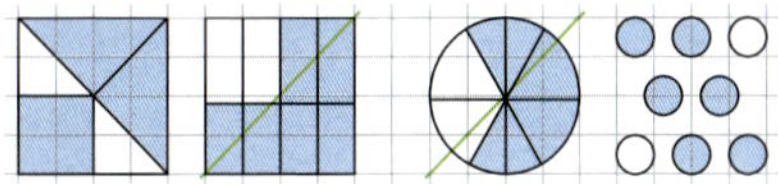

6 Stelle den Bruchteil dar. Das Ganze ist in 24 gleich große Teile unterteilt.

a) $\frac{5}{12}$ des Ganzen sind 10 Teile.

b) $\frac{1}{3}$ des Ganzen sind 8 Teile.

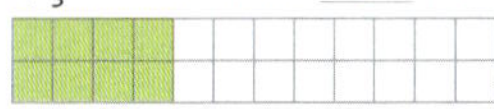

c) $\frac{3}{4}$ des Ganzen sind 18 Teile.

7 Ein Kuchen wird in gleich große Stücke geschnitten und dann aufgeteilt:

a) Petra bekommt ein Stück, Claas nimmt sich zwei Stücke, Ludger drei. Lara nimmt sich doppelt so viele Stücke wie Claas, das sind 4 Stücke, Sören eins weniger als Ludger, also 2 Stücke.

Es sind insgesamt 12 Stücke.

Petra: $\frac{1}{12}$ Claas: $\frac{2}{12}$ Ludger: $\frac{3}{12}$

Lara: $\frac{4}{12}$ Sören: $\frac{2}{12}$

b) Zeichne auf dem Kuchen die Portionen der Kinder ein. Z. B.:

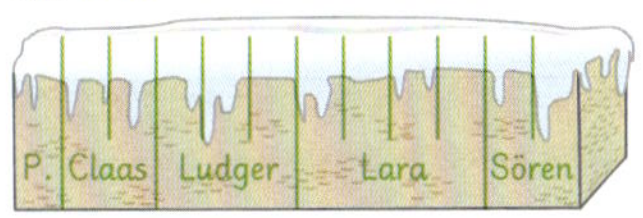

8 Die Darstellung zeigt nur den angegebenen Bruchteil der Figur. Ergänze zu einem Ganzen.

a) $\frac{4}{6}$

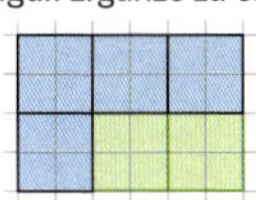

b) $\frac{1}{4}$

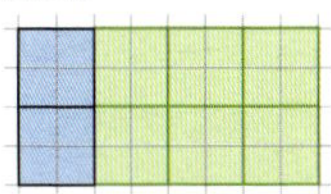

1 Um Bruchteile von Größen zu berechnen, ist es oft notwendig, die Größe in die nächstkleinere Einheit umzuwandeln. Lies dir das Beispiel durch und löse die Aufgaben.

Beispiel: $\frac{1}{2}$ von 1 kg — $\frac{1}{2}$ von 1000 g; 1000 g —$\frac{1}{2}$→ 500 g (:2 → 500 g, ·1); $\frac{1}{2}$ kg = 500 g

a) $\frac{1}{4}$ von 1 km — $\frac{1}{4}$ von 1000 m; 1000 m —$\frac{1}{4}$→ 250 m (:4 → 250 m, ·1); $\frac{1}{4}$ km = 250 m

b) $\frac{1}{3}$ von einer Stunde (1 h): $\frac{1}{3}$ von 60 min; 60 min —$\frac{1}{3}$→ 20 min (:3 → 20 min, ·1); $\frac{1}{3}$ h = 20 min

c) $\frac{1}{5}$ von 1 dm — $\frac{1}{5}$ von 10 cm; 10 cm —$\frac{1}{5}$→ 2 cm (:5 → 2 cm, ·1); $\frac{1}{5}$ dm = 2 cm

2 Im Alltag kommen Brüche häufig vor. Ordne die Angaben den Sätzen zu.

① Das Wasser ist nur einen halben Meter tief. 50 cm
② Du bist eine viertel Stunde zu spät. 15 min
③ Von 3 kg Kirschen waren ein Drittel schlecht. 1 kg
④ Bitte ein halbes Kilogramm Hackfleisch. 500 g
⑤ Wir haben 28 Kinder in der Klasse, die Hälfte sind Jungen. 14 Kinder
⑥ Morgen komme ich eine halbe Stunde später. 30 min
⑦ Wir hatten einen halben Dezimeter hoch das Wasser im Keller stehen. 5 cm
⑧ In der Mannschaft spielen 15 Kinder, ein Drittel ist noch 10 Jahre alt. 5 Kinder

1 kg | 200 g | 50 cm | 15 min | 14 Kinder | 500 g | 30 min | 5 Kinder | 5 cm

Welche Angabe bleibt übrig? 200 g

Bilde dazu eine eigene Aussage. Beispielsweise: Ich hätte gerne ein fünftel Kilogramm Himbeeren.

3 Welche Gewichte werden jeweils auf die Waage gestellt? Fülle die Tabelle aus.

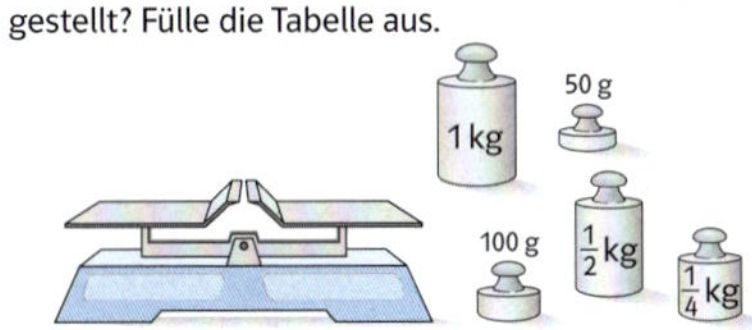

linke Waagschale	rechte Waagschale
1000 g Dinkel	1 kg
250 g Grünkern	$\frac{1}{4}$ kg
$\frac{1}{10}$ kg Sojaschrot	100 g
1500 g Biokartoffeln	1 kg + $\frac{1}{2}$ kg
300 g Hirseflocken	$\frac{1}{4}$ kg + 50 g
750 g Leinsamen	$\frac{1}{2}$ kg + $\frac{1}{4}$ kg
1350 g Vollkornreis	1 kg + $\frac{1}{4}$ kg + 100 g

3 Notiere in der angegebenen Einheit.

a) $\frac{1}{2}$ m = 50 cm   b) $\frac{1}{4}$ km = 250 m
c) $\frac{3}{4}$ m = 75 cm   d) $\frac{7}{10}$ cm = 7 mm
e) $\frac{1}{8}$ t = 125 kg   f) $\frac{3}{10}$ g = 300 mg
g) $\frac{1}{10}$ h = 6 min   h) $\frac{2}{3}$ Jahr = 8 Monate

4 Auf der markierten Fläche soll eine Wiese angelegt werden. Gib den Anteil in der nächstkleineren Einheit an.

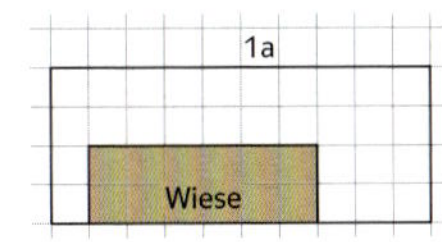

$\frac{3}{10}$ a = $\frac{3}{10}$ von 100 m² = 30 m²

5 Schreibe die Angaben mithilfe eines Bruchs in einer größeren Maßeinheit. Beispielsweise:

40 cm	500 m	2 mm	250 kg	100 mg
$\frac{4}{10}$ m	$\frac{1}{2}$ km	$\frac{1}{5}$ cm	$\frac{1}{4}$ t	$\frac{1}{10}$ g

750 g	3 Monate	45 min	6 h	5 min
$\frac{3}{4}$ kg	$\frac{1}{4}$ a	$\frac{3}{4}$ h	$\frac{1}{4}$ d	$\frac{1}{12}$ h

○ **1** Fülle die Tabelle aus.

	Dezimalzahl	Ganze Z	E		Dezimale z	h	t	Bruch
a)	0,8		0	,	8			$\frac{8}{10}$
b)	1,5		1	,	5			$1 + \frac{5}{10} = 1\frac{5}{10}$
c)	70,2	7	0	,	2			$70 + \frac{2}{10} = 70\frac{2}{10}$
d)	10,4	1	0	,	4			$10 + \frac{4}{10} = 10\frac{4}{10}$
e)	0,02		0	,	0	2	0	$\frac{20}{1000}$
f)	91,909	9	1	,	9	0	9	$91\frac{909}{1000}$
g)	12,03	1	2	,	0	3		$12\frac{3}{100}$

○ **2** a) Notiere, welche Dezimalzahl mit den Plättchen gelegt ist. 3,216

E,	z	h	t
●●●	●●	●	●●●●●●

b) Notiere alle Zahlen, die du erhältst, wenn du jeweils ein Plättchen dazulegst.

4,216; 3,316; 3,226; 3,217

c) Notiere alle Zahlen, die du erhältst, wenn du jeweils ein Plättchen wegnimmst.

2,216; 3,116; 3,206; 3,215

○ **3** Schreibe als Summe der Bruchteile und als Dezimalzahl.

Beispiel: 3 E + 2 z + 1 h = $3 + \frac{2}{10} + \frac{1}{100}$ = 3,21

a) 7 Z + 5 E + 2 z = $75 + \frac{2}{10}$ = 75,2

b) 5 E + 6 z + 3 h = $5 + \frac{6}{10} + \frac{3}{100}$ = 5,63

c) 6 Z + 3 z + 5 h = $60 + \frac{3}{10} + \frac{5}{100}$ = 60,35

d) 7 H + 2 E + 3 h = $702 + \frac{3}{100}$ = 702,03

◒ **4** Ergänze die Lücken.

	a)	b)	c)	d)
größere Einheit	0,7 €	0,35 €	0,04 €	0,67 m
Bruch	$\frac{7}{10}$ €	$\frac{35}{100}$ €	$\frac{4}{100}$ €	$\frac{67}{100}$ m
kleinere Einheit	70 ct	35 ct	4 ct	67 cm

◒ **2** Markiere die drei zusammengehörigen Kärtchen mit der gleichen Farbe.

0,70 | $\frac{7}{1000}$ | 0,7 | $\frac{7}{100}$ | $\frac{70}{1000}$ | 0,07 | siebenTausendstel | $\frac{7}{10}$ | 0,007

◒ **3** Fülle die Lücken in der Tabelle.

	Bruch	Dezimalzahl		Bruch	Dezimalzahl
a)	$\frac{7}{100}$	0,07	b)	$\frac{34}{100}$	0,34
c)	$\frac{25}{1000}$	0,025	d)	$\frac{12}{10}$	1,2
e)	$\frac{2}{1000}$	0,002	f)	$\frac{2345}{100}$	23,45

◒ **4** Ergänze die Lücken.

	a)	b)	c)	d)
größere Einheit	0,007 km	0,3 dm	0,25 t	0,3 kg
Bruch	$\frac{7}{1000}$ km	$\frac{3}{10}$ dm	$\frac{250}{1000}$ t	$\frac{300}{1000}$ kg
kleinere Einheit	7 m	3 cm	250 kg	300 g

● **5** Schreibe die Sätze mit sinnvollen Maßeinheiten.

a) Juan wiegt 38 700 g und ist 1350 mm groß.

Juan wiegt 38,7 kg und ist 1,35 m groß.

b) Das Klassenzimmer ist 2840 mm hoch.

Das Klassenzimmer ist 2,84 m hoch.

○ **1** Welcher Bruchteil ist gefärbt?

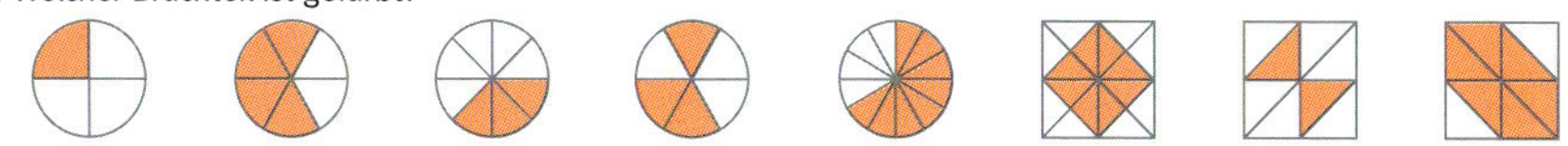

$\frac{1}{4}$ $\frac{4}{6}$ $\frac{3}{8}$ $\frac{3}{6}$ $\frac{8}{12}$ $\frac{8}{16}$ $\frac{2}{8}$ $\frac{6}{8}$

○ **2** Aus einem Regal wurden Bücher herausgenommen. Ergänze die Sätze:

a) In dem Regal standen ursprünglich 29 Bücher.

b) Es wurden 7 Bücher herausgenommen.

c) Als Bruch dargestellt entspricht die Menge der herausgenommenen Bücher $\frac{7}{29}$.

vorher nachher

○ **3** Markiere den angegebenen Bruchteil farbig.

a) $\frac{5}{12}$

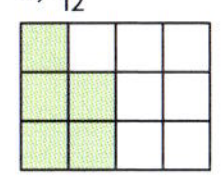

b) $\frac{4}{9}$

c) $\frac{6}{7}$

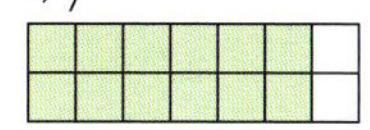

d) $\frac{5}{6}$

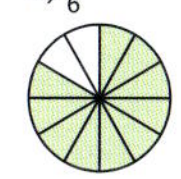

○ **4** Schreibe wie im Beispiel ohne Bruch in der nächstkleineren Einheit.

Beispiel: $\frac{1}{4}$ m = $\frac{1}{4}$ von 100 cm = 25 cm

a) $\frac{1}{100}$ kg = $\frac{1}{100}$ von 1000 g = 10 g

b) $\frac{1}{5}$ t = $\frac{1}{5}$ von 1000 kg = 200 kg

c) $\frac{1}{2}$ h = $\frac{1}{2}$ von 60 min = 30 min

d) $\frac{1}{10}$ km = $\frac{1}{10}$ von 1000 m = 100 m

e) $\frac{1}{50}$ t = $\frac{1}{50}$ von 1000 kg = 20 kg

○ **5** Fülle die Tabelle aus.

	Dezimalzahl	Ganze Z	E		Dezimale z	h	t	Bruch
a)	2,4		2	,	4			$2 + \frac{4}{10}$
b)	18,05	1	8	,	0	5		$18 + \frac{5}{100}$
c)	2,62		2	,	6	2		$2 + \frac{6}{10} + \frac{2}{100}$
d)	0,471		0	,	4	7	1	$\frac{4}{10} + \frac{7}{100} + \frac{1}{1000}$
e)	10,204	1	0	,	2	0	4	$10 + \frac{2}{10} + \frac{4}{1000}$
f)	0,002		0	,	0	0	2	$\frac{2}{1000}$

○ **6** Welche Kärtchen passen jeweils zur angegebenen Größe? Färbe ein.

a) $\frac{12}{100}$ m: 1,2 m | 12 cm | 0,12 m | 1,2 cm

b) $\frac{475}{1000}$ kg: 475 g | 47,5 g | 0,0475 kg | 0,475 kg

c) 0,57 m: $\frac{57}{10}$ m | 57 cm | 5,7 cm | $\frac{57}{100}$ m

d) 0,127 kg: $\frac{127}{1000}$ kg | $\frac{127}{1000}$ g | 127 g | 12,7 g

7 Bestimme die Bruchteile.

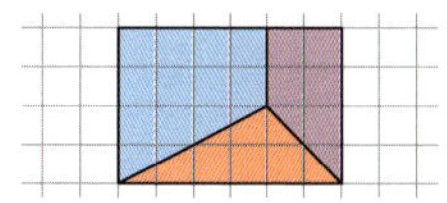

blau: $\frac{12}{24}\left(\frac{6}{12};\frac{3}{6};\frac{1}{2}\right)$ rot: $\frac{6}{24}\left(\frac{3}{12};\frac{1}{4}\right)$ lila: $\frac{6}{24}\left(\frac{3}{12};\frac{1}{4}\right)$

8 Färbe $\frac{3}{8}$ der Figur. Beispielsweise:

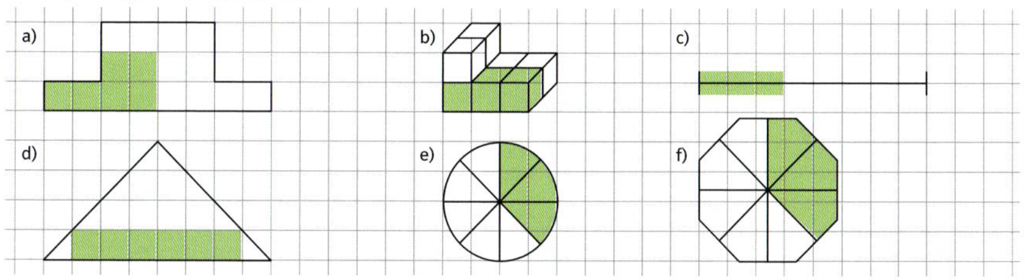

9 Notiere die Größe wie im Beispiel.

Beispiel: $\frac{3}{4}$ m = 75 cm = 0,75 m a) $\frac{1}{5}$ cm² = 20 mm² = 0,20 cm² b) $\frac{9}{10}$ m = 9 dm = 0,9 m

c) $\frac{7}{100}$ km = 70 m = 0,070 km d) $\frac{19}{100}$ € = 19 ct = 0,19 € e) $\frac{8}{25}$ t = 320 kg = 0,320 t

10 Notiere die Größe wie im Beispiel.

Beispiel: 7 cm = 0,7 dm = $\frac{7}{10}$ dm a) 63 cm² = 0,63 dm² = $\frac{63}{100}$ dm² b) 150 ct = 1,50 € = $\frac{150}{100}$ €

c) 50 m = 0,050 km = $\frac{50}{1000}$ km d) 3 kg = 0,003 t = $\frac{3}{1000}$ t e) 18 mm = 1,8 cm = $\frac{18}{10}$ cm

11 a) Klara macht eine Pause beim Rasenmähen. Welchen Bruchteil der Rasenfläche hat sie bereits gemäht? $\frac{33}{60}$

b) Welchen Bruchteil hat der Rasen an der Gesamtfläche des Gartens? $\frac{60}{72}$

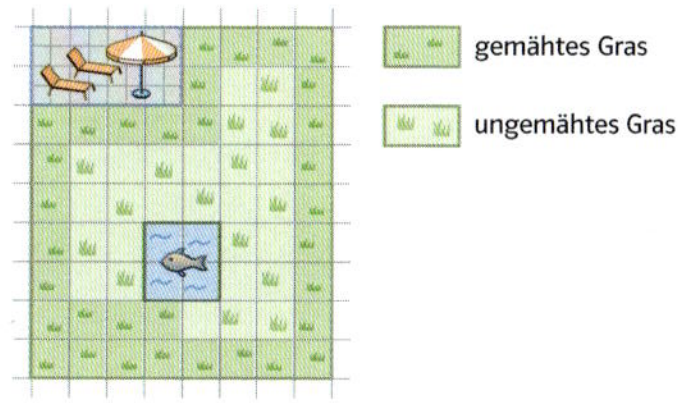

12 Die Darstellung zeigt nur den angegebenen Teil der Figur. Ergänze die Figur zu ihrer ursprünglichen Größe.

a) $\frac{3}{8}$

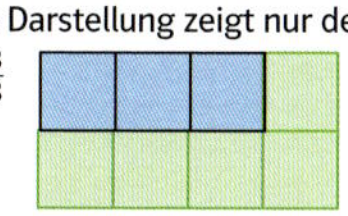

(Andere Ergänzungen sind möglich.)

b) $\frac{1}{3}$

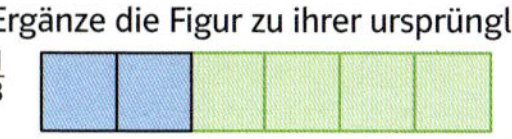

(Andere Ergänzungen sind möglich.)

13 Ken rechnet $0{,}3\,h = 30\,min = \frac{1}{2}\,h$. Jan rechnet $0{,}3\,h = \frac{3}{10}\,h = 18\,min$. Wer hat **falsch** gerechnet?

Erkläre.

Ken hat falsch gerechnet. Er hat bei der Umwandlung der Dezimalzahl nicht berücksichtigt, dass Zeitangaben nicht den Umrechnungsfaktor 10 haben. Jan hat richtig gerechnet.

14 Gib das Ganze an.

a) 6 min sind $\frac{3}{10}$ der Pause. Pausendauer: 20 min $\frac{1}{10}$ entspricht 2 min; $\frac{10}{10}$ entsprechen 20 min

b) 78 l sind $\frac{13}{18}$ des Tanks. Voller Tank: 108 l $\frac{1}{18}$ entspricht 6 l; $\frac{18}{18}$ entsprechen 108 l

Schätze ein, wie gut du die Basisaufgaben auf Seite 6 bearbeitet hast.
Eine Anleitung für das Arbeiten mit dieser Tabelle findest du auf Seite 2 im Aufgabenteil.

Selbsteinschätzen und Weiterlernen

	Ich kann …	gut	etwas	nicht gut	Nachlesen und üben	
1	Daten in Strichlisten und Häufigkeitstabellen erfassen und Aussagen prüfen.	☐	☐	☐	**Nachlesen** Schülerbuch: S. 10 Merke und Beispiel **Üben** Arbeitsheft: S. 3 Nr. 1, 2 links Schülerbuch: S. 11 Alles klar?; S. 28 Nr. 1 a, Nr. 2 a	☺
2	Diagramme lesen und auswerten.	☐	☐	☐	**Nachlesen** Schülerbuch: S. 12 Merke und Beispiel **Üben** Arbeitsheft: S. 4 Nr. 1, 2 links, 3 links Schülerbuch: S. 13 Alles klar?	☺
3	eine Häufigkeitstabelle zu einem Diagramm erstellen.	☐	☐	☐	**Nachlesen** Schülerbuch: S. 12 Merke und Beispiel **Üben** Arbeitsheft: S. 4 Nr. 1, 3 links Schülerbuch: S. 13 Alles klar?	☺
4	ein Diagramm zu einer Häufigkeitstabelle erstellen und Aussagen ableiten.	☐	☐	☐	**Nachlesen** Schülerbuch: S. 14 Merke und Beispiel **Üben** Arbeitsheft: S. 5 Nr. 1, 2 links, 3 links Schülerbuch: S. 15 Alles klar?; S. 28 Nr. 1, 2	☺

Schätze ein, wie gut du die Basisaufgaben auf Seite 13 bearbeitet hast.
Eine Anleitung für das Arbeiten mit dieser Tabelle findest du auf Seite 2 im Aufgabenteil.

Selbsteinschätzen und Weiterlernen

Ich kann …		gut	etwas	nicht gut	Nachlesen und üben	
1	**natürliche Zahlen am Zahlenstrahl ablesen.**				**Nachlesen** Schülerbuch: S. 32 Merke **Üben** Arbeitsheft: S. 8 Nr. 2, 5 links Schülerbuch: S. 33 Alles klar? A; S. 50 Nr. 1	☺
2	**Vorgänger und Nachfolger einer natürlichen Zahl bestimmen.**				**Nachlesen** Schülerbuch: S. 32 Merke und Beispiele a, b **Üben** Arbeitsheft: S. 8 Nr. 4 links; S. 9 Nr. 4 links Schülerbuch: S. 50 Nr. 2	☺
3	**große Zahlen in die Stellenwerttafel eintragen und in Worten schreiben.**				**Nachlesen** Schülerbuch: S. 35 Merke und Beispiel **Üben**: Arbeitsheft: S. 9 Nr. 1 Schülerbuch: S. 36 Alles klar?; S. 50 Nr. 5 links	☺
4	**Zahlen vergleichen.**				**Nachlesen** Schülerbuch: S. 32 Merke und Beispiele c, d **Üben** Arbeitsheft: S. 8 Nr. 2 Schülerbuch: S. 33 Alles klar? B; S. 50 Nr. 3, 4 links	☺
5	**Zahlen runden.**				**Nachlesen** Schülerbuch: S. 38 Merke und Beispiele **Üben** Arbeitsheft: S. 10 Nr. 1, 2 links, 3 links Schülerbuch: S. 38 Alles klar?; S. 50 Nr. 8 links	☺
6	**große Zahlen ohne Stellenwerttafel in verschiedenen Schreibweisen darstellen.**				**Nachlesen** Schülerbuch: S. 35 Merke und Beispiel **Üben** Arbeitsheft: S. 9 Nr. 1, 2, 3 links Schülerbuch: S. 36 Alles klar? B, C; S. 50 Nr. 5 links	☺
7	**eine Anzahl von Objekten mithilfe eines geeigneten Rasters schätzen.**				**Nachlesen** Schülerbuch: S. 40 Merke und Beispiel **Üben** Arbeitsheft: S. 11 Nr. 1 Schülerbuch: S. 41 Alles klar?	☺

Schätze ein, wie gut du die Basisaufgaben auf Seite 21 bearbeitet hast.
Eine Anleitung für das Arbeiten mit dieser Tabelle findest du auf Seite 2 im Aufgabenteil.

Selbsteinschätzen und Weiterlernen

	Ich kann …	gut	etwas	nicht gut	Nachlesen und üben	
1	**Zahlen im Kopf addieren und subtrahieren.**				**Nachlesen** Schülerbuch: S. 54 Merke und Beispiele **Üben** Arbeitsheft: S. 15 Nr. 1, 2, 3, 4 links Schülerbuch: S. 54 Alles klar?; S. 78 Nr. 1	☺
2	**die Differenz einer Zahl zur nächstkleineren bzw. nächstgrößeren Stufenzahl bestimmen.**				**Nachlesen** Schülerbuch: S. 55 Tipp auf dem Rand **Üben** Arbeitsheft: S. 15 Nr. 5	☺
3	**Zahlen schriftlich addieren.**				**Nachlesen** Schülerbuch: S. 56 Merke und Beispiele **Üben** Arbeitsheft: S. 16 Nr. 1, 2 links Schülerbuch: S. 57 Alles klar?; S. 78 Nr. 2 a, b	☺
4	**Zahlen schriftlich subtrahieren.**				**Nachlesen** Schülerbuch: S. 60 Merke und Beispiele **Üben** Arbeitsheft: S. 17 Nr. 1, 2 links Schülerbuch: S. 61 Alles klar?; S. 78 Nr. 2 c, d	☺
5	**unter Beachtung der Rechenregeln mit und ohne Klammern addieren und subtrahieren.**				**Nachlesen** Schülerbuch: S. 64 Merke und Beispiele **Üben** Arbeitsheft: S. 18 Nr. 1, 2 links Schülerbuch: S. 64 Alles klar?; S. 78 Nr. 5 links	☺
6	**den Wert eines Terms mit Variablen bestimmen und Terme Sachzusammenhängen zuordnen.**				**Nachlesen** Schülerbuch: S. 67 Merke und Beispiele **Üben** Arbeitsheft: S. 19 Nr. 1, 2, 3 links, 4 links Schülerbuch: S. 66 Alles klar?	☺
7	**die Rechengesetze zum vorteilhaften Rechnen nutzen.**				**Nachlesen** Schülerbuch: S. 69 Merke und Beispiele **Üben** Arbeitsheft: S. 20 Nr. 1, 2 Schülerbuch: S. 69/70 Alles klar?; S. 78 Nr. 4 links, 3 rechts	☺

Schätze ein, wie gut du die Basisaufgaben auf Seite 31 bearbeitet hast.
Eine Anleitung für das Arbeiten mit dieser Tabelle findest du auf Seite 2 im Aufgabenteil.

Selbsteinschätzen und Weiterlernen

	Ich kann …	gut	etwas	nicht gut	Nachlesen und üben	
1	Zahlen im Kopf multiplizieren und dividieren.	▫	▫	▫	**Nachlesen** Schülerbuch: S. 82 Merke und Beispiele **Üben** Arbeitsheft: S. 23 Nr. 1, 2 Schülerbuch: S. 82 Alles klar?; S. 85 Alles klar? A; S. 93 Alles klar? A; S. 112 Nr. 1–3	☺
2	Zahlen schriftlich multiplizieren.	▫	▫	▫	**Nachlesen** Schülerbuch: S. 84 Merke und Beispiele **Üben** Arbeitsheft: S. 24 Nr. 1 Schülerbuch: S. 85 Alles klar? B; S. 112 Nr. 1–3	☺
3	Rechenvorteile bei der Multiplikation von Zahlen nutzen.	▫	▫	▫	**Nachlesen** Schülerbuch: S. 87 Merke und Beispiele **Üben** Arbeitsheft: S. 25 Nr. 1, 2 links und rechts Schülerbuch: S. 88 Alles klar?; S. 112 Nr. 4	☺
4	Potenzen berechnen.	▫	▫	▫	**Nachlesen** Schülerbuch: S. 90 Merke und Beispiele **Üben** Arbeitsheft: S. 26 Nr. 1, 2 links Schülerbuch: S. 90 Alles klar?; S. 112 Nr. 7 links	☺
5	schriftlich dividieren.	▫	▫	▫	**Nachlesen** Schülerbuch: S. 92 Merke und Beispiele **Üben** Arbeitsheft: S. 27 Nr. 1, 2 Schülerbuch: S. 93 Alles klar? B; S. 112 Nr. 2, 3	☺
6	die Rechenregeln „Klammer zuerst“ und „Punktrechnung vor Strichrechnung“ beachten.	▫	▫	▫	**Nachlesen** Schülerbuch: S. 96 Merke und Beispiele **Üben** Arbeitsheft: S. 28 Nr. 1, 2, 3 links, 4 links Schülerbuch: S. 97 Alles klar?	☺
7	das Verteilungsgesetz zum Ausmultiplizieren oder zum Ausklammern benutzen.	▫	▫	▫	**Nachlesen** Schülerbuch: S. 101 Merke und Beispiele **Üben** Arbeitsheft: S. 29 Nr. 1–3, 4 links Schülerbuch: S. 102 Alles klar?	☺

Schätze ein, wie gut du die Basisaufgaben auf Seite 41 bearbeitet hast.
Eine Anleitung für das Arbeiten mit dieser Tabelle findest du auf Seite 2 im Aufgabenteil.

Selbsteinschätzen und Weiterlernen

	Ich kann …	gut	etwas	nicht gut	Nachlesen und Üben
1	Strecken, Halbgeraden und Geraden voneinander unterscheiden, zeichnen und benennen.				**Nachlesen** Schülerbuch: S. 116 Merke und Beispiele **Üben** Arbeitsheft: S. 33 Nr. 1–3 Schülerbuch: S. 117 Alles klar?
2	zueinander senkrechte Geraden oder Strecken zeichnen.				**Nachlesen** Schülerbuch: S. 118 Merke und Beispiel **Üben** Arbeitsheft: S. 34 Nr. 1, 2, 4 links Schülerbuch: S. 119 Alles klar?
3	zueinander parallele Geraden oder Strecken zeichnen.				**Nachlesen** Schülerbuch: S. 120 Merke und Beispiel **Üben** Arbeitsheft: S. 35 Nr. 1, 3, 4 Schülerbuch: S. 121 Alles klar?
4	Abstände von Punkten zu Geraden bestimmen.				**Nachlesen** Schülerbuch: S. 125 Merke und Beispiel a **Üben** Arbeitsheft: S. 37 Nr. 1, 3 links Schülerbuch: S. 126 Alles klar?
5	Achsen- und punktsymmetrische Figuren erkennen sowie Figuren zu achsen- und punktsymmetrischen Figuren ergänzen.				**Nachlesen** Schülerbuch: S. 127 Merke und Beispiele **Üben** Arbeitsheft: S. 38 Nr. 1–3 Schülerbuch: S. 128 Alles klar?
6a	Punkte im Koordinatensystem eintragen und ablesen.				**Nachlesen** Schülerbuch: S. 122 Merke und Beispiele **Üben** Arbeitsheft: S. 36 Nr. 1, 2 Schülerbuch: S. 123 Alles klar?; S. 144 Nr. 1
6b,c	Rechtecke, Quadrate, Rauten und Parallelogramme erkennen, benennen, unterscheiden und zeichnen.				**Nachlesen** Schülerbuch: S. 130 Merke und Beispiel; S. 132 Merke und Beispiel **Üben** Arbeitsheft: S. 39 Nr. 1–4, 5 links; S. 40 Nr. 1, 2, 3 links Schülerbuch: S. 131 Alles klar?; S. 144 Nr. 2; S. 133 Alles klar?

Schätze ein, wie gut du die Basisaufgaben auf Seite 50 bearbeitet hast.
Eine Anleitung für das Arbeiten mit dieser Tabelle findest du auf Seite 2 im Aufgabenteil.

Selbsteinschätzen und Weiterlernen

Ich kann …	gut	etwas	nicht gut	Nachlesen und üben
1 Größen oder Anzahlen schätzen.				**Nachlesen** Schülerbuch: S. 148 Merke und Beispiel **Üben** Arbeitsheft: S. 43 Nr. 1, 2 Schülerbuch: S. 149 Alles klar?
2 Geldeinheiten umrechnen.				**Nachlesen** Schülerbuch: S. 150 Beispiel a **Üben** Arbeitsheft: S. 44 Nr. 1, 3 links Schülerbuch: S. 151 Alles klar? A
3 Zeiteinheiten umrechnen.				**Nachlesen** Schülerbuch: S. 153 Beispiel c **Üben** Arbeitsheft: S. 45 Nr. 1, 2 links Schülerbuch: S. 154 Alles klar? A
4 Masseeinheiten umrechnen.				**Nachlesen** Schülerbuch: S. 157 Beispiel a **Üben** Arbeitsheft: S. 46 Nr. 1, 2 Schülerbuch: S. 158 Alles klar? A
5 Längeneinheiten umrechnen.				**Nachlesen** Schülerbuch: S. 160 Beispiel a **Üben** Arbeitsheft: S. 47 Nr. 1–3 Schülerbuch: S. 161 Alles klar? A
6 mit Geld, Zeit, Masse und Längen rechnen.				**Nachlesen** Schülerbuch: S. 150 Merke und Beispiel b; S. 153 Merke und Beispiel c; S. 157, 160 Merke und Beispiele b, c **Üben** Arbeitsheft: S. 44 Nr. 2, 3 Schülerbuch: S. 151 Alles klar? B; S. 158 Alles klar? B; S. 161 Alles klar? B; S. 176 Nr. 2
7 mit Maßstabsangaben umgehen.				**Nachlesen** Schülerbuch: S. 163 Merke und Beispiele **Üben** Arbeitsheft: S. 48 Nr. 1–3 Schülerbuch: S. 164 Alles klar?
8 Sachaufgaben mit Größen lösen.				**Nachlesen** Schülerbuch: S. 166 Merke und Beispiel **Üben** Schülerbuch: S. 167 Alles klar?; S. 176 Nr. 3

Schätze ein, wie gut du die Basisaufgaben auf Seite 57 bearbeitet hast.
Eine Anleitung für das Arbeiten mit dieser Tabelle findest du auf Seite 2 im Aufgabenteil.

Selbsteinschätzen und Weiterlernen

Ich kann …		gut	etwas	nicht gut	Nachlesen und üben	
1	den Flächeninhalt in Kästchen angeben.				**Nachlesen** Schülerbuch: S. 180 Merke und Beispiel **Üben** Arbeitsheft: S. 52 Nr. 1 Schülerbuch: S. 180 Alles klar?; S. 200 Nr. 1	☺
2	Flächeneinheiten umrechnen.				**Nachlesen** Schülerbuch: S. 182 Merke und Beispiele **Üben** Arbeitsheft: S. 53 Nr. 1, 2 Schülerbuch: S. 183 Alles klar?; S. 200 Nr. 2, 3, 5 links	☺
3	den Flächeninhalt und den Umfang von Rechtecken berechnen.				**Nachlesen** Schülerbuch: S. 186 Merke und Beispiel **Üben** Arbeitsheft: S. 54 Nr. 1, 2 links Schülerbuch: S. 187 Alles klar?; S. 200 Nr. 4	☺
4	den Flächeninhalt und den Umfang rechtwinkliger Dreiecke berechnen.				**Nachlesen** Schülerbuch: S. 190 Beispiele **Üben** Arbeitsheft: S. 55 Nr. 1, 2 links Schülerbuch: S. 191 Alles klar? A, B	☺
5	den Flächeninhalt und den Umfang zusammengesetzter Figuren durch Zerlegen und durch Ergänzen berechnen.				**Nachlesen** Schülerbuch: S. 192 Beispiele **Üben** Arbeitsheft: S. 56 Nr. 1 Schülerbuch: S. 193 Alles klar? A, B	☺

Schätze ein, wie gut du die Basisaufgaben auf Seite 63 bearbeitet hast.
Eine Anleitung für das Arbeiten mit dieser Tabelle findest du auf Seite 2 im Aufgabenteil.

Selbsteinschätzen und Weiterlernen

Ich kann ...		gut	etwas	nicht gut	Nachlesen und üben
1, 2	Bruchteile erkennen und notieren.	☐	☐	☐	**Nachlesen** Schülerbuch: S. 204 Merke und Beispiele **Üben** Arbeitsheft: S. 59 Nr. 1–3 Schülerbuch: S. 205 Alles klar? A; S. 218 Nr. 1 ☺
3	Bruchteile in vorgegebenen Figuren darstellen.	☐	☐	☐	**Nachlesen** Schülerbuch: S. 204 Merke **Üben** Arbeitsheft: S. 59 Nr. 4 links Schülerbuch: S. 205 Alles klar? B; S. 218 Nr. 2 ☺
4	Bruchteile von Größen berechnen.	☐	☐	☐	**Nachlesen** Schülerbuch: S. 208 Merke und Beispiel **Üben** Arbeitsheft: S. 61 Nr. 1, 2 Schülerbuch: S. 209 Alles klar?; S. 218 Nr. 3 ☺
5	Dezimalzahlen in der Stellenwerttafel, in der Kommaschreibweise und als Summe von Bruchteilen darstellen.	☐	☐	☐	**Nachlesen** Schülerbuch: S. 210 Merke und Beispiel **Üben** Arbeitsheft: S. 62 Nr. 1, 3 links Schülerbuch: S. 211 Alles klar? ☺
6	Maßangaben in verschiedenen Darstellungsformen angeben.	☐	☐	☐	**Nachlesen** Schülerbuch: S. 208 Merke und Beispiel **Üben** Arbeitsheft: S. 61 Nr. 3 links Schülerbuch: S. 209 Alles klar? B; S. 218 Nr. 3, 4 ☺

Quellennachweis

Arnold & Domnick GbR, Leipzig, **5.2**; Avenue Images GmbH, Hamburg (Photo Disc), **43.9**; Druckmedienzentrum Gotha GmbH, Gotha, **4.30; 22.1; 27.1; 44.2; 45.1; 45.2; 45.3; 45.4; 45.5; 45.6; 45.7; 47.2; 51.1; 63.1; 63.2; 63.3; 63.4; 63.5; 63.6; 63.7; 63.8; 64.2**; Elena Odareeva/ iStock, **11.2**; Ernst Klett Verlag GmbH, Stuttgart, **43.4; 61.1**; Fotosearch Stock Photography, Waukesha, WI (Digital Vision), **48.3**; Getty Images Plus, München (annie_zhak), **17.2**; Getty Images Plus, München (chendongshan), **5.4**; Getty Images Plus, München (E+/Knaupe), **43.6**; Getty Images Plus, München (Faabi), **50.3**; Getty Images Plus, München (iStock/Manakin), **43.3**; Getty Images Plus, München (iStock/sasapanchenko), **43.10**; Getty Images Plus, München (kodachrome25), **6.3**; Getty Images Plus, München (kruwt), **30.1**; Getty Images Plus, München (Kung_Mangkorn), **24.2**; Getty Images Plus, München (mwennerwald), **13.5**; Getty Images Plus, München (seb_ra), **4.28**; Getty Images Plus, München (Vasil_Onyskiv), **50.4**; Hungreder, Rudolf, Leinfelden-Echterdingen, **4.2; 4.4; 4.15; 4.17; 6.1; 7.6; 7.7; 8.11; 11.1; 11.3; 11.5; 11.6; 11.7; 12.1; 12.2; 14.1; 14.2; 14.3; 16.1; 17.1; 19.1; 19.2; 19.3; 19.5; 19.6; 20.1; 20.2; 20.3; 20.4; 25.1; 25.2; 44.3; 44.4; 48.1; 48.2; 54.2; 59.1; 60.15; 60.16; 63.9; 64.3**; imprint, Zusmarshausen, **4.1; 5.7; 5.8; 6.2; 6.4; 7.1; 7.2; 7.3; 7.4; 8.6; 8.8; 8.9; 8.10; 10.3; 13.4; 15.1; 15.2; 15.3; 24.1; 26.1; 27.2; 31.1; 32.2; 33.1; 33.2; 33.3; 33.4; 33.5; 33.6; 34.2; 34.7; 35.5; 35.6; 35.7; 35.8; 36.4; 39.10; 39.11; 40.6; 41.1; 41.2; 41.3; 41.4; 41.8; 42.3; 44.1; 47.1; 52.3; 53.1; 54.1; 54.5; 55.1; 55.2; 55.3; 55.4; 55.5; 55.6; 56.7; 57.2; 57.3; 57.4; 57.5; 58.1; 60.1; 60.2; 60.3; 60.4; 60.17; 60.18; 60.19; 60.20; 61.2; 62.1; 63.10; 63.11; 63.12; 63.13; 63.14; 63.15; 63.16; 63.17; 64.1; 64.4; 64.5**; Ingram Publishing, Tattenhall Chester, **48.4**; Liese, Annette, Dortmund, **10.1; 10.2; 10.4; 10.5; 10.6**; Media Office GmbH, Kornwestheim, **4.27; 4.29; 4.31; 5.1; 5.3; 5.5; 5.6; 8.1; 8.2; 8.3; 8.4; 8.5; 8.7; 10.7; 13.1; 13.2; 13.3; 32.1; 34.1; 34.3; 34.4; 34.5; 34.6; 35.1; 35.2; 35.3; 35.4; 35.9; 35.10; 36.1; 36.2; 36.3; 36.5; 37.1; 37.2; 37.3; 37.4; 37.5; 37.6; 37.7; 38.1; 38.2; 38.3; 38.4; 38.5; 38.6; 38.7; 39.1; 39.2; 39.3; 39.4; 39.5; 39.6; 39.7; 39.8; 39.9; 39.12; 39.13; 40.1; 40.2; 40.3; 40.4; 40.5; 40.7; 40.8; 40.9; 41.7; 42.1; 42.2; 42.4; 52.1; 52.2; 52.4; 52.6; 54.3; 54.4; 56.1; 56.2; 56.3; 56.4; 56.5; 56.6; 57.1; 58.2; 59.2; 59.3; 59.4; 59.5; 59.6; 59.7; 59.8; 59.9; 59.10; 59.11; 59.12; 59.13; 59.14; 59.15; 59.16; 59.17; 59.18; 59.19; 59.20; 59.21; 60.5; 60.6; 60.7; 60.8; 60.9; 60.10; 60.11; 60.12; 60.13; 60.14**; MEV Verlag GmbH, Augsburg (Dagner Gerhart), **41.5**; ShutterStock.com RF, New York (Lutsenko_Oleksandr), **43.1**; ShutterStock.com RF, New York (Nadezda Murmakova), **43.2**; ShutterStock.com RF, New York (Nitr), **43.5**; ShutterStock.com RF, New York (Olga Prava), **50.6**; ShutterStock.com RF, New York (Pixel-Shot), **22.2**; ShutterStock.com RF, New York (Subbotina Anna), **50.5**; stock.adobe.com, Dublin (bqmeng), **50.2**; stock.adobe.com, Dublin (ChriSes), **43.7**; stock.adobe.com, Dublin (Frank Wagner), **50.1**; stock.adobe.com, Dublin (Halfpoint), **50.7**; Thinkstock, München (iStockphoto), **41.6**; Getty Images Plus, München (The Image Bank/Ben Welsh), **Covermotiv**; 123rf Germany, c/o Inmagine GmbH, Nidderau (Nico Smit), **43.8**;

Die Reihenfolge und Nummerierung der Bild- und Textquellen im Quellennachweis erfolgt automatisch und entspricht u. U. nicht der Nummerierung der Bild- und Textquellen im Werk. Die automatische Vergabe der Positionsnummern erfolgt in der Regel von links oben nach rechts unten, ausgehend von der linken oberen Ecke der Abbildung.

Beilage zum Arbeitsheft

Schnittpunkt^{5}, Mathematik – Differenzierende Ausgabe, Niedersachsen

ISBN: 978-3-12-745455-0

www.klett.de

Satz: imprint, Zusmarshausen

1 Ordne die Linien den Begriffen zu.

a) Strecke: ______________________

b) Gerade: ______________________

c) Halbgerade: ______________________

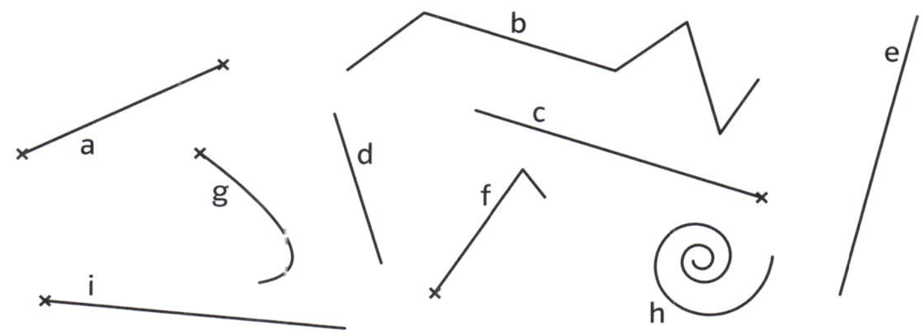

2 Hier sind Strecken gezeichnet. Markiere und benenne Anfangspunkt und Endpunkt.

a) Die Strecke a verbindet die Punkte A und B und ist 4 cm lang.

b) Die Strecke c = $\overline{CD}$ ist 5,5 cm lang.

c) Die Strecke d = $\overline{EF}$ ist 2 cm lang.

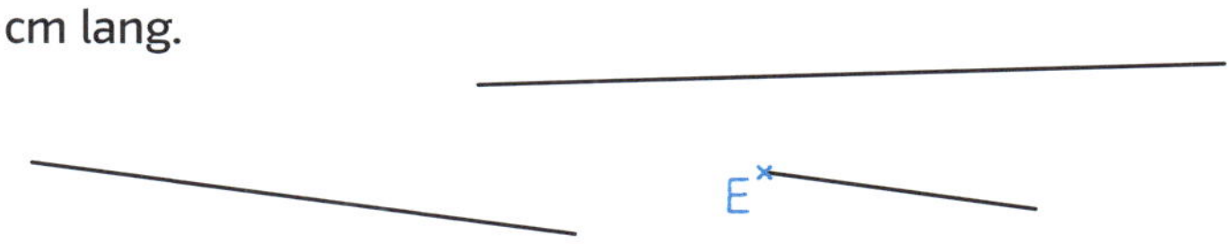

3 Zeichne folgende Strecken, die sich nicht schneiden dürfen. $\overline{AB}$ = 3 cm; $\overline{CD}$ = 48 mm; $\overline{EF}$ = 2,5 cm; $\overline{GH}$ = 16 cm

4 Benenne die entsprechenden Strecken.

a) kürzeste Strecke: ______________________

b) längste Strecke: ______________________

c) gleich lang sind: __________ und __________

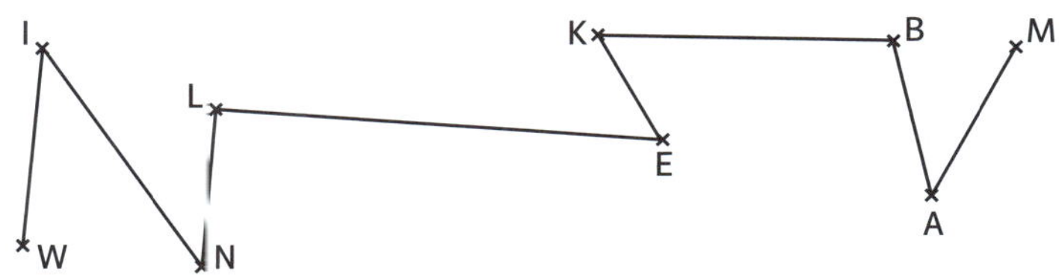

5 a) Verbinde die Punkte in folgender Reihenfolge: A mit B; B mit C; C mit D und D mit A; E mit F; F mit G und G mit E.

b) Miss die Längen der Strecken. $\overline{AB}$ = ________

$\overline{BC}$ = ________; $\overline{CD}$ = ________; $\overline{DA}$ = ________

$\overline{EF}$ = ________; $\overline{FG}$ = ________; $\overline{GE}$ = ________

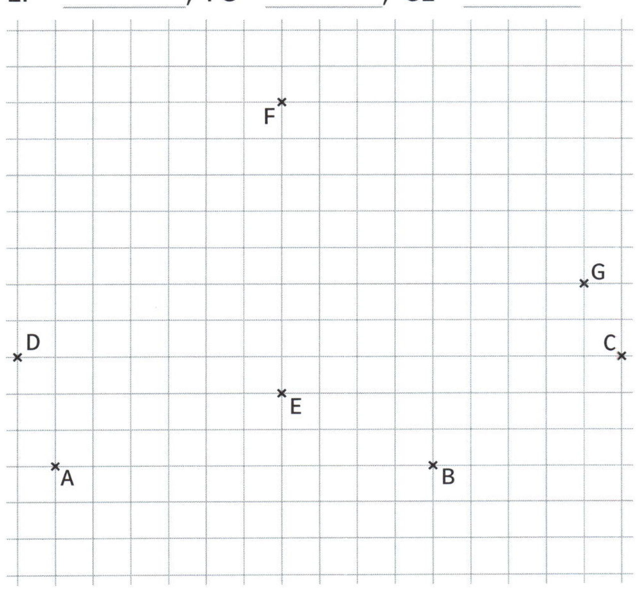

5 a) Zeichne zwei Geraden so ein, dass alle Punkte erfasst werden. In welchem Punkt schneiden sich die beiden Geraden? ________

b) Miss die Längen der Strecken.

$\overline{AB}$ = ________; $\overline{BC}$ = ________; $\overline{AC}$ = ________

$\overline{ED}$ = ________; $\overline{DC}$ = ________; $\overline{EC}$ = ________

c) Zeichne die Gerade durch B und D und die Gerade durch E und A ein. Nenne den Schnittpunkt F.

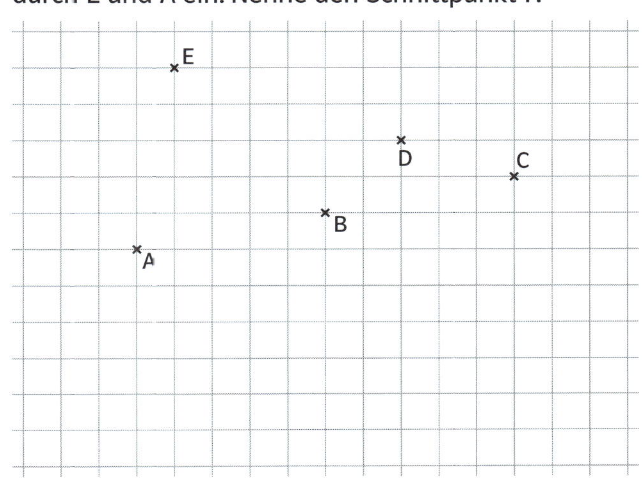

○ **1** Finde alle Geraden, die zueinander senkrecht stehen. Markiere mit ⊾. Die zugehörigen Buchstaben ergeben ein Lösungswort: ____________________

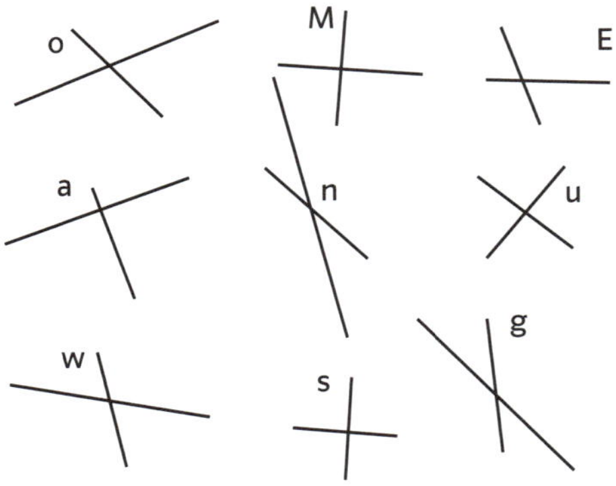

○ **2** Zeichne mit dem Geodreieck durch jeden der Punkte U; W und E eine Senkrechte zur Geraden g.

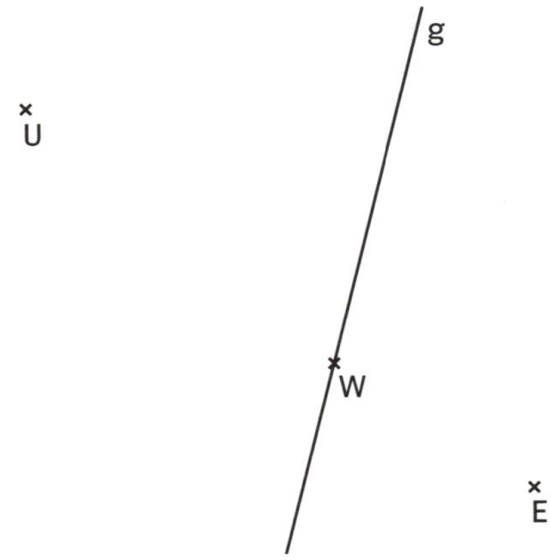

○ **3** Welche Seiten der Figuren stehen zueinander senkrecht? Markiere in den Figuren alle rechten Winkel.

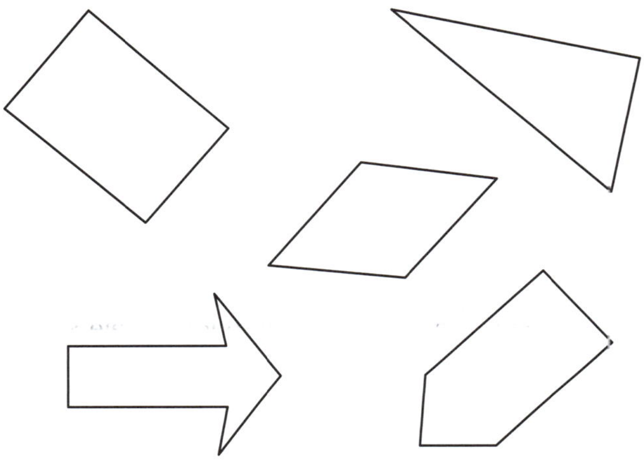

◒ **4** a) Zeichne die Senkrechte a zu g durch den Punkt P und die Senkrechte e zu g durch den Punkt R.

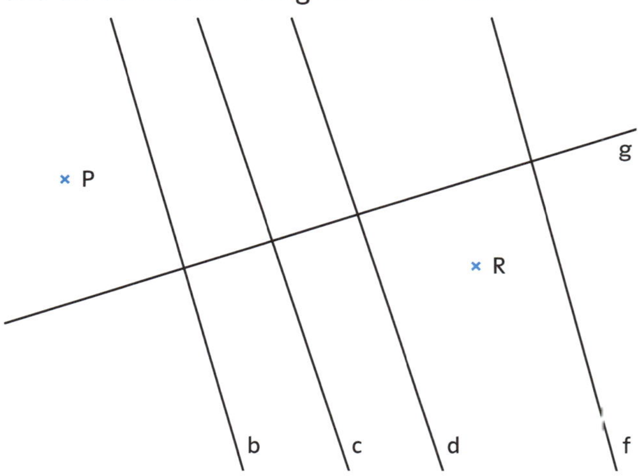

b) **Prüfe**, welche der Geraden senkrecht zur Geraden g sind. Notiere mit dem Zeichen ⊥.

a ⊥ g; ____________________

○ **3** Zeichne zu jeder Geraden die Senkrechte durch den Punkt P.

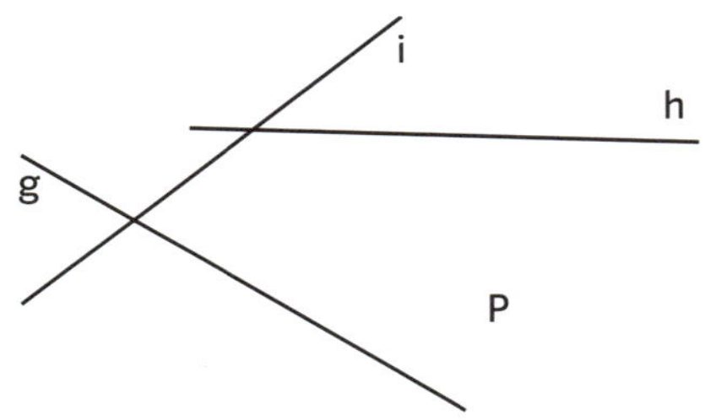

◒ **4** Markiere auf beiden Geraden Punkte im Abstand von 1 cm. Zeichne durch jeden Punkt eine zu g bzw. zu h senkrechte Gerade.

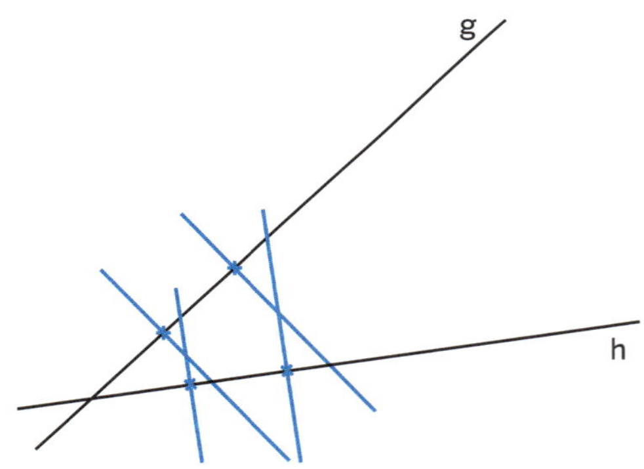

● **5** Zeichne drei weitere Geraden b, c und d, für die gilt: d ⊥ c; b ⊥ a; d ⊥ a.

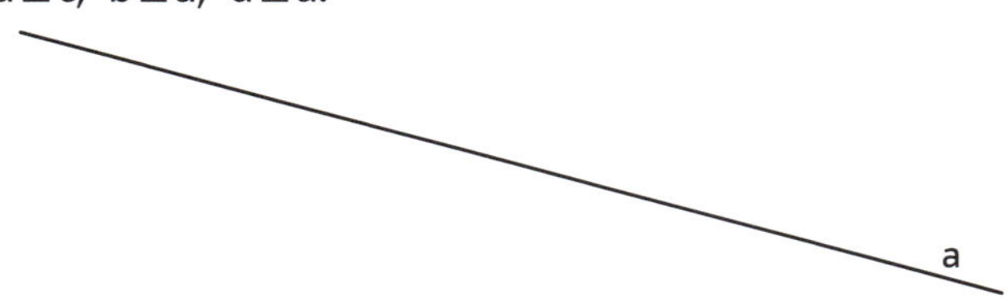

○ **1** a) Male alle Stäbchen, die zum blau-weiß gestreiften Stab parallel liegen, an.
b) Zeichne zwei weitere Stäbe hinzu, einen parallel zum blau-weiß gestreiften Stab, einen weiteren parallel zum blauen Stab.

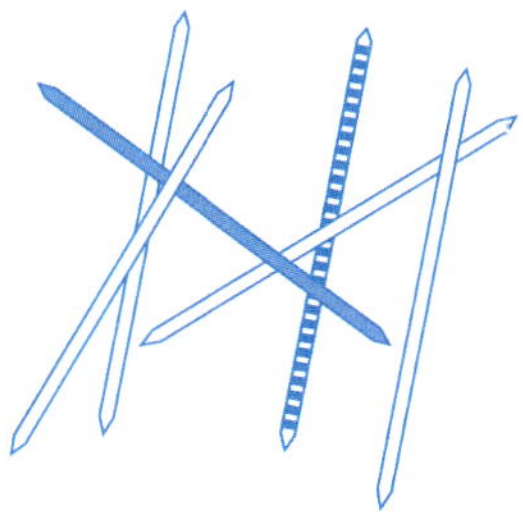

○ **2** Notiere alle zu a parallelen Geraden.

Zu a parallel: ______________________

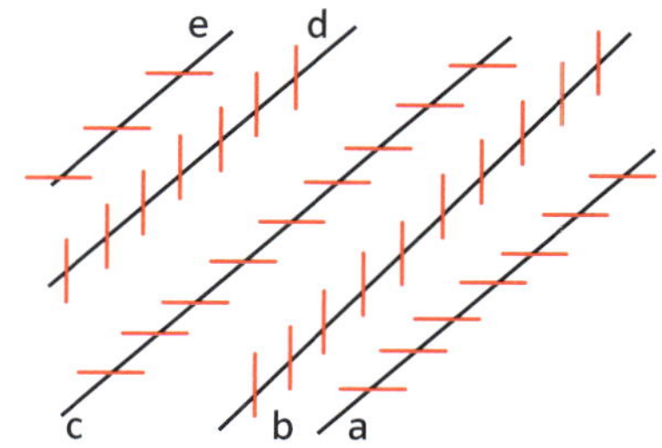

○ **3** Zeichne durch den Punkt A die Gerade i, die parallel zu g verläuft.

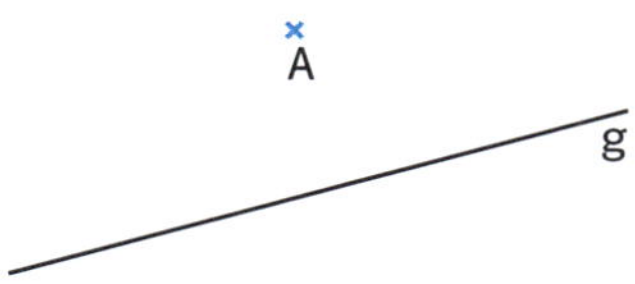

○ **4** Die Geraden durch die Punkte A und D sowie durch G und J sind parallel zu h. Zeichne sie.

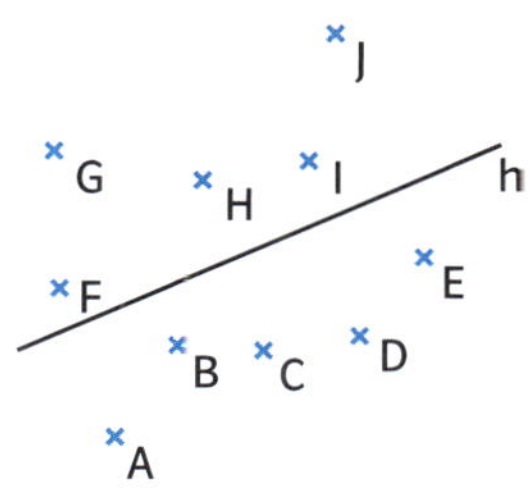

○ **5** **Prüfe**, welche Geraden zur Geraden g parallel sind und markiere sie.

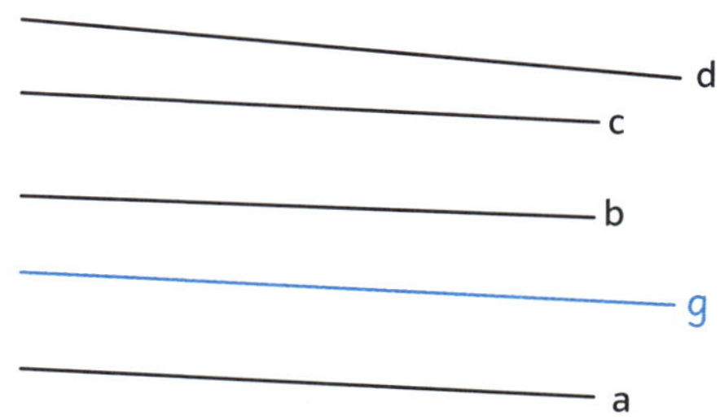

◒ **6** **Überprüfe** mit dem Geodreieck, welche Seiten der Figuren parallel zueinander sind.
a) Markiere parallele Seiten in der gleichen Farbe.

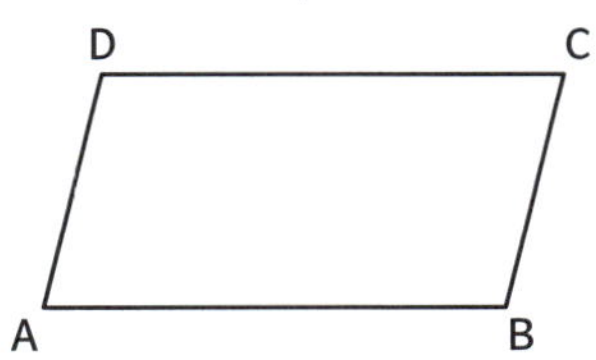

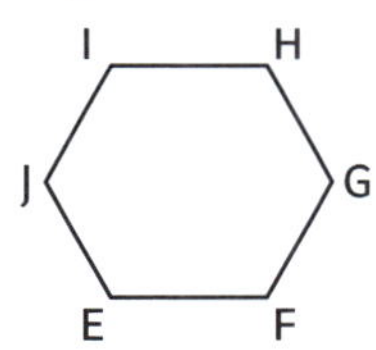

b) Notiere alle zueinander parallelen Seiten.

$\overline{AB}$ || ______________________

____

____

◒ **7** Zeichne zu jeder Geraden die Parallele durch den Punkt P.

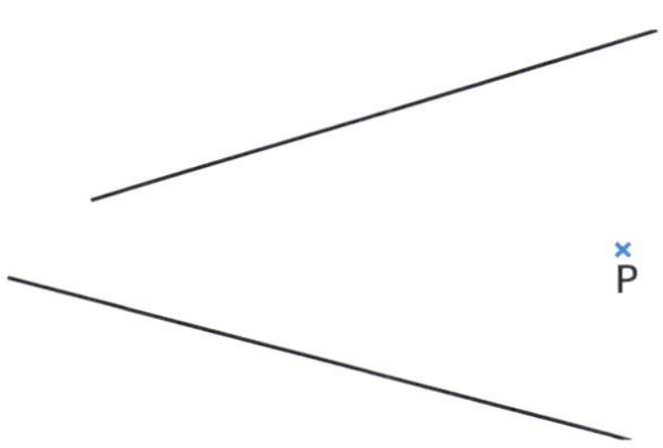

◒ **6** a) Verbinde die Punkte E bis H und I bis L zu Vierecken.
b) Markiere in der Gesamtfigur parallele Seiten farbig.

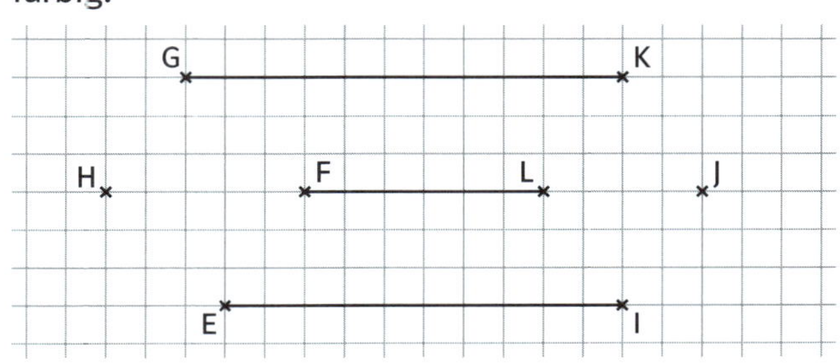

● **7** Kreuze alle wahren Aussagen an.
Begründe mit einer Skizze.

a) ☐ Wenn g || h und h || k, dann auch g || k.

b) ☐ Wenn g ⊥ h und h ⊥ k, dann auch g ⊥ k.

c) ☐ Wenn g || h und h ⊥ k, dann g ⊥ k.

zu a) zu b) zu c)

○ **1** Zeichne folgende Punkte im Koordinatensystem ein und verbinde sie in der angegebenen Reihenfolge. Es entsteht ein Lösungswort.

a) (3 | 5); (1 | 5); (1 | 1); (3 | 1); (3 | 3); (2 | 3)
b) (4 | 1); (4 | 5)
c) (6 | 1); (6 | 5) und (5 | 5); (7 | 5)
d) (9 | 1); (9 | 5) und (8 | 5); (10 | 5)
e) (13 | 1); (11 | 1); (11 | 5); (13 | 5) und (11 | 3); (13 | 3)
f) (14 | 1); (14 | 5); (16 | 5); (16 | 3); (14 | 3); (16 | 1)

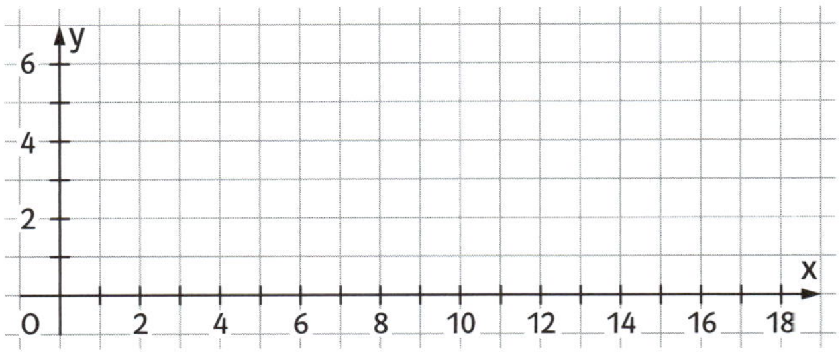

Lösungswort: ___ ___ ___ ___ ___ ___

○ **2** a) Gib die Koordinaten der Punkte an.

A(|); B(|); C(|);
D(|); E(|); F(|);
G(|); H(|); I(|)

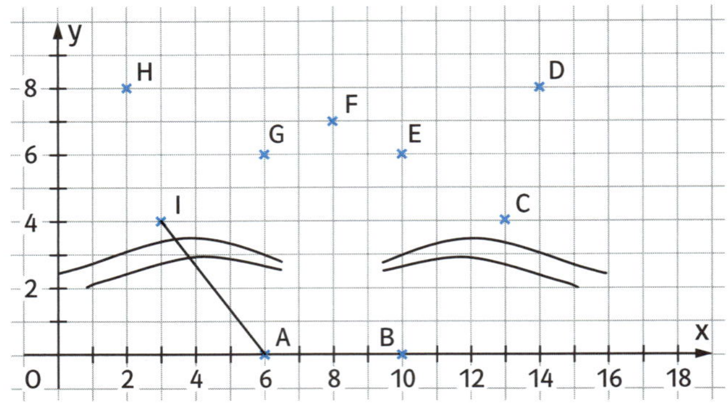

b) Verbinde nun die Punkte alphabetisch.
c) Zeichne die Punkte ein und verbinde passend.
J(8 | 2); K(7 | 3); L(9 | 3); M(9 | 4); N(11 | 4);
O(10 | 5); P(7 | 4); Q(5 | 4); R(6 | 5)

◒ **3** a) Zeichne das Schiff noch einmal. Alle Strecken des zweiten Schiffs sollen zu den entsprechenden Strecken des ersten Schiffs parallel sein.
b) Schreibe die Koordinaten der neuen Punkte auf.

A′(|); B′(|); C′(|);
D′(|); E′(|); F′(|);
G′(|); H′(|)

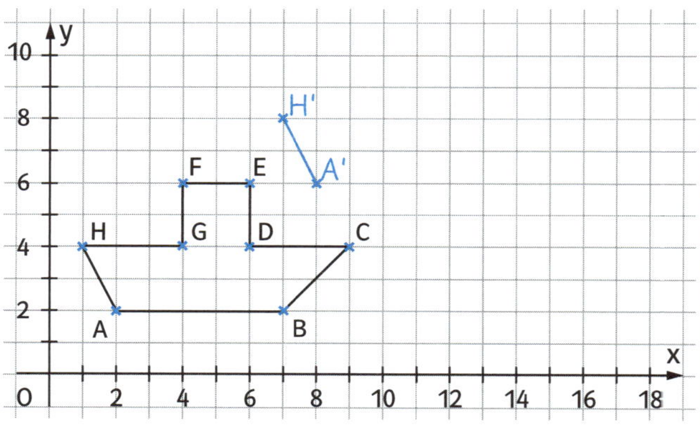

◒ **4** M(1 | 0) und P(4 | 5) sind gegeben.
a) Zeichne das passende Koordinatensystem ein.
b) Gib die Koordinaten der Punkte N und O an.

N(|);
O(|)

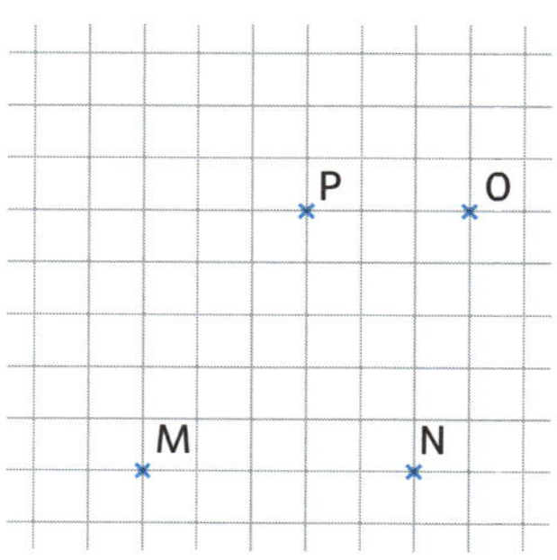

◒ **3** a) Zeichne die begonnene Figur fertig.
Die weiteren Punkte erhältst du wie im Beispiel:

2 Einheiten nach unten → B(4 | 1), von dort

6 Einheiten nach rechts → C(|), von dort
6 Einheiten nach oben;
2 Einheiten nach rechts → D(|), von dort
2 Einheiten nach unten;
7 Einheiten nach links → E(|), von dort
1 Einheit nach links;
2 Einheiten nach oben → F(|)

b) Notiere den Weg zu den Punkten G und H.

Von F zu G(|):

____

Von ______ zu H(|):

____

c) Verbinde die Punkte.

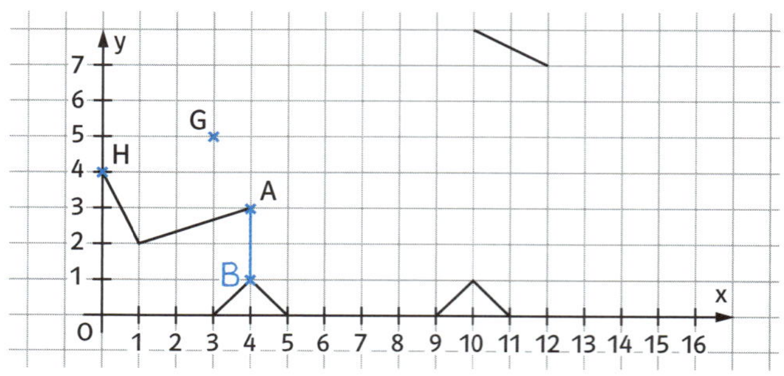

○ **1** a) Miss die Entfernungen der Punkte

von A und B: $\overline{AB}$ = ______ cm,

von A und D: $\overline{AD}$ = ______ cm,

von B und C: $\overline{BC}$ = ______ cm.

b) Zeichne mithilfe des Geodreiecks die Abstände der Punkte A; B und C zur Geraden g ein.

c) Welcher der Punkte A; B; C hat zu der Geraden g den Abstand 2,5 cm? ____________

d) Die beiden parallelen Geraden f und g haben einen Abstand von ______ cm.

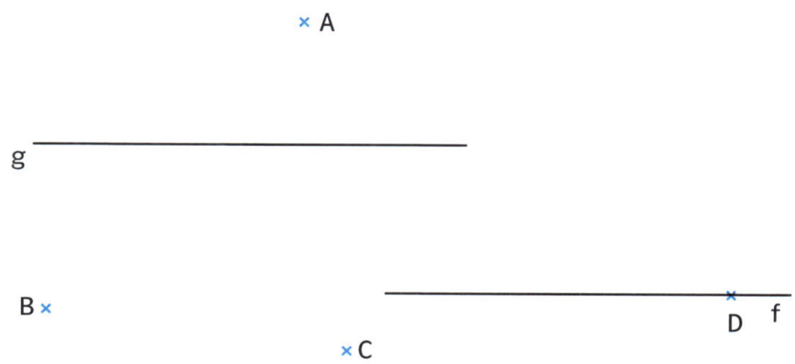

○ **2** Kreuze an, welche Abstände richtig eingezeichnet sind:

a) ☐ b) ☐ c) ☐

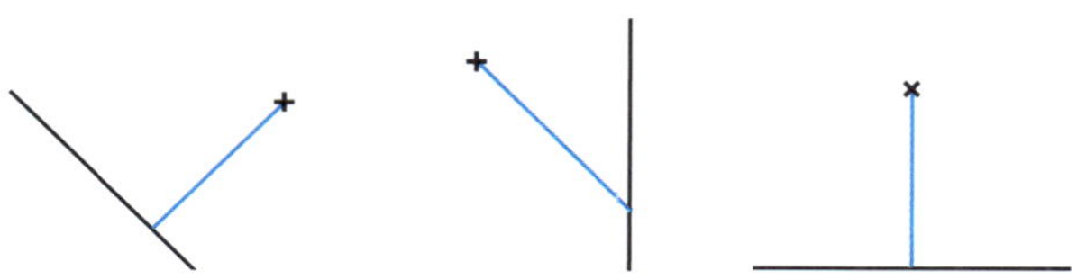

○ **3** Miss mithilfe des Geodreiecks die Abstände von den Punkten A; B; C; D und E zu der Geraden h.

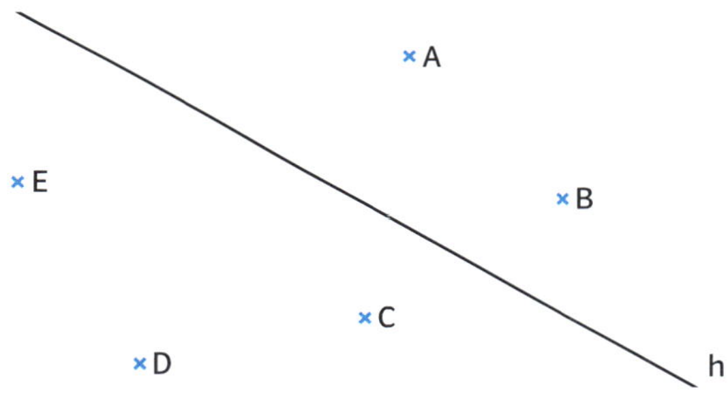

A zu h	B zu h	C zu h	D zu h	E zu h

◒ **4** **Bestimme** die Abstände vom Punkt P zu den Geraden a und b.

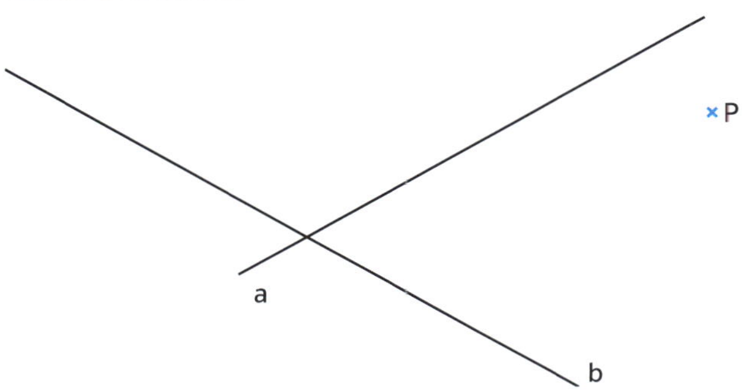

Abstand von P zu a	Abstand von P zu b

○ **2** **Bestimme** die Abstände der zueinander parallelen Geraden a, b und c.

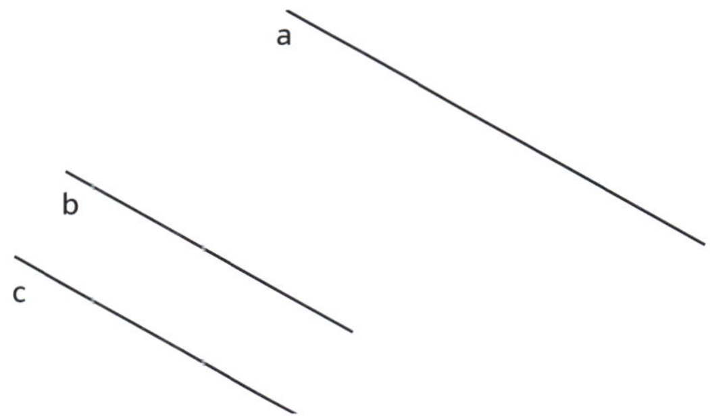

a von b	a von c	b von c

◒ **3** Suche die Gerade, zu der der Punkt R den Abstand 2 cm hat. Gerade ______

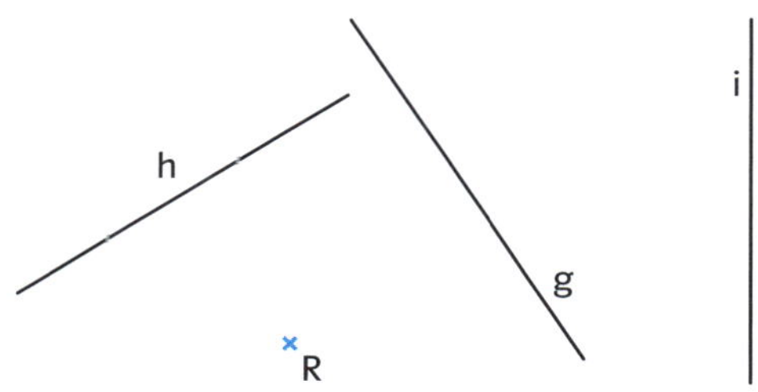

◒ **4** Zeichne eine Gerade g so, dass der Punkt A den Abstand 3,5 cm zu dieser Geraden hat.

○ **1** Zeichne alle Symmetrieachsen ein.

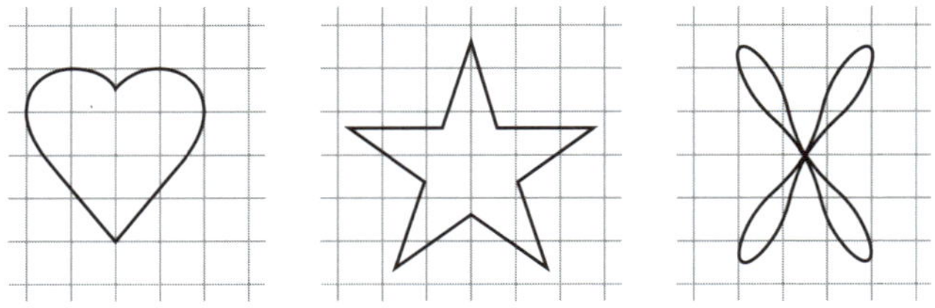

○ **2** Markiere das Symmetriezentrum.

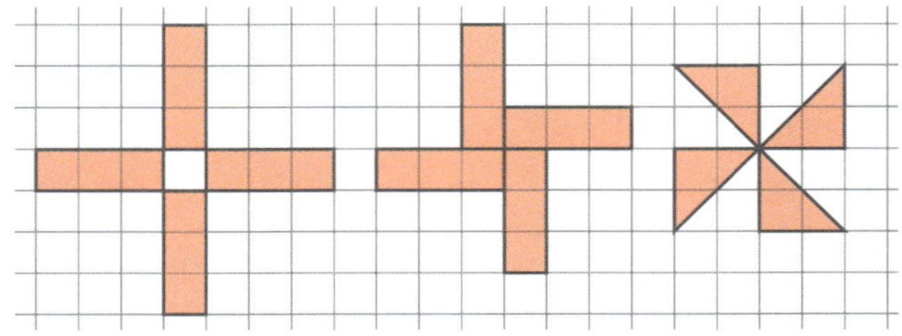

○ **3** Setze das Muster durch Spiegelung wie im Beispiel fort.

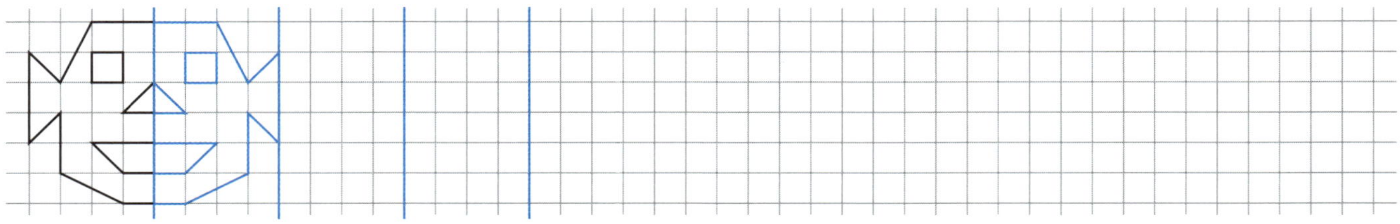

◒ **4** a) Spiegle den Pinguin an der Achse durch die Punkte P(9 | 3) und Q(9 | 6).
b) **Bestimme** die Koordinaten der Bildpunkte.

A′(|); B′(|); C′(|); D′(|)

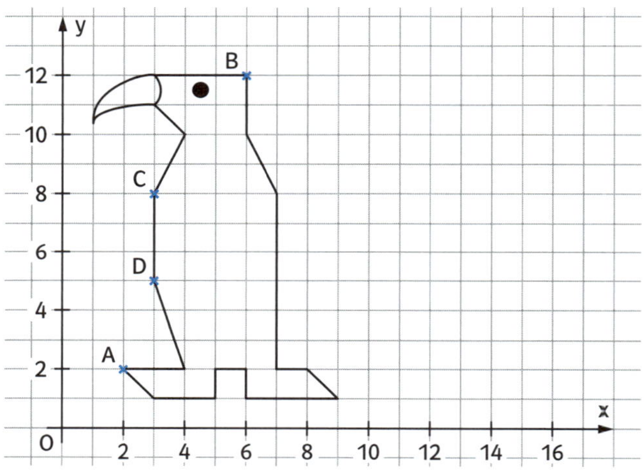

◒ **5** a) Welche Spielkarten sind achsensymmetrisch?

____

b) Welche Spielkarten sind punktsymmetrisch?

____

c) Welche Spielkarte ist beides? ______________________________

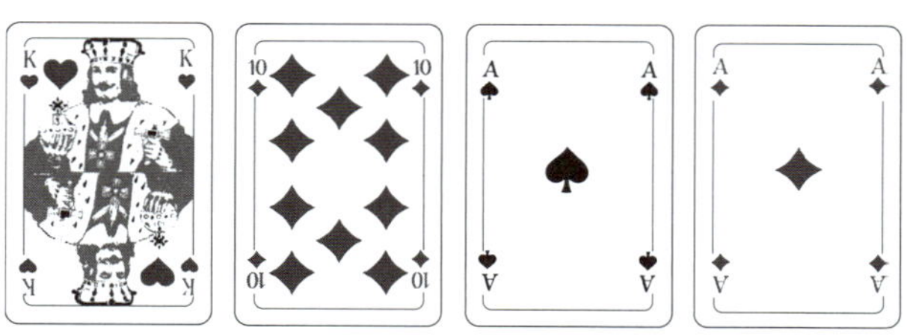

◒ **4** Hier sind beim Spiegeln einige **Fehler** unterlaufen. Verbessere die blauen Spiegelbilder.

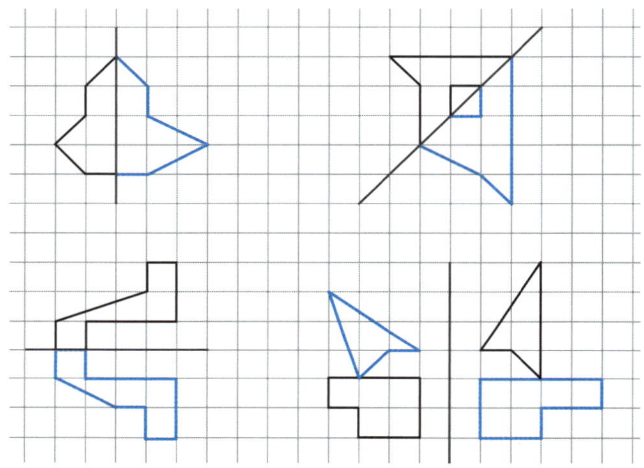

◒ **5** Ergänze zur punktsymmetrischen Figur.

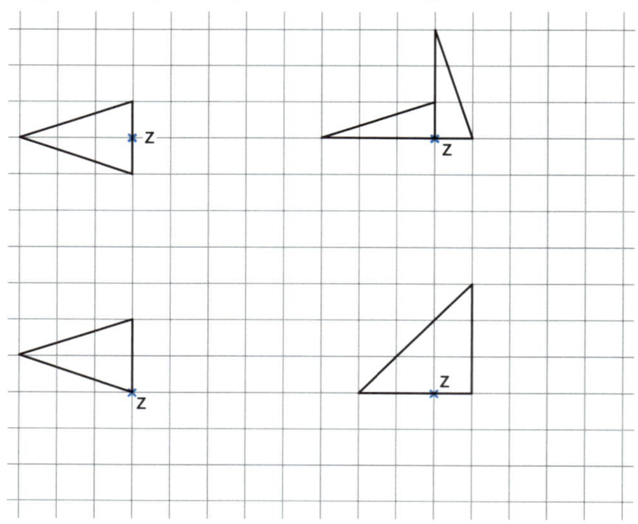

○ **1** Schraffiere in der Figur alle Rechtecke und male die Quadrate aus.

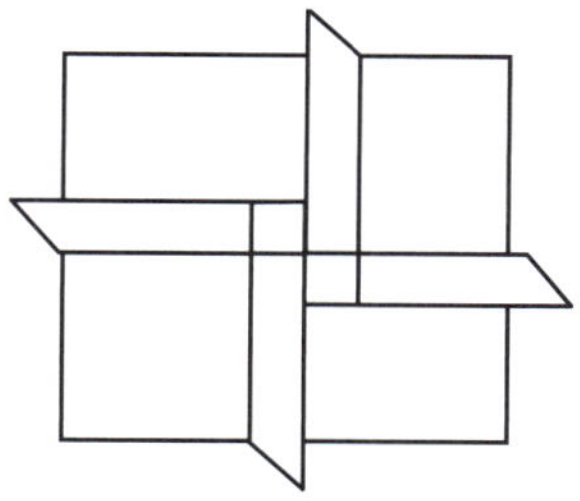

○ **2** Ergänze zum Quadrat.

a)

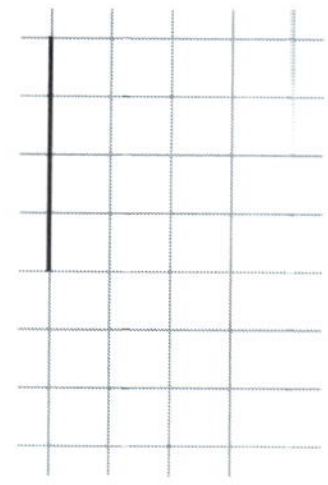

b)

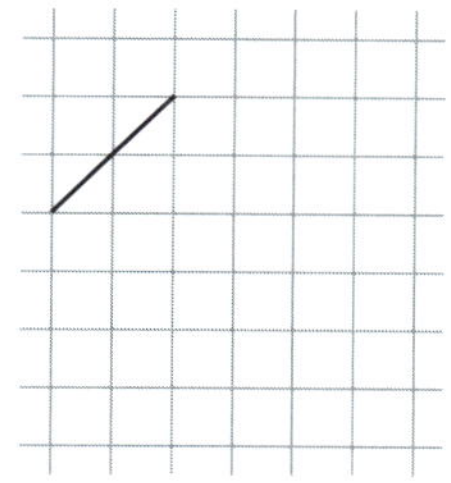

c)

○ **3** Ergänze zu einem Rechteck.

a)

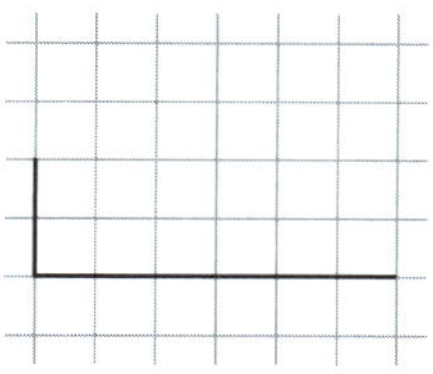

b)

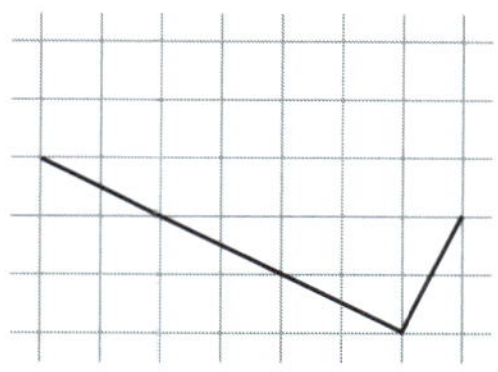

c)

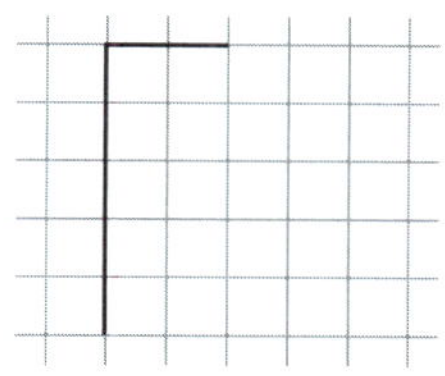

d)

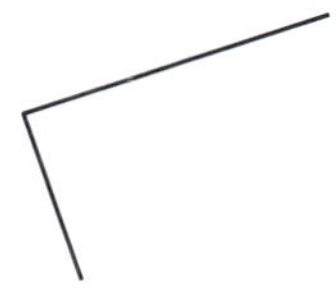

e)

○ **4** a) Lege um die Zeichnung und den Text einen Rechteckrahmen mit 18 cm und 6 cm Seitenlänge.
b) In der Punktwolke sind zwei Quadrate, eines mit 3 cm und eines mit 2,5 cm Seitenlänge, versteckt. Die Punkte sind dabei jeweils Eckpunkte der Figur.

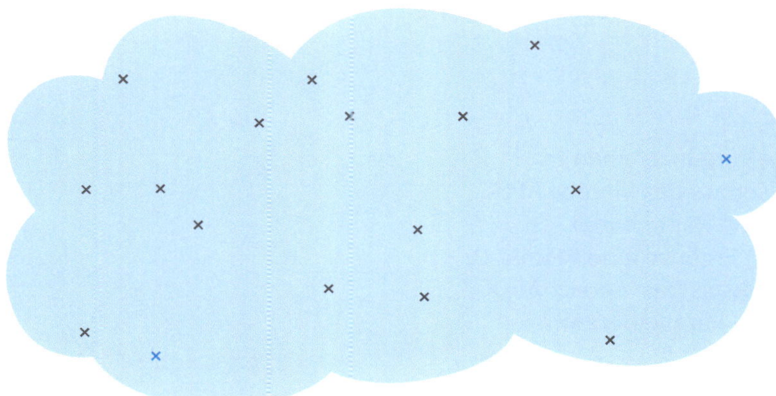

○ **5** Ergänze die Figur so, dass ein Quadrat oder ein Rechteck entsteht.
Du brauchst dazu nur dein Lineal.

a)

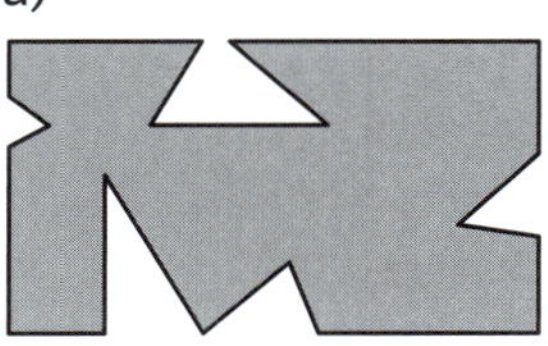

b)

◒ **5** Zeichne nach Anweisung: Figur 1: Gehe von Punkt A vier Kästchen (K) nach rechts – zwei K nach oben – vier K nach links – zwei K nach unten.
Figur 2: Ergänze zum Quadrat. Füge nun in E wieder Figur 1 an. Fahre so fort bis zum Rand.

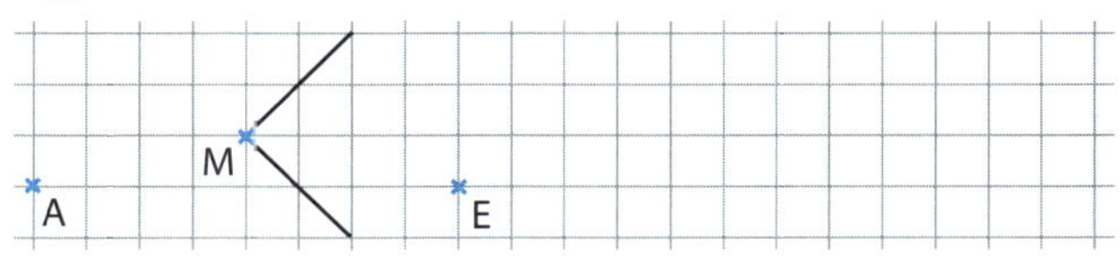

◒ **6** Zerlege die Figur in
a) fünf Rechtecke
b) zwei Quadrate und zwei Rechtecke.

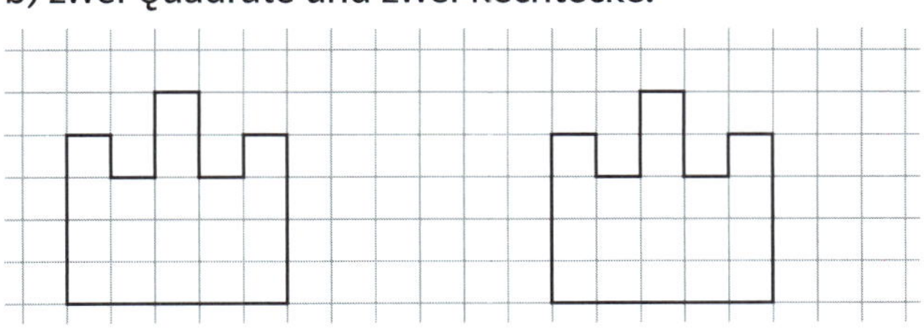

◒ **6** Zerlege die Figur in
a) vier Quadrate und ein Rechteck.
b) fünf Rechtecke und zwei Quadrate.

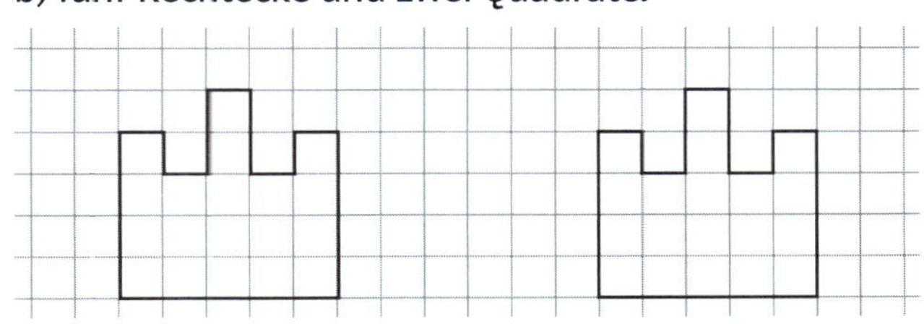

○ **1** Male alle Rauten aus und schraffiere alle übrigen Parallelogramme.

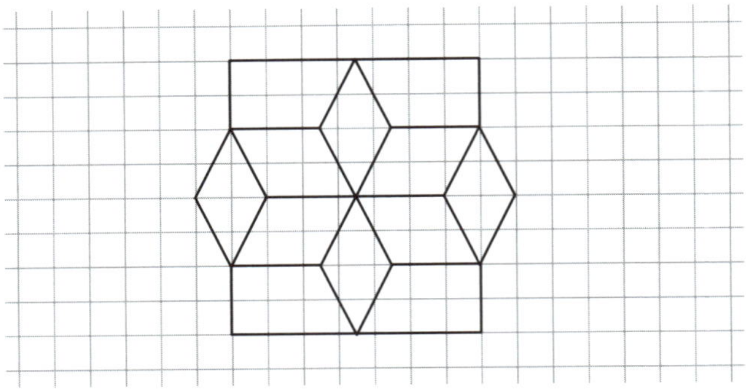

○ **2** Zeichne drei weitere Rauten ein, die keine Quadrate sind.

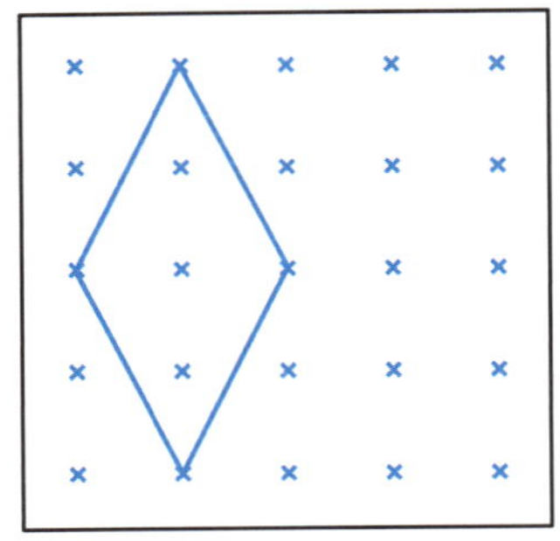

○ **3** Ergänze
a) zum Parallelogramm.

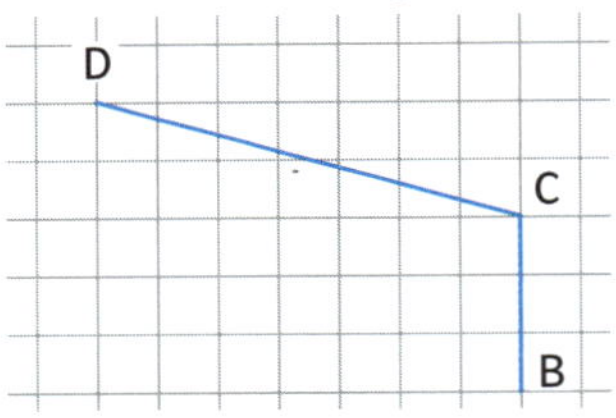

b) zur Raute.

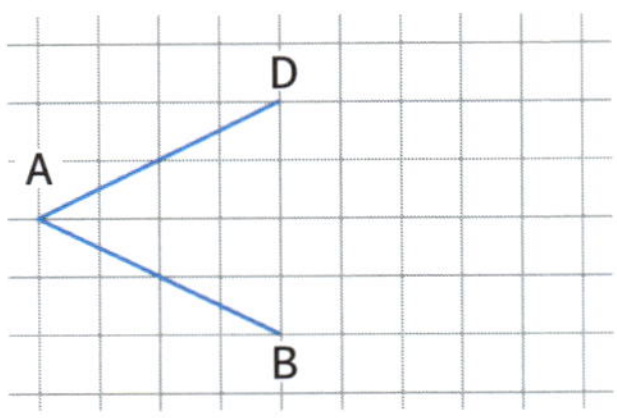

◒ **4** a) Ergänze einen Punkt P, sodass das Viereck APBC eine Raute bildet.
b) Ergänze einen Punkt Q, sodass das Viereck ABQC ein Parallelogramm bildet.

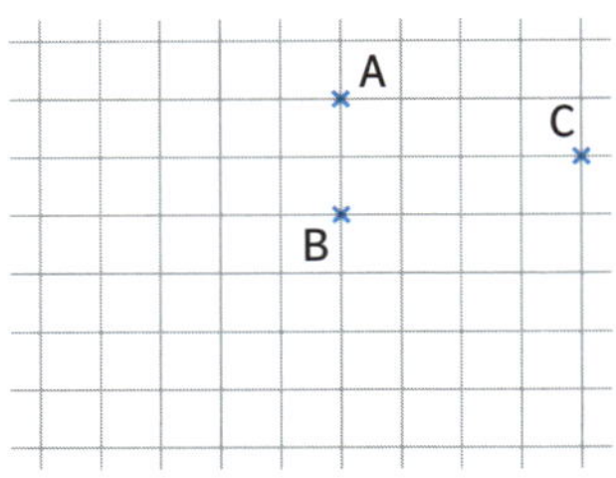

◒ **5** Trage die angegebenen Eckpunkte eines Parallelogramms in das Koordinatensystem ein. Suche den fehlenden Eckpunkt und zeichne das Viereck.
a) A(4 | 0); B(6 | 2); C(5 | 5); D(|)
b) E(5 | 5); F(|); G(10 | 4); H(8 | 6)
c) I(5 | 5); J(7 | 7); K(|); L(4 | 8)
d) M(3 | 7); N(0 | 6); O(2 | 4); P(|)

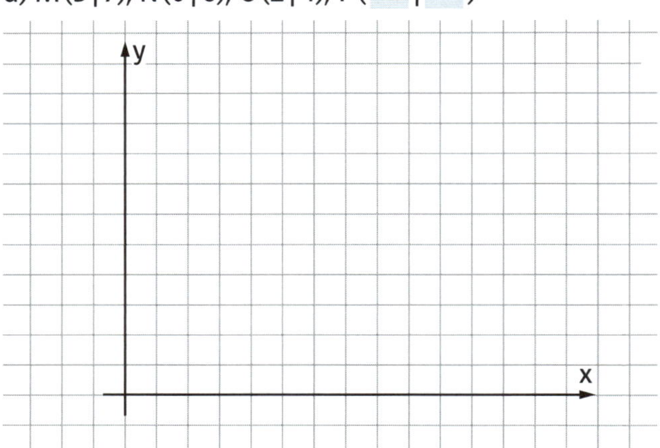

◒ **3** Zeichne ein Muster nach Anweisung.
a) Vervollständige die eingezeichneten Seiten zu einem Quadrat.
b) Füge nun die Raute mit den Eckpunkten A und B ein. Die obere Spitze der Raute liegt in A.
c) Fahre so fort bis zum Rand.

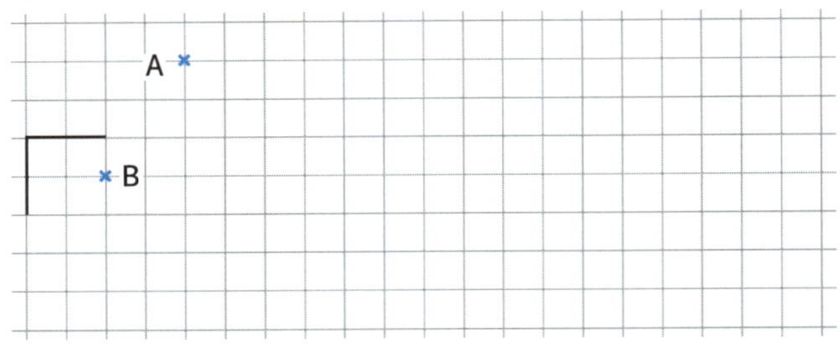

◒ **4** Ergänze
a) zum Parallelogramm.

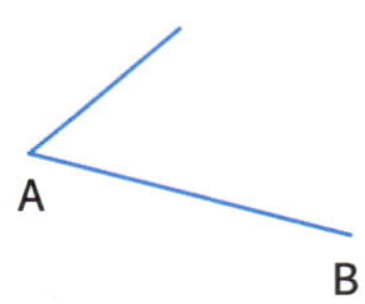

b) zur Raute.

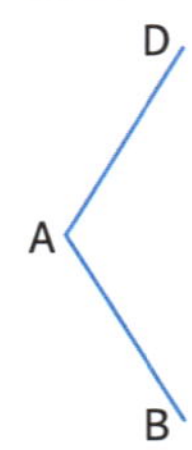

● **5** Ist die Aussage richtig oder falsch?
Kreuze an und **begründe** deine Antwort.
a) Jede Raute ist ein Parallelogramm.

☐ Richtig, weil ☐ Falsch, weil

____

____

b) Jede Raute ist ein Quadrat.

☐ Richtig, weil ☐ Falsch, weil

____

____

○ **1** a) Zeichne eine Gerade durch die Punkte A und B, nenne sie h.
b) Zeichne die Strecke $\overline{AC}$, nenne sie a.
c) Zeichne die Halbgerade mit dem Anfangspunkt C durch den Punkt D, nenne sie s.

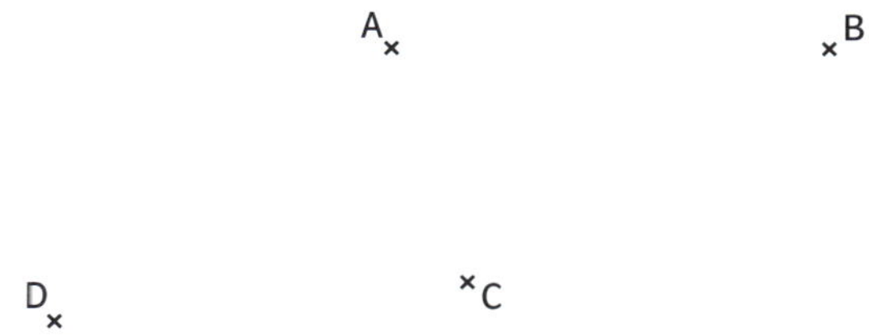

○ **2** Zeichne durch die Punkte P und R die Senkrechten zur Geraden g.

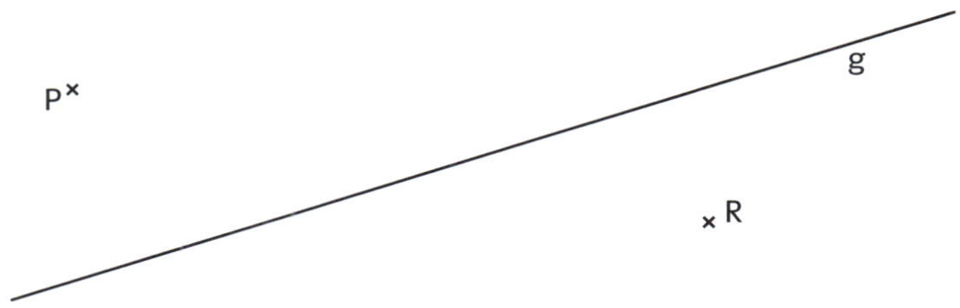

○ **3** Zeichne die Parallelen zur Geraden h durch die Punkte Q und S.

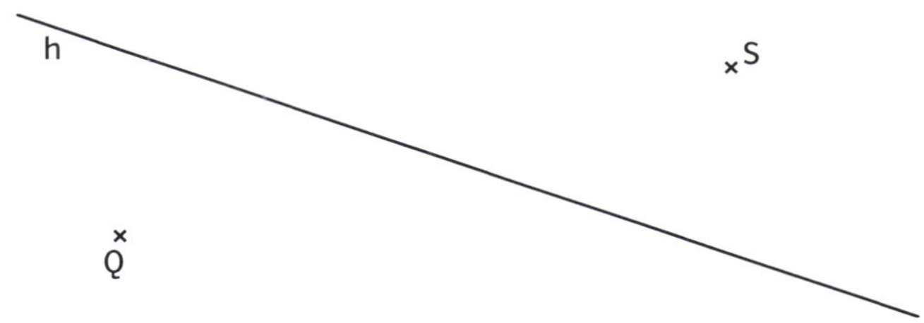

○ **4** Zeichne den Abstand der Punkte T und U zur Geraden k ein und bestimme ihn.

Der Abstand von T zu k beträgt ______ cm.

Der Abstand von U zu k beträgt ______ cm.

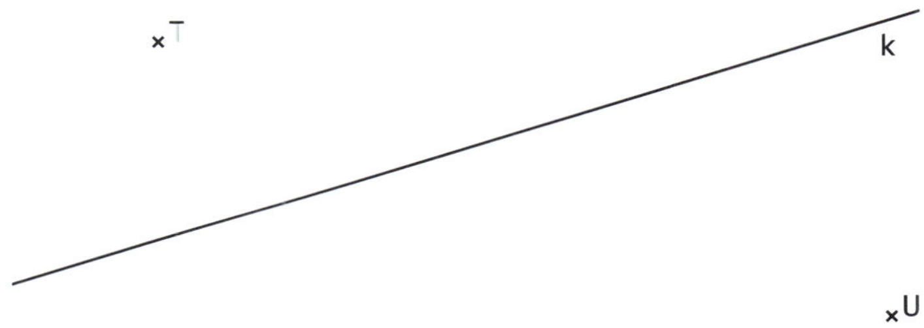

○ **5** a) Trage alle Symmetrieachsen und -zentren ein.

b) Ergänze zu einer symmetrischen Figur.

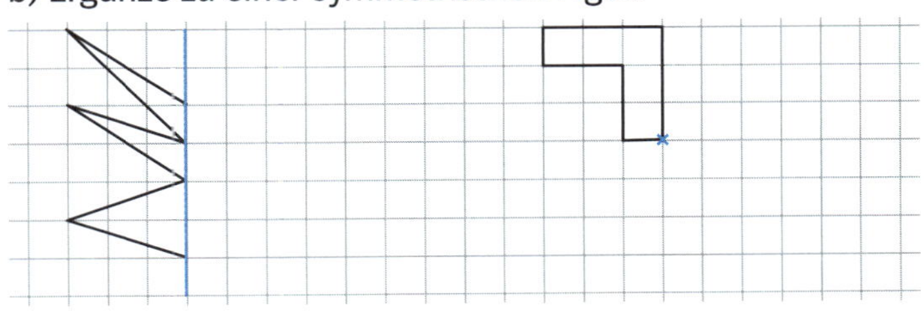

○ **6** a) Bei jedem der folgenden Vierecke ist ein Eckpunkt verloren gegangen. Finde ihn.

Quadrat A(1|2); B(5|2); C(5|6); D(|)

Rechteck E(7|1); F(|); G(11|7); H(7|7)

b) Zeichne in beide Figuren die Diagonalen ein [T1] und bestimme die Koordinaten ihrer Schnittpunkte:

Quadrat S_1(|); Rechteck S_2(|)

c) Ergänze die Strecke $\overline{MN}$ zu einer Raute und die Strecke $\overline{TU}$ zu einem Paralellogramm.

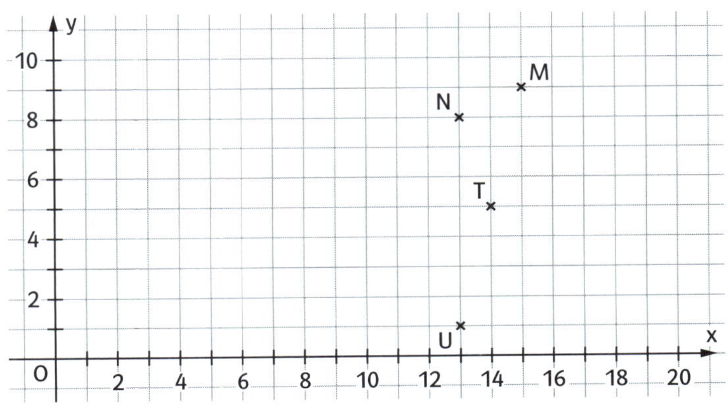

[T1] Die Diagonalen in einem Viereck sind die Verbindungslinien von gegenüberliegenden Eckpunkten.

○ **7** Ergänze so, dass eine punktsymmetrische Figur entsteht.

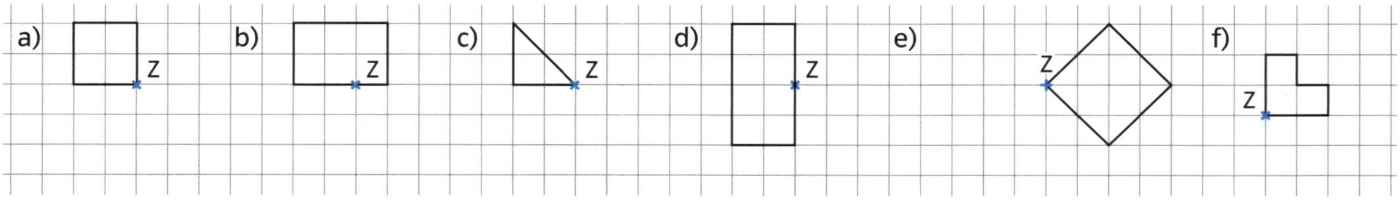

◒ **8** Je zwei Seiten eines Vierecks sind gegeben. Der vierte Eckpunkt liegt auf der x-Achse.

a) Zeichne diese Eckpunkte mit den Koordinaten A(|); F(|); J(|) und N(|) ein.

b) Zeichne die fehlenden Seiten und alle Symmetrieachsen der Figuren ein.

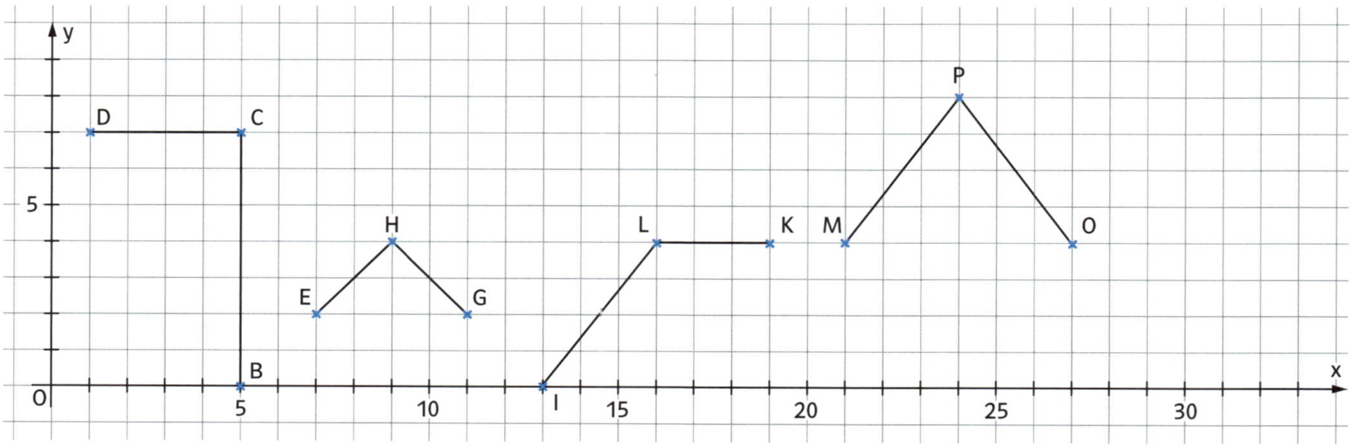

◒ **9** Verbinde die Aussage mit dem Namen des Vierecks auf den die Aussage zutrifft

(1) Das Viereck hat nur rechte Winkel, nebeneinander liegende Seiten sind nicht gleich lang.

(2) Das Viereck hat in der Regel keinen rechten Winkel, alle Seiten sind gleich lang.

(3) Je zwei Seiten sind gleich lang. Das Viereck ist nicht achsensymmetrisch.

Rechteck | Parallelogramm | Raute | Quadrat

◒ **10** Die Geraden g und h liegen parallel zueinander. Ergänze die Lücken.

Hier kannst du die Geraden skizzieren.

a) g || k; k || m; m ____ h

b) g || k; k ⊥ m; m ____ h

c) g ⊥ k; k ____ m; m || h

● **11** Die Punkte P(0 | 0); Q(5 | 0); R(5 | 4) und S(0 | 4) bilden die Eckpunkte eines Rechtecks. Entscheide bei den folgenden Punkten, ob sie innerhalb oder außerhalb des Rechtecks liegen.

T(3 | 2) | X(4 | 5) | W(8 | 2) | Z(4 | 3) | V(1 | 1) | U(5 | 8) | Y(6 | 5)

Innerhalb des Rechtecks liegen: ____________

Außerhalb des Rechtecks liegen: ____________

● **12** Zeichne die Punkte ein, die von beiden Geraden g und h genau 1,5 cm Abstand haben.

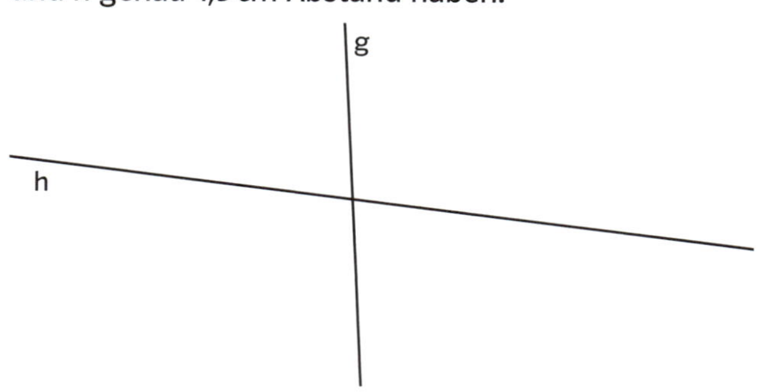

○ **1** Ordne die Längen und Höhen den Abbildungen passend zu.

Fernsehturm

Stretchlimousine

Freiheitsstatue

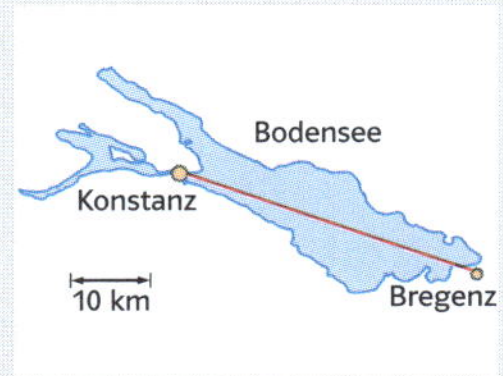

Konstanz – Bregenz

8 m | 4 cm | 30 m | 220 m | 93 m | 4 m | 19 mm | 46 km

Weinbergschnecke

Buche

Kreuzspinne

Elefant

○ **2** Ordne nach deiner Schätzung den Tieren die passenden Massen zu. Färbe in der gleichen Farbe.

Elefant | Blaumeise | Kuh | Katze | Schaf | 750 kg | 5 t | 60 kg | 10 g | 4 kg

◒ **3** Schätze die Anzahl der Bäume auf dem Bild.

◒ **3** Wie viele Körner enthält ein Maiskolben? Schätze.

○ **1** Geldbeträge können auf unterschiedliche Weise geschrieben werden. Suche die vier passenden Kärtchen und male sie in der gleichen Farbe an.

zwölf Euro sechsundfünfzig Cent | 1,27 € | 0,12 € | 12 ct | 1270 ct | 1256 ct | 12 € 56 ct | 127 ct | 12 € 70 ct | zwölf Euro siebzig Cent | zwölt Cent | ein Euro siebenundzwanzig Cent | 1 € 27 ct | 12,70 € | 0 € 12 ct | 12,56 €

○ **2** Ute ist für ihre Mutter einkaufen gegangen. Sie hatte 15,00 € mitgenommen. Jetzt wollen sie das Restgeld abrechnen. Leider ist vom Einkaufszettel die Gesamtsumme nicht mehr lesbar.
Wie viel Geld muss Ute ihrer Mutter zurückgeben?

Pizza	4,50 €
5 Becher Joghurt	4,45 €
Schollenfilet	5,95 €

○ **3** Wie lässt sich der vorgegebene Geldbetrag in möglichst wenige andere Geldscheine und Münzen wechseln?

a) 20 € = 10 € + ____

b) 10 € = ____

c) 5 € = ____

d) 2,50 € = ____

e) 5,55 € = ____

f) 3,33 € = ____

◒ **4** Addiere die Geldbeträge der vier Säckchen. Rechne zuerst in Cent um und addiere dann schriftlich.

____ ct ____ ct ____ ct

○ **3** Ayse geht für ihre Mutter einkaufen. Sie bezahlt mit einem 20-Euro-Schein.

	Anzahl	Preis pro Stück	Preis gesamt
Miniberliner	1	1,79 €	
Schmelzkäse	2	0,65 €	
Fischstäbchen	2	1,95 €	
Geflügellyoner	2	0,85 €	
Kartoffelpuffer	1	0,69 €	
Joghurt	8	0,39 €	
		Summe:	

a) Wie viel Geld bekommt sie zurück? ____

b) Sie erhält fünf Münzen zurück. Welche Münzen könnten es sein? ____

◒ **4** Jenny möchte ein Fahrrad kaufen.
a) Opa Fritz schenkt ihr 75 €, von Oma Ulrike bekommt sie 60 € und ihr großer Bruder gibt ihr 15 €. Sie bekommt also insgesamt ____.

b) Das Fahrrad, das ihr gefällt, kostet 249 €. Sie muss deshalb von ihrem Taschengeld noch ____ dazugeben.

1 Schreibe die Zeitspanne in der angegebenen Einheit. Zur Kontrolle erhältst du ein Lösungswort.

a) 2 d = ________ h b) 2 min = ________ s c) 240 h = ________ d d) 600 s = ________ min

e) 360 s = ________ min f) 5 d = ________ h g) 3 h = ________ min h) 24 h = ________ min

10 min | R 1440 min | N 6 min | P 48 h | F 120 h | L 180 min | A 10 d | H 120 s | A

Lösungswort: _ _ _ _ _ _ _ _

2 Markiere oder verbinde die Kärtchen, die die gleichen Zeitspannen zeigen.

7 h 480 h 540 s 2 min 5 h 20 d 24 h 9 min 420 min 15 min 2 d 1440 min 120 h 900 s 48 h 300 min 5 d 120 s

3 Verbinde die Uhren mit Startzeiten, die Zeitspannen und die Uhren mit Endzeiten passend.

1 h 5 min 7 h 30 min 1 h 30 min

4 Vervollständige die Tabelle.

	Abfahrt	Fahrtdauer	Ankunft
a)	11:35 Uhr	2 Stunden 12 Minuten	
b)		1 Stunde 7 Minuten	23:54 Uhr
c)	7:55 Uhr	4 h 17 min	
d)		$1\frac{1}{2}$ Stunden	0:14 Uhr
e)	2:55 Uhr	1 Stunde 5 Minuten	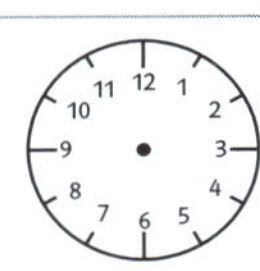

2 Bei einem Marathonlauf gewinnt der Erste mit einem Vorsprung von 1 min 47 s vor dem Zweiten und 3 min 25 s vor dem Dritten. Ergänze.

Zeit 1. Platz: 2 h 12 min 48 s

Zeit 2. Platz: ________

Zeit 3. Platz: ________

3 Hier ist ein Ausschnitt des Fahrplans der Kölner S-Bahn Linie S5 von Montag bis Freitag dargestellt.

Sparkasse Am Butzweilerhof		10:39	10:49	10:59
IKEA Am Butzweilerhof		10:40	10:50	11:00
Alter Flughafen Butzweilerhof		10:42	10:52	11:02
Rektor-Klein-Str.		10:43	10:53	11:03
Margaretastr.		10:44	10:54	11:04
Iltisstr.		10:47	10:57	11:07
Lenauplatz		10:49	10:59	11:09
Nußbaumerstr.		10:51	11:01	11:11
Subbelrather Str./Gürtel		10:52	11:02	11:12
Liebigstr.		10:54	11:04	11:14
Gutenbergstr.		10:56	11:06	11:16
Hans-Böckler-Platz/Bf West		10:59	11:09	11:19
Friesenplatz		11:00	11:10	11:20
Appellhofplatz	an	11:02	11:12	11:22
Appellhofplatz	ab	11:03	11:13	11:23
Dom/Hbf		11:04	11:14	11:24
Rathaus		11:05	11:15	11:25
Heumarkt		11:06	11:16	11:26

a) Wenn du eine S-Bahn knapp verpasst, musst du etwa ________ warten, bis die nächste S-Bahn kommt.

b) Für die gesamte Fahrt von der Sparkasse Am Butzweilerhof bis zum Heumarkt benötigt die S-Bahn ________ Minuten.

c) Die längste Fahrt ohne Halt ist von der ________ zur ________ oder von der ________ zum ________ . Sie dauert ________ Minuten.

○ **1** Verbinde zusammengehörende Kärtchen.

304 g | 3 g | 3 t 4 kg | 34 kg | 304 kg | 3 g 40 mg | 3 t 400 kg

3004 kg | 34 000 g | 3000 mg | 304 000 g | 304 000 mg | 3400 kg | 3040 mg

○ **2** Schreibe in der angegebenen Einheit.

a) 42 kg = ________ g b) 105 t = ________ kg c) 5000 mg = ________ g d) 87 000 kg = ________ t

e) 210 000 g = ________ kg f) 69 g = ________ mg g) 840 000 g = ________ kg h) 73 t = ________ kg

○ **3** Ergänze das richtige Zeichen <; > oder =.

a) 5100 g ___ 5 kg b) 20 300 mg ___ 203 g c) 75 t ___ 75 000 kg d) 6200 mg ___ 61 g

e) 804 t ___ 8 030 000 kg f) 5 030 300 g ___ 5 t g) 409 kg ___ 409 000 g h) 42 g ___ 4300 mg

◒ **4** Schreibe ohne Komma, indem du eine geeignete kleinere Einheit verwendest und umwandelst.

a) 2,1 kg = 2 kg 100 g = 2100 g

b) 0,007 kg = ________ = ________

c) 5,123 t = ________ = ________

d) 17,004 t = ________ = ________

e) 21,491 g = ________ = ________

f) 7,79 g = ________ = ________

g) 0,04 kg = ________ = ________

h) 1,1 t = ________ = ________

◒ **5** Fülle die Lücken aus.

a) Mark soll einen Liter Milch (1,1 kg einschließlich Verpackung = ________ g), 250 g Butter, 500 g Zucker und 1 kg (= ________ g) Bananen einkaufen. Seine Einkaufstasche wiegt leer 300 g. Er trägt eine Masse von ________ g nach Hause.

b) Eine Seekuh wiegt etwa 300 kg. Der Schwertwal (Orka) wiegt etwa 22-mal so viel wie eine Seekuh, das sind ______ t.

◒ **4** Ordne die Tiere nach ihrer Masse. Wandle dazu alle Masseneinheiten in kg bzw. t um. Schreibe das Ergebnis und die Sortierreihenfolge hinter die Massenangaben.
Alle Tiere außer dem Blauwal sollen auf einen Frachter verladen werden. Berechne die Ladungssumme.

	Masse in t	Masse in kg	Rangfolge
Nilpferd	2,5 t		
Blauwal	180 t		
Elch		400 kg	
Elefant	3,1 t		
Strauß		100 kg	
Grizzly		450 kg	
Ladungssumme			

◒ **5** Fülle die Lücken aus.

a) Ein Lkw mit Anhänger wiegt unbeladen 8,5 t. Nach dem Beladen zeigt die Lkw-Waage 18,8 t.

Die Masse der Ladung beträgt ________ kg.

b) Im Lager einer Bäckerei sind 10,32 t = ________ kg Mehl in Säcken. In jedem Mehlsack sind 48 kg Mehl. Im Lager liegen ______ Säcke.

○ **1** Ergänze die Einheit.

a) 800 mm = 80 ______
b) 32 000 m = 32 ______
c) 5600 cm = 56 ______
d) 78 dm = 780 ______
e) 15 cm = 150 ______
f) 96 m = 9600 ______
g) 1050 cm = 105 ______
h) 401 dm = 40 100 ______
i) 1 km = 10 000 ______

○ **2** Ordne die jeweils passende Länge zu und wandle danach in die angegebene Einheit um.

Höhe eines Fahnenmastes	2 m = ______ cm
Länge eines Fußballfeldes	8 dm = ______ cm
Türhöhe	131 km = ______ m
Luftlinie Freiburg-Stuttgart	1 cm = ______ mm
Dicke eines Radiergummis	9 m = ______ dm
Tischhöhe	110 m = ______ dm

○ **3** Trage die Dominosteine passend ein.

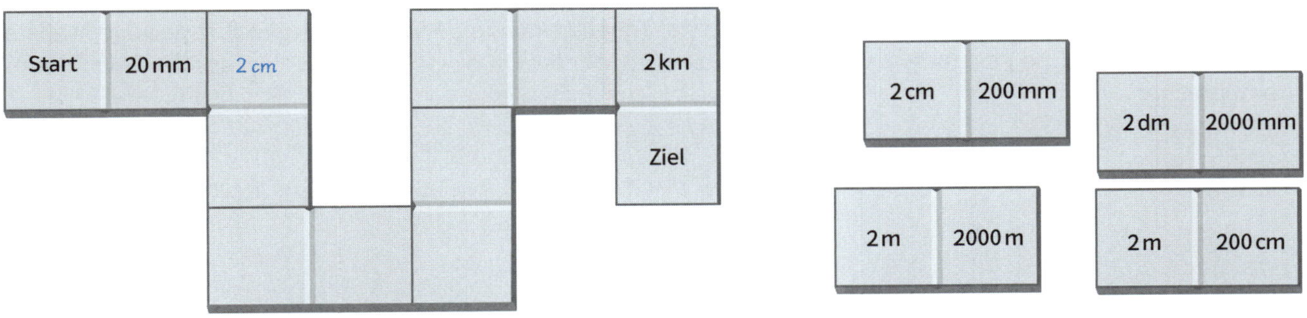

◒ **4** Wandle zuerst eine Längenangabe in eine kleinere Maßeinheit um und berechne dann.

a) 46 mm + 9 cm = ______
b) 2 km − 809 m = ______
c) 7 m + 436 cm = ______
d) 3 m − 18 dm = ______
e) 2 m 5 dm · 3 = ______
f) 70 cm : 20 = ______
g) 4 cm 3 mm · 6 = ______
h) 5 km 100 m : 5 = ______

◒ **5** Aus einer Tapetenrolle mit 10 m Länge schneidet Lea 210 cm lange Bahnen. Sie erhält ______ ganze Bahnen und einen Rest von ______ cm.

◒ **4** Korrigiere die **Fehler** in Kims Hausaufgaben.

	Aufgabe	Aufgabenkorrektur
a)	1200 km : 20 = 60 m	1200 km : 20 = 60 km
b)	6 · 130 m = 0,078 km	
c)	50 cm + 2 m = 2,50 m	
d)	7300 dm − 5 m = 2,3 m	
e)	2 cm − 2 mm = 1,8 mm	

● **5** Die offizielle Marathonstrecke wurde 1921 auf genau 42,195 km festgelegt. Eine Stadionrunde ist 400 m lang. Berechne, wie viele ganze Runden für einen Marathon nötig wären.

○ **1** a) Die Abbildung des DIN-A-4-Hefts ist verkleinert. Im Original sind die Seitenlängen 210 mm und 297 mm lang. Die Darstellung ist verkleinert im Maßstab

___ : ___ .

b) Eine Nano-Sim-Card hat die Abmessungen 12,3 mm × 8,848 mm. Die Darstellung hier ist vergrößert im Maßstab

___ : ___ .

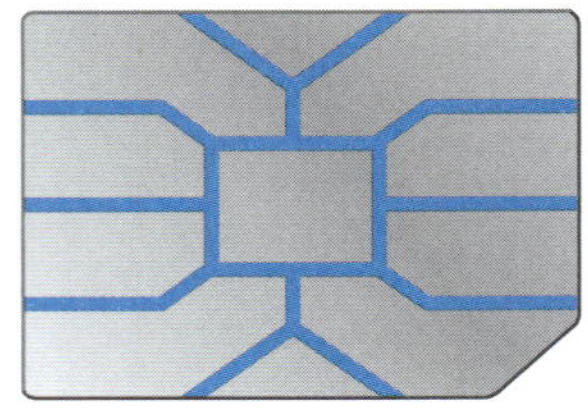

○ **2** Du siehst rechts eine Strecke der Länge 5 cm.

5 cm

a) Zeichne darunter eine Abbildung dieser Strecke im Maßstab 1 : 5. Der Maßstab 1 : 5 bedeutet: 1 cm in der Zeichnung entsprechen ___ cm in der Wirklichkeit.

b) Zeichne nun noch eine Abbildung der 5 cm langen Strecke im Maßstab 3 : 1. Der Maßstab 3 : 1 bedeutet:

___ cm in der Zeichnung entsprechen ___ cm in der Wirklichkeit.

○ **3** Maßstäbe trifft man auf vielerlei Zeichnungen. In der Tabelle sind einige Verwendungen für spezielle Maßstäbe angegeben. Berechne jeweils, wie viele cm (bzw. dm, m oder km) in der Wirklichkeit 1 cm auf der Zeichnung entsprechen.

		Möbelzeichnung	Bauplan	Stadtplan	Wanderkarte	Fahrradkarte	Autokarte
Maßstab		1 : 10	1 : 100	1 : 10 000	1 : 50 000	1 : 100 000	1 : 200 000
1 cm entspricht	cm	10	100	10 000			
	dm						
	m	___					
	km	___	___	___	___		

◒ **4** Die Yacht auf dem Foto ist in Wirklichkeit 14 m lang. Auf dem Foto ist sie ________ lang. Also entsprechen _____ cm im Bild 14 m = ________ cm in der Wirklichkeit.

Dividierst du die wirkliche Länge durch die abgebildete Länge, so erhältst du die Länge, die einem abgebildeten Zentimeter in der Wirklichkeit entspricht.

Rechnung: ______________________________

Das Foto zeigt die Yacht im Maßstab 1 : ________ .

◒ **4** Die Giraffe ist im Maßstab 1 : 100 abgebildet.

a) Die Giraffe ist etwa ______________ m groß.

Der Hals der Giraffe ist etwa __________ cm lang.

b) Die Zunge einer Giraffe kann gut 40 cm lang werden. Zeichne die Länge der Zunge maßstabsgetreu in das Foto ein.

Sie muss ____________________ lang sein.

○ **1** Bringe die einzelnen Schritte zur Lösung von Sachaufgaben in die richtige Reihenfolge A bis E.

- Prüfe am Text, ob die Lösung sinnvoll ist.
- Stelle einen Rechenplan auf und führe die Rechnung durch.
- Entnimm gegebene und gesuchte Größen aus dem Text.
- Formuliere einen Antwortsatz.
- Lies die Aufgabe sorgfältig und formuliere eine Frage.

◒ **2** Familie Schmidt fährt mit zwei Kindern, 6 und 12 Jahre alt, zwei Wochen zum Skifahren.

Ferienwohnung für 7 Tage	
2 Zimmer	492,00 €

Skipässe für 1 Woche	
Kinder	105,00 €
Erwachsene	193,00 €

a) Gegebene Größen sind: Preis für die Unterkunft

__________ für jeweils ____ Tage.

Preis für die Skipässe: für Kinder __________ und

Erwachsene __________ für ____ Woche.

b) Frage: ______________________________

c) Die Kinder berechnen die Preise.
Thea berechnet die Kosten für die Ferienwohnung, Peter die Kosten für die Skipässe.

Thea: ① $2 \cdot 492{,}00\,€ = 984{,}00\,€$

Peter: ② $2 \cdot 105{,}00\,€ + 2 \cdot 193{,}00\,€ = 596{,}00\,€$

③ $2 \cdot 596{,}00\,€ = 1192{,}00\,€$

Schreibe zu jedem der drei Rechenschritte auf, was die Kinder berechnen:

① *Wohnung für 7 Tage 492,00 €; also für 14 Tage 2-mal so viel.*

② ______________________________

③ ______________________________

Berechne nun die Gesamtkosten:

____

d) Prüfe, ob deine Lösung sinnvoll ist.
sinnvoll ☐ nicht sinnvoll ☐

e) Formuliere einen passenden Ergebnissatz.

____

◒ **2** Strauße legen Eier, die bis zu 1,5 kg schwer sind. Ein Hühnerei wiegt etwa 60 g und ein Wachtelei nur etwa 10 g.

Man müsste also ______ Hühnereier oder ______ Wachteleier nehmen, um die Masse eines Straußeneis zu erreichen.

____

● **3** Lies den Artikel aufmerksam durch.

Das Wunder von Lengede

Am 24. Oktober 1963 brach der Klärteich 12 der Eisenerzgrube Lengede-Broistedt ein. 128 Bergleute und ein Monteur befanden sich zu jener Zeit unter Tage. In den ersten Stunden nach dem Unglück konnten sich 79 von ihnen in Sicherheit bringen. Für die übrigen schien es keine Hoffnung mehr zu geben. Drei Bergleute konnten am 1. November nach einer fieberhaften Suchaktion geborgen werden. Zwei Tage später wurde Kontakt zu elf weiteren Eingeschlossenen aufgenommen, die am 7. November gerettet wurden.

a) Nach wie vielen Tagen konnten die letzten eingeschlossenen Männer gerettet werden?

____

b) Für wie viele Männer kam die Rettung zu spät?

____

c) Wie viele Tage waren die drei Bergleute, die am 1. November gerettet wurden, eingeschlossen?

____

○ **1** Schätze

a) die Höhe des Gebäudes.

b) die Anzahl der Parkplätze.

c) den Preis des Fahrrads.

☐ 4500 € ☐ 450 € ☐ 4500 ct

○ **2** Ergänze die passende Maßzahl.

a) Ein Baguette kostet

1 € 5 ct = ______ ct.

b) Eine Kugel Eis kostet

80 ct = ______ €.

c) Eine Erdbeere kostet

5 ct = ______ €.

○ **3** Ergänze die passende Maßzahl oder Maßeinheit.

a) 3 d = 72 ______

b) 5 h 20 min = ______ min

c) 300 s = ______ min

d) 3 h 30 min = 210 ______

e) 240 min = ______ h

f) 8 Wochen = ______ d

○ **4** Verbinde gleiche Größen.

2 kg 3 g	2 kg 300 g
203 g	2 g 30 mg
2030 mg	23 kg
2300 g	2003 g
23 000 g	203 000 mg

○ **5** Verbinde gleiche Größen.

146 mm	146 cm
14 m 6 dm	14 600 cm
14 dm 6 cm	14 cm 6 mm
146 km	146 dm
146 m	146 000 m

○ **6** Berechne. Wandle um, wenn nötig.

a) 4,30 € + 85 ct = ______

b) 12,50 € − 5,80 € = ______

c) 15,30 m : 3 = ______

d) 9 · 13 cm = ______

e) 4 · 45 min = ______

f) 4 h : 6 = ______

g) 5 kg − 1500 g = ______

h) 19 cm + 20 mm = ______

○ **7** Das Modellwindrad ist in echt 180 m hoch. Es wurde im Maßstab 1 : 600 nachgebaut. Das Modell ist ______ cm hoch.

○ **8** Ein Schreibwarenhändler verkauft im Januar, Juli und August jeweils 100 Rechenhefte. In den restlichen Monaten des Jahres verkauft er durchschnittlich 80 Hefte monatlich.

Insgesamt verkauft er ______ Rechenhefte im Jahr.

9 Berechne den Zeitunterschied.

a) von 14:27 Uhr bis 18:03 Uhr → ____ h ____ min

b) von 23:30 Uhr bis 4:20 Uhr → ____ h ____ min

c) vom 18.03., 10 Uhr bis 20.03., 17 Uhr → ____ d ____ h

d) vom 28.04., 20 Uhr bis 03.05., 20 Uhr → ____ d

10 Ergänze die Lücken.

a) 2,5 m + ________ cm = 3,8 m

b) 12 h + 3 d 8 h = ________ h

c) ________ € – 370 ct = 10,78 €

d) $1\frac{1}{2}$ kg + ________ kg = 4,2 kg

e) ________ km + 950 m = 2 km

f) ________ min + $\frac{3}{4}$ h = $2\frac{1}{2}$ h

g) $\frac{1}{2}$ kg + $\frac{1}{4}$ kg = ________________ g

h) 10 km – ________ cm = 9947 m

11 a) Im Bild siehst du einige berühmte Gebäude maßstäblich dargestellt. Miss die Höhe der jeweiligen Gebäude in der Zeichnung und trage die Werte unter der Zeichnung ein. In welchem Maßstab sind die Gebäude dargestellt? ________________

____

b) Der Messeturm in Frankfurt ist 259 m hoch. Zeichne für ihn ein Rechteck neben die anderen Türme, damit man die Höhen gut vergleichen kann.

Der Willis Tower ist etwa ________ mal so groß wie der Messeturm.

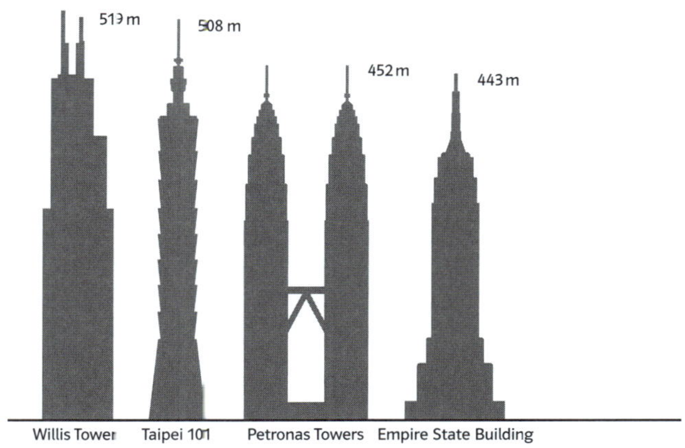

12 a) Ein 1,8 m langes Seil wird in 6 gleich lange Stücke zerschnitten. Wie viele cm lang ist ein Teilstück?

____

Ein Seilstück ist ________________ lang.

b) Berechne, wie viele 40 cm lange Seilstücke man aus einem 17 m langen Seil schneiden kann.

____

13 Mats will die fehlerhaften Aufgaben seiner Klassenarbeit verbessern. Hilf ihm.

Aufgabe	Korrektur
30 g + 2 kg = 230 g	30 g + 2000 g =
5 m – 40 cm = 46 cm	
2 h – 39 min = 161 min	
5 · 62 ct = 3,20 €	
6 g : 12 = 50 mg	
9,70 € – 0,93 € = 8,87 €	

14 Lies den Zeitungsartikel und fülle die Lücken.

Mario Barth schafft neuen Weltrekord

Den Weltrekord „Das größte Publikum für einen Komiker in 24 Stunden" erreichte Barth am 7. und 8.6.2014 im Berliner Olympiastadion mit 116 498 Zuschauern. Er übertraf seinen alten Weltrekord vom 13.7.2008. Damals waren es rund 70 000 Zuschauer. Für 48 € gab es Programm von 16:30 Uhr

Felix liest den Artikel und erzählt seinem Bruder:

Zwischen Barths Weltrekorden lagen fast ________ Jahre.

2014 waren etwa ________ Zuschauerinnen und Zuschauer mehr beteiligt. Die Einnahmen betrugen ________ €.

Dafür gab es ________ min Unterhaltung.

○ **1** Bestimme die Anzahl der Kästchen, aus denen die Figuren bestehen. Ordne die Figuren anschließend nach der Größe ihrer Flächeninhalte. Beginne mit der Figur, die den kleinsten Flächeninhalt hat.

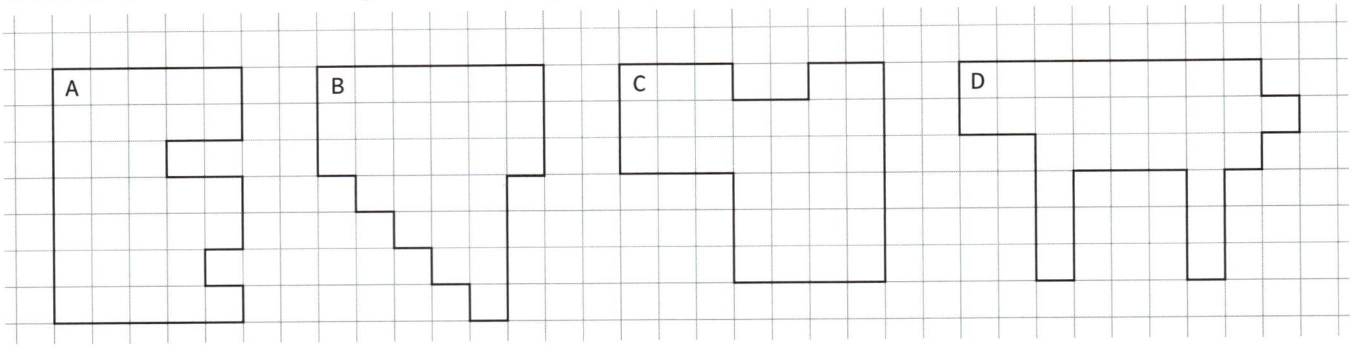

Anzahl der Kästchen: A ________ B ________ C ________ D ________

Figur ______ hat den kleinsten Flächeninhalt, dann kommen die Figuren ______; ______ und ______.

◒ **2** Färbe alle halben Kästchen (K) in den Figuren, alle ganzen Kästchen bleiben weiß.
Zähle dann alle halben und ganzen Kästchen.

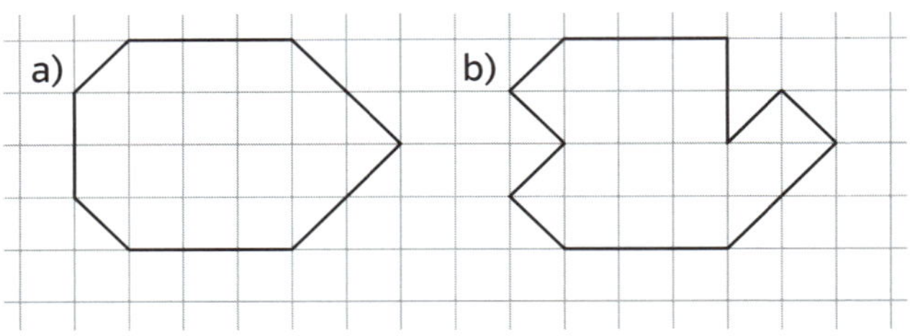

halbe K: ________	halbe K: ________
ganze K: ________	ganze K: ________
insgesamt: ________	insgesamt: ________

◒ **3** Jedes Dreieck kann so zu einem Rechteck ergänzt werden, dass das Rechteck aus doppelt so vielen Kästchen besteht wie das Dreieck.
Zeichne das Rechteck ein und bestimme dann den Flächeninhalt des Rechtecks und des Dreiecks in Kästchen.

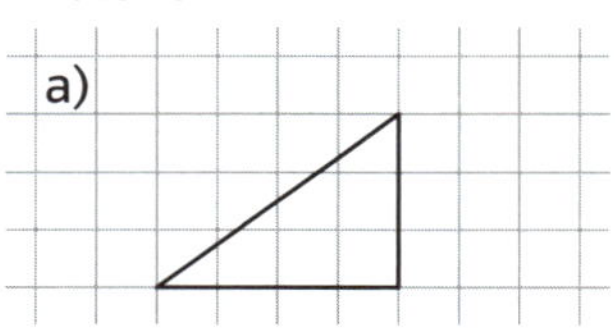

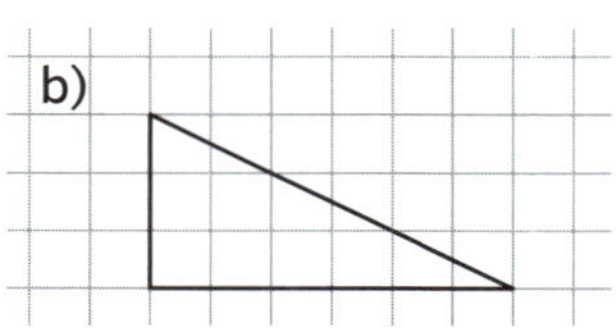

a)	b)
Rechteck: ________ Kästchen	Rechteck: ________
Dreieck: ________ Kästchen	Dreieck: ________

◒ **2** Bestimme die Anzahl der Kästchen, aus denen die Figur besteht. [T1]

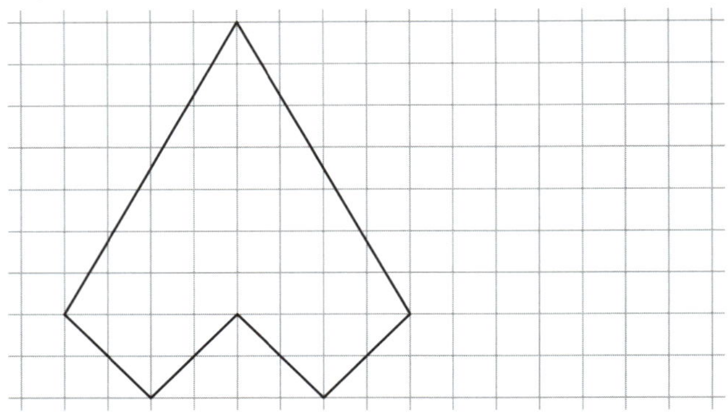

● **3** a) Ergänze die Zeichnung zu einer achsensymmetrischen Figur.
b) Bestimme den Flächeninhalt in Kästchen (K).

____

____

____

____

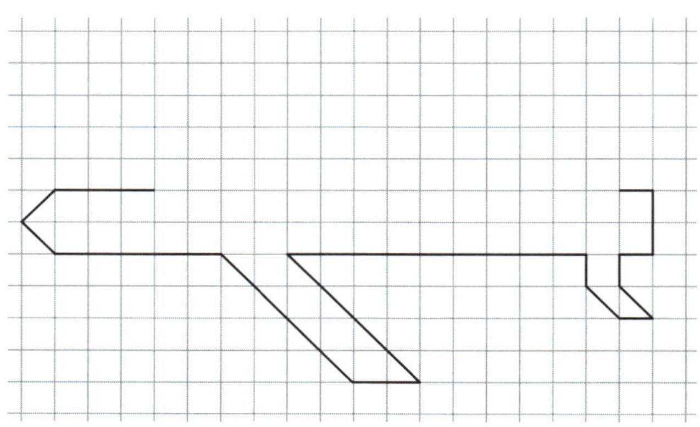

[T1] Zerlege in Dreiecke, die jeweils ein halbes Rechteck darstellen.

○ **1** Ordne jeweils die passende Größe zu und wandle in die angegebene Einheit um.

Fläche einer Wohnung | Fläche eines Daumennagels | Fläche einer Wohnungstür | Fläche eines Eishockeyfelds | Größe einer Pferdebox

$1800\,m^2$ = ______ dm^2

$2\,m^2$ = ______ dm^2

$2\,cm^2$ = ______ mm^2

$65\,m^2$ = 6500 dm^2

$12\,m^2$ = ______ dm^2

◒ **2** a) Trage die folgenden Flächeninhalte in die Stellenwerttafel ein:

$808\,dm^2$ | $45\,km^2$ | $2\,cm^2\;40\,mm^2$ | $261\,a$ | $980\,cm^2$ | $894\,ha$ | $4010\,m^2$

km^2	ha	a	m^2	dm^2	cm^2	mm^2

b) Nutze die Stellenwerttafel, um den Flächeninhalt in der angegebenen Einheit anzugeben.

$45\,km^2$ = ______ ha $808\,dm^2$ = ______ cm^2 $2\,cm^2\;40\,mm^2$ = ______ mm^2

c) Nutze die Stellenwerttafel, um den Flächeninhalt in gemischter Schreibweise und dann mit Komma anzugeben.

261 a = 2 ha 61 a = 2,61 ha $980\,cm^2$ = ______ = ______

894 ha = ______ = ______ $4010\,m^2$ = ______ = ______

○ **3** Notiere die Buchstaben von jeweils drei Kärtchen, auf denen der gleiche Flächeninhalt steht.

$471\,dm^2$ | A	$40{,}71\,m^2$ | B	$4700\,cm^2$ | C
$4071\,dm^2$ | D	$47{,}0\,dm^2$ | E	$0{,}47\,m^2$ | F
$47{,}1\,m^2$ | G	$4701\,dm^2$ | H	$47\,100\,cm^2$ | I
$407\,100\,cm^2$ | J	$4\,m^2\;71\,dm^2$ | K	$4{,}71\,a$ | L

Lösungen: ______

übrige Kärtchen: ______

◒ **4** Eine Wiese von 1 ha 5 a wird in 20 gleich große Baugrundstücke aufgeteilt. Bestimme die Größe eines Baugrundstücks in m^2.

◒ **3** Wandle vor dem Rechnen in die kleinere Einheit um.

a) $572\,cm^2 + 34\,mm^2$

= ______ = ______

b) $24\,m^2\;7\,dm^2 + 4\,m^2\;12\,dm^2$

= ______ = ______

c) $58\,dm^2\;90\,cm^2 - 9\,dm^2\;80\,cm^2$

= ______ = ______

● **4** Für eine Fabrik wird ein 2,6 ha großes Parkplatzgelände angelegt. Für die Zu- und Abfahrt werden 80 a benötigt. Berechne, wie viele Parkplätze mit je $15\,m^2$ Größe entstehen.

○ **1** a) Der Flächeninhalt verschiedener Dinge soll bestimmt werden. Ergänze die Tabelle.

	Länge	Breite	Rechnung	Flächeninhalt
Blatt Papier	4 dm	3 dm		
Computerbildschirm	60 cm	30 cm		
Landebahn am Flughafen	2000 m	50 m		
Klebeband	500 cm	2 cm		

b) Berechne den Umfang des Computerbildschirms aus Teilaufgabe a). ______

○ **2** Miss die Seitenlängen des Rechtecks. Berechne den Umfang u und den Flächeninhalt A.

Länge a: ______;

Breite b: ______

◒ **3** a) Ein Rechteck hat die Länge 7 cm und den Flächeninhalt 14 cm^2. Berechne die Breite, zeichne das Rechteck und gib dann dessen Umfang an.

Breite: ______

Umfang: ______

b) Ein Quadrat hat den Umfang 12 cm. Berechne die Seitenlänge des Quadrats, zeichne das Quadrat und bestimme anschließend seinen Flächeninhalt.

Seitenlänge: ______

Flächeninhalt: ______

◒ **2** Jana hat 16 Streichhölzer mit einer Länge von je 5 cm. Sie legt aus allen Hölzern Rechtecke mit verschiedenen Längen und Breiten.

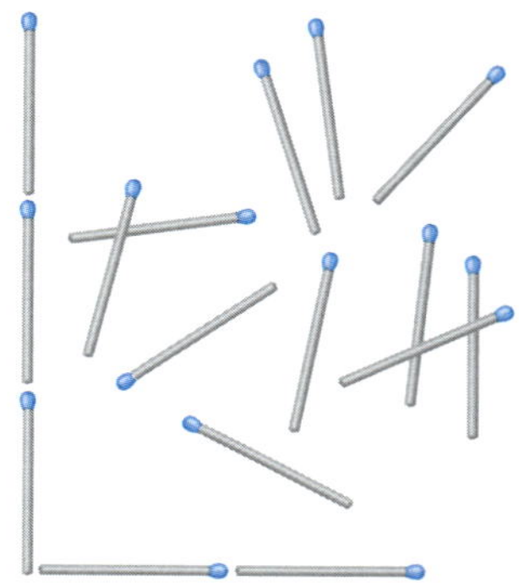

a) Der Umfang der Rechtecke ist immer gleich. **Begründe**.

______

______

b) Jana legt ein Rechteck aus je 2 Hölzern für dessen Länge und je 6 Hölzern für dessen Breite. Bestimme den Flächeninhalt des Rechtecks.

______

● **3** Herr Müller besitzt eine rechteckige Wiese mit einer Länge von 40 m und einem Flächeninhalt von 12 a. Für einen Straßenausbau soll er über die gesamte Länge ein rechteckiges Teilgrundstück mit einer Breite von 10 m verkaufen. Er erhält 5 € je m^2. [T1]

Das Grundstück hat eine Breite von ______ m.

Herr Müller erhält für das Teilstück einen Preis von ______ €.

[T1] Fertige zunächst eine Skizze des Grundstücks mit den gegebenen Maßen an.

○ **1** Berechne Flächeninhalt und Umfang des rechtwinkligen Dreiecks. (Maße in cm)

a)

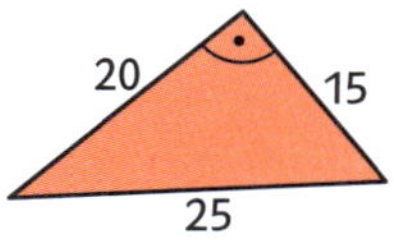

b)

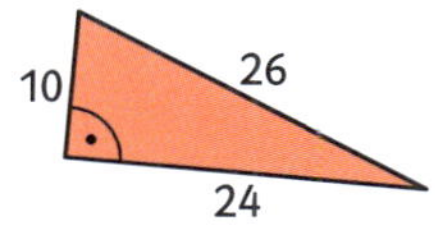

c)

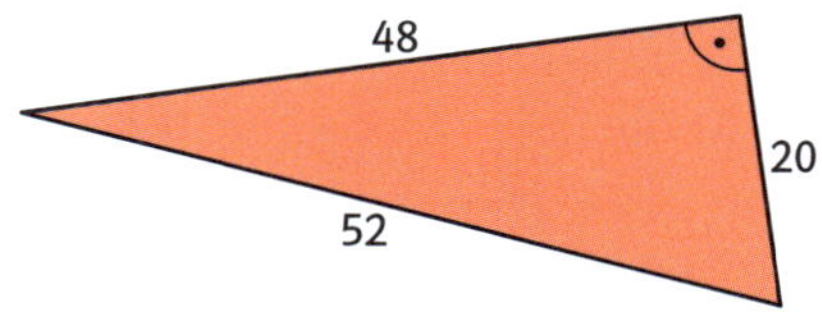

$A = (a \cdot b) : 2$

$u = a + b + c$

○ **2** Die Seiten $a = 40\,mm$ und $b = 9\,mm$ eines Dreiecks bilden einen rechten Winkel.

a) Zeichne das Dreieck.

b) Bestimme den Flächeninhalt und den Umfang des Dreiecks.

◒ **3** Berechne den Flächeninhalt der beiden Teildreiecke und damit den Flächeninhalt des gesamten Dreiecks.

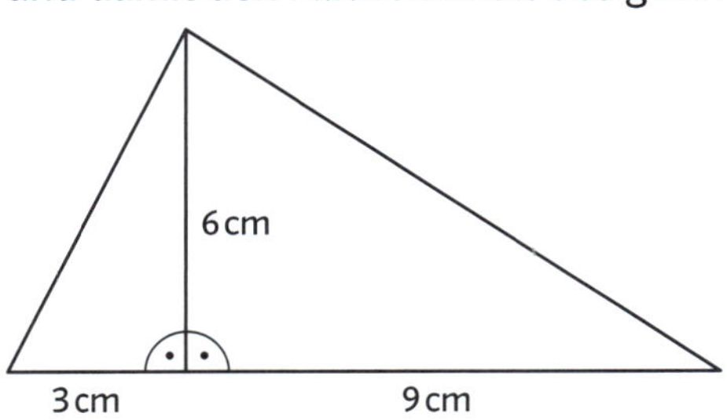

◒ **2** Die Seiten $a = 2\,cm$ und $b = 1{,}5\,cm$ eines Dreiecks bilden einen rechten Winkel.

a) Zeichne das Dreieck.

b) Bestimme den Flächeninhalt und den Umfang des Dreiecks. Gib in mm/mm^2 und in cm/cm^2 an.

● **3** Paula behauptet: „Wenn ich in einem rechtwinkligen Dreieck, bei dem die Seiten a und b den rechten Winkel bilden, die Seite a um 1 cm verlängere und die Seite b um 1 cm verkürze, dann bleibt der Flächeninhalt gleich groß."
Überprüfe diese Aussage.

○ **1** Der Flächeninhalt der zusammengesetzten Figur soll auf drei Arten ermittelt werden. Hilfslinien sind in rot eingezeichnet. Fülle die Lücken und trage die berechneten Flächeninhalte aller Teilflächen in die Zeichnung ein. Berechne anschließend den Umfang.

a) Die Figur wird zerlegt ____.

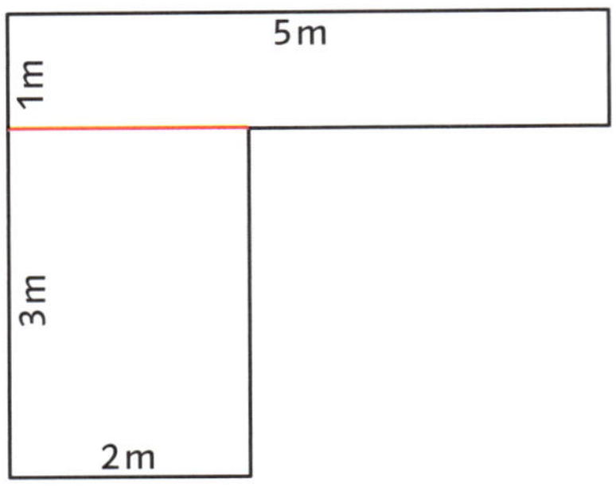

A = 1 m · 5 m + ____

b) Die Figur wird ____.

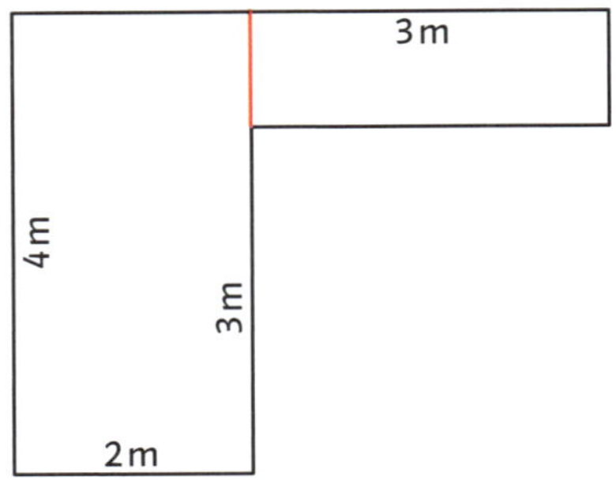

A = ____

c) Die Figur wird ____.

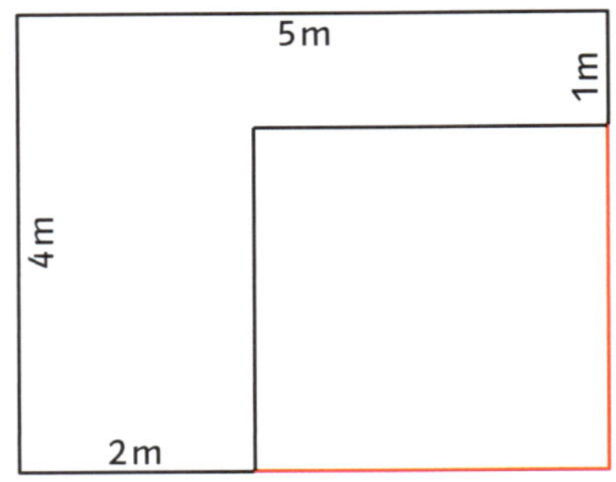

A = ____

Umfang u = ____

◒ **2** **Bestimme** Flächeninhalt und Umfang der Buchstaben. (Maße in dm)

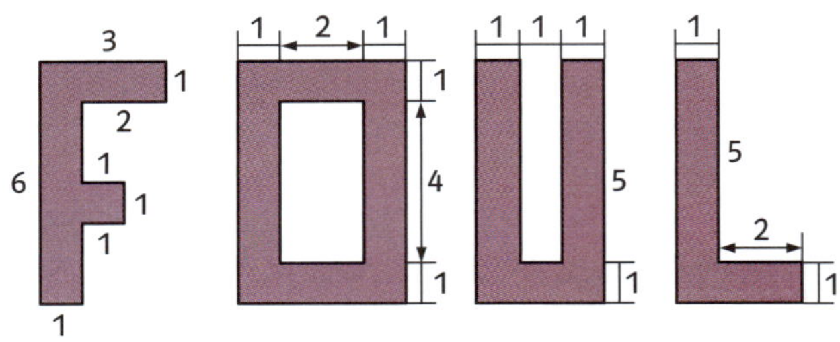

Flächeninhalt „F“: ____

Flächeninhalt „O“: ____

Flächeninhalt „U“: ____

Flächeninhalt „L“: ____

Umfang Figur „F“: ____

Umfang Figur „U“: ____

Umfang Figur „L“: ____

◒ **2** **Bestimme** den Flächeninhalt der blauen Figur. Alle Angaben sind in cm.

a)

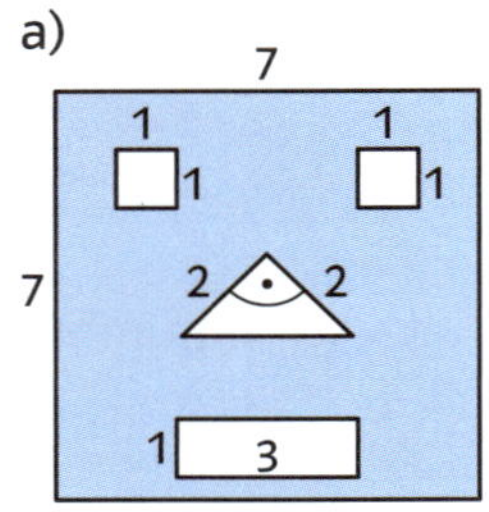

b)

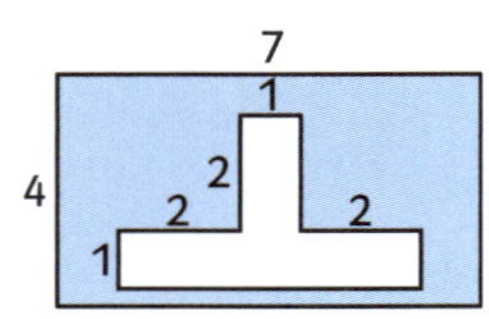

◒ **3** Berechne Umfang und Flächeninhalt der Figur.

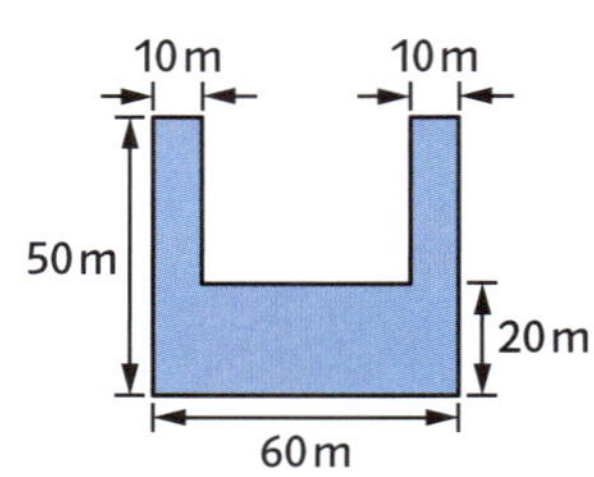

○ **1** Ermittle den Flächeninhalt der Figur durch Abzählen von Kästchen.

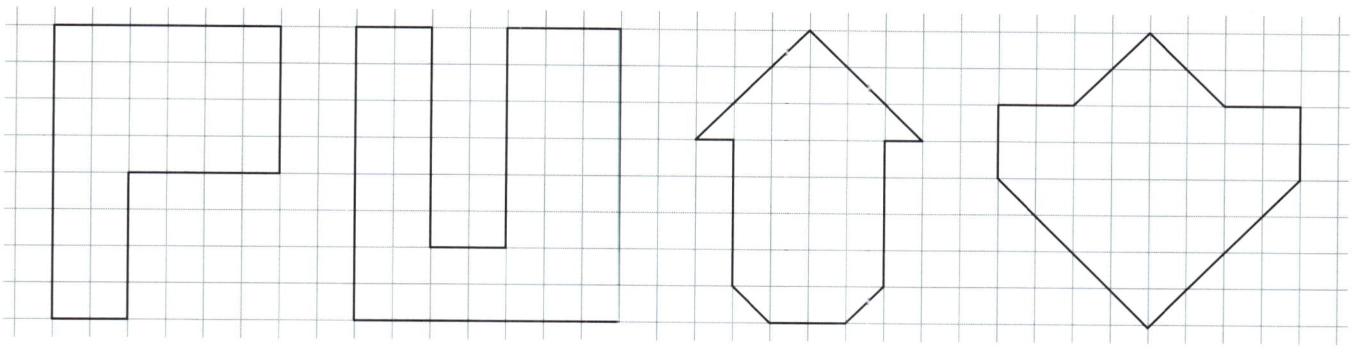

a) ______ Kästchen b) ______ Kästchen c) ______ Kästchen d) ______ Kästchen

○ **2** Trage den Flächeninhalt in die Stellenwerttafel ein.
Streiche dann das Kärtchen mit falschem Ergebnis.

$2\,dm^2\ 15\,cm^2$	$2{,}15\,dm^2$	$2015\,cm^2$	$215\,cm^2$
$31\,a\ 8\,m^2$	$3108\,m^2$	$31{,}08\,a$	$318\,m^2$
$67\,m^2\ 1\,dm^2$	$6701\,dm^2$	$67{,}01\,m^2$	$671\,dm^2$
$1\,cm^2\ 2\,mm^2$	$120\,mm^2$	$1{,}02\,cm^2$	$102\,mm^2$

a	m^2	dm^2	cm^2	mm^2

○ **3** Berechne den Flächeninhalt und den Umfang des Rechtecks.

a) a = 4 cm; b = 3 cm

A = ______________________

u = ______________________

b) a = 7 cm; b = 2 cm

A = ______________________

u = ______________________

c) a = 5 cm; b = 3 cm

A = ______________________

u = ______________________

○ **4** Berechne Flächeninhalt und Umfang des rechtwinkligen Dreiecks.

a)

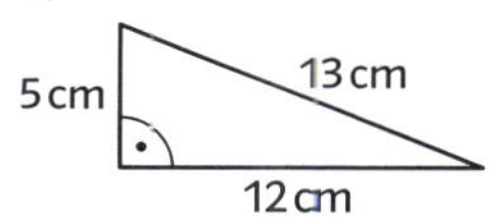

b)

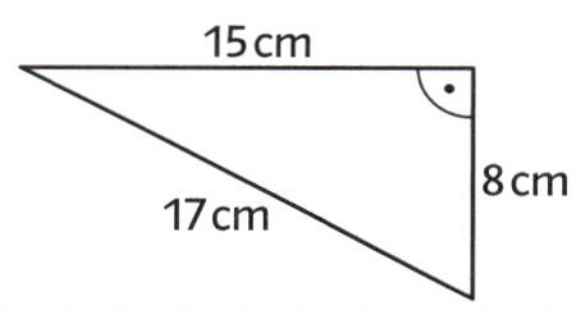

○ **5** Bestimme Umfang und Flächeninhalt der zusammengesetzten Figur. Miss die benötigten Längen.

Durch Zerlegen:

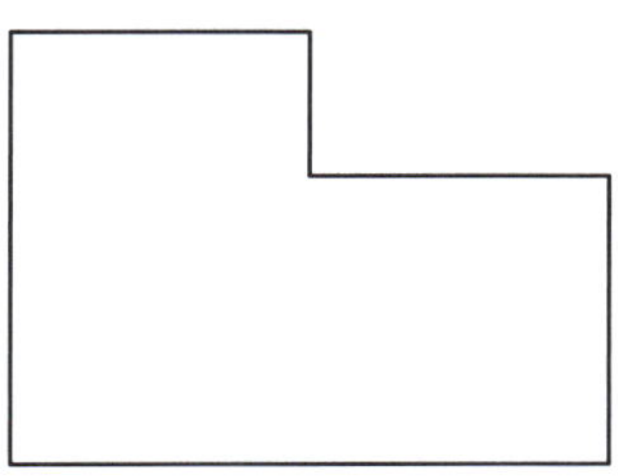

Durch Ergänzen:

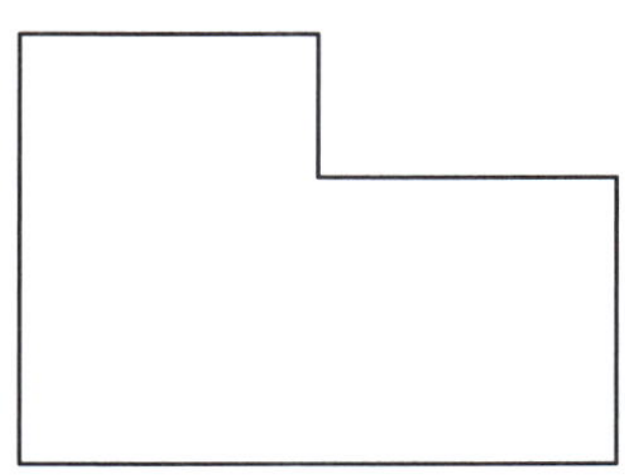

6 Vervollständige die Tabelle.

Aufgabe	Umwandlung	Ergebnis in gemischter Schreibweise	mit Komma
$24\,a\ 32\,m^2 + 5\,a\ 8\,m^2$	$2432\,m^2 + 508\,m^2$	$2940\,m^2 = 29\,a\ 40\,m^2$	$29{,}4\,a$
$56\,dm^2\ 2\,cm^2 - 21\,dm^2\ 1\,cm^2$			
$5{,}5\,km^2 \cdot 4$			
$4{,}8\,ha : 8$			

7 Ein Rechteck hat den Flächeninhalt $36\,cm^2$ und den Umfang 26 cm. Kreuze an, welche Länge und Breite dieses Rechteck haben kann. Nur eine Antwort ist richtig.

- ☐ Länge 3 cm; Breite 12 cm
- ☐ Länge 2 cm; Breite 18 cm
- ☐ Länge 36 cm; Breite 1 cm
- ☐ Länge 7 cm; Breite 6 cm
- ☐ Länge 4 cm; Breite 9 cm
- ☐ Länge 6 cm; Breite 6 cm

8 Familie Jansen will in eine neue Wohnung umziehen. Unten siehst du den Grundriss der Wohung. Um einen Überblick über die Größe der Zimmer zu bekommen, legt Jana eine Tabelle an:

Zimmer	Größe in m^2	Zimmer	Größe in m^2
Eltern		Kind 1	
Wohnen		Kind 2	
Küche		Flur	
Bad		Gesamt	

Die Miete beträgt 6 € pro Quadratmeter. Monatlich sind ______ € zu bezahlen.

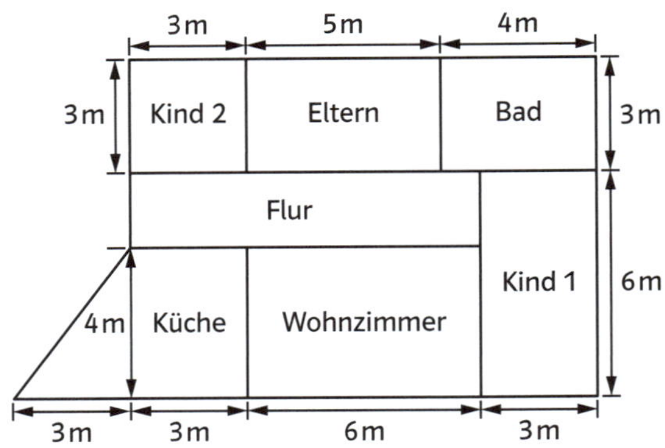

9 Die Abbildung zeigt zwei vollständig gezeichnete Figuren (A und B) und eine noch unvollständig gezeichnete Figur (C). Alle Angaben in den Zeichnungen sind in Zentimetern.

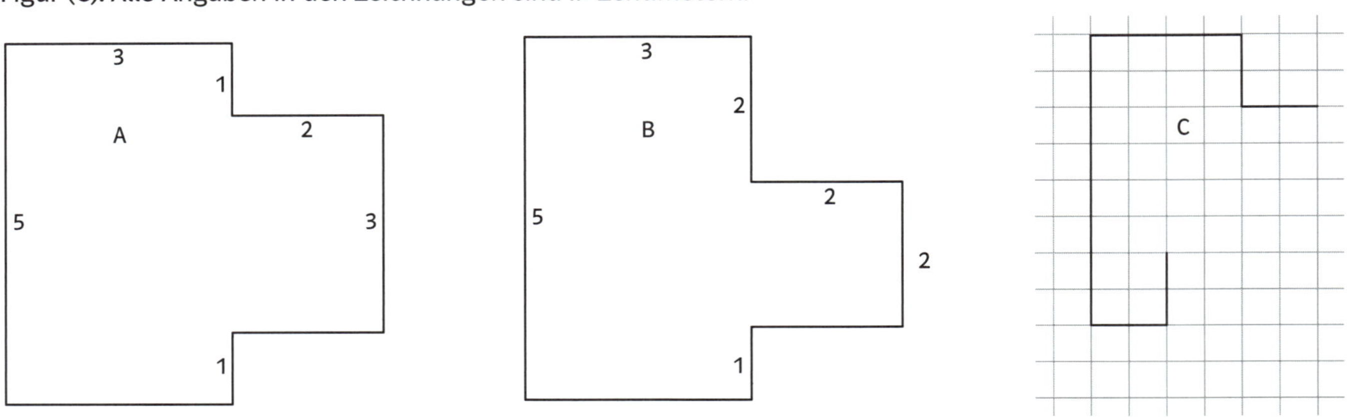

a) Begründe ohne Rechnung, dass die Figuren A und B denselben Umfang besitzen.

b) Vervollständige Figur C so, dass sie denselben Umfang wie Figur A hat. Die ergänzten Strecken sollen dabei ganzzahlige Zentimeterlängen haben und nicht über das Karogitter hinausgehen.

○ **1** a) Trage die passenden Begriffe ein.

$\frac{3}{5}$ ——— ________

——— ________

——— ________

b) Streiche falsche Kärtchen durch.

Der [Zähler] [Nenner] gibt an, in wie viele gleich große Teile das Ganze zerlegt wird.

Der [Zähler] [Nenner] gibt an, wie viele Teile davon genommen werden.

c) Die Pizza wurde in ____ Teile zerlegt. Es wurde $\frac{\square}{\square}$ der Pizza gegessen. Übrig sind noch $\frac{\square}{\square}$.

○ **2** Fülle die Lücken.

a) Das Ganze wird in ____ gleich große Teile zerlegt.

Bruch: $\frac{\square}{\square}$

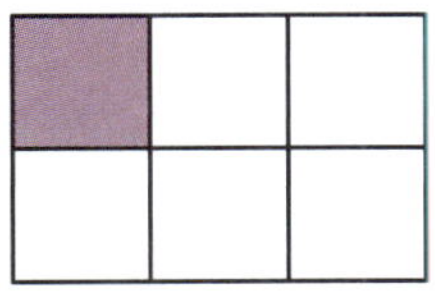

b) Das Ganze wird in ____ gleich große Teile zerlegt.

Bruch: $\frac{\square}{\square}$

c) Das Ganze wird in ____ gleich große Teile zerlegt.

Bruch: $\frac{\square}{\square}$

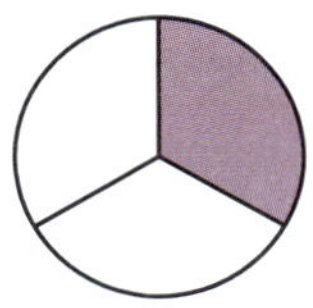

d) Das Ganze wird in ____ gleich große Teile zerlegt.

Bruch: $\frac{\square}{\square}$

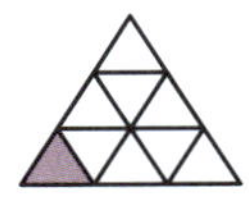

○ **3** Fülle die Lücken wie im Beispiel.

	a)	b)	c)	d)	e)	f)	g)	h)
dargestellter Bruchteil	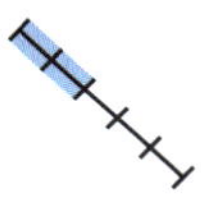	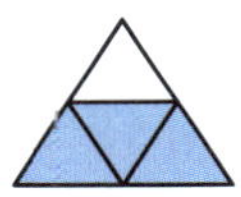	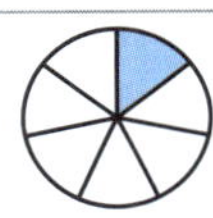	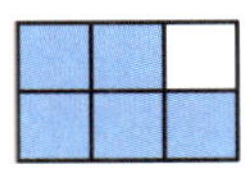	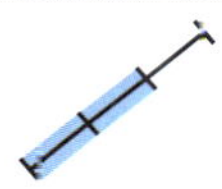	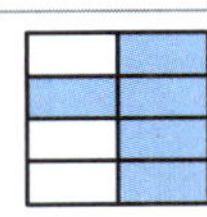	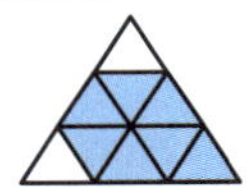	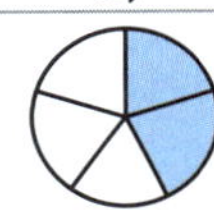
Anzahl gleicher Teile	5							
Anzahl gefärbter Teile	2							
Bruchteil	$\frac{2}{5}$	$\frac{\square}{\square}$	$\frac{\square}{\square}$	$\frac{\square}{\square}$	$\frac{\square}{\square}$	$\frac{\square}{\square}$	$\frac{\square}{\square}$	$\frac{\square}{\square}$

○ **4** Färbe den angegebenen Bruchteil in allen Figuren.

a) $\frac{1}{3}$

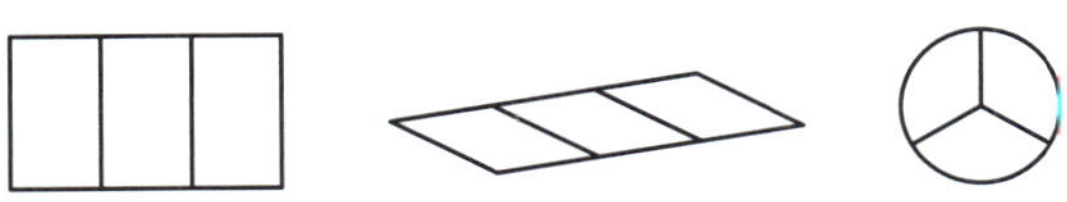

b) $\frac{4}{5}$

c) $\frac{5}{12}$

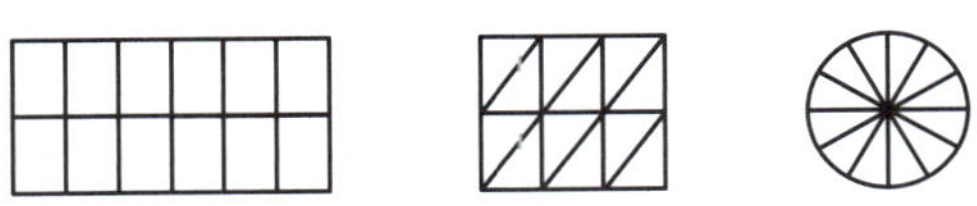

d) $\frac{3}{8}$

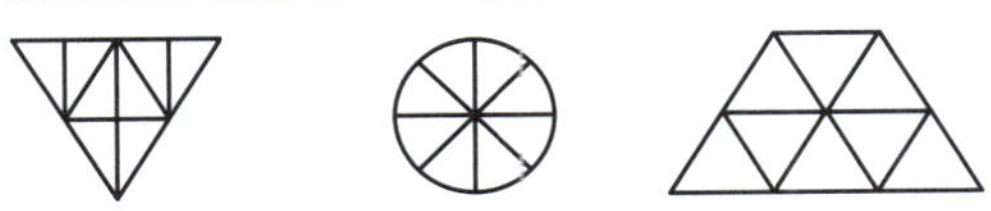

◒ **4** Färbe den angegebenen Bruchteil aller Figuren.

a) $\frac{2}{8}$

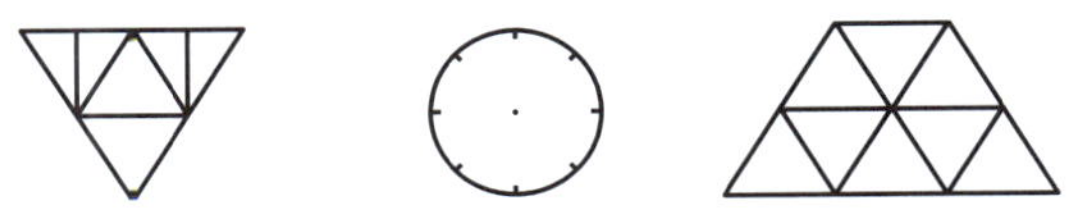

b) $\frac{2}{6}$

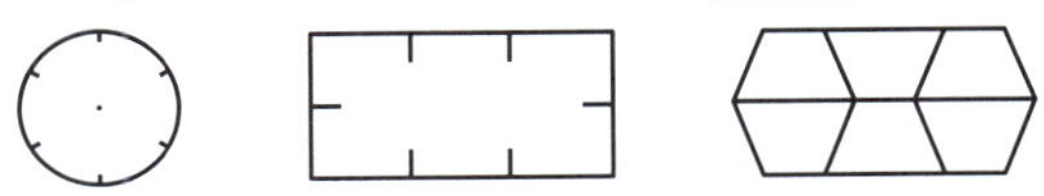

c) $\frac{9}{16}$

d) $\frac{4}{9}$

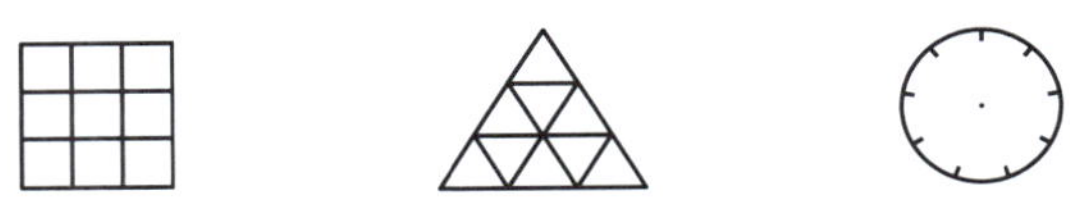

5 Färbe den angegebenen Bruchteil. Das Ganze ist in 20 gleich große Teile aufgeteilt.

a) $\frac{5}{20}$ des Ganzen sind ______ Teile.

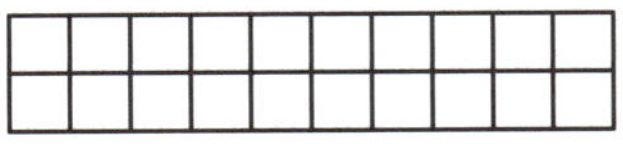

b) $\frac{3}{10}$ des Ganzen sind ______ Teile.

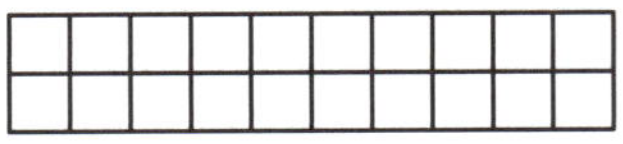

c) $\frac{4}{5}$ des Ganzen sind ______ Teile.

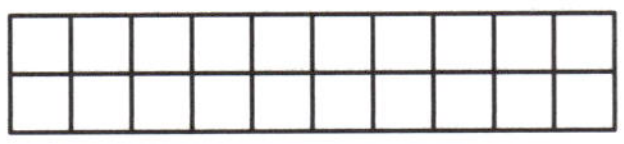

6 a) Welche Bruchteile wurden **falsch** dargestellt? Streiche durch.

$\frac{1}{2}$

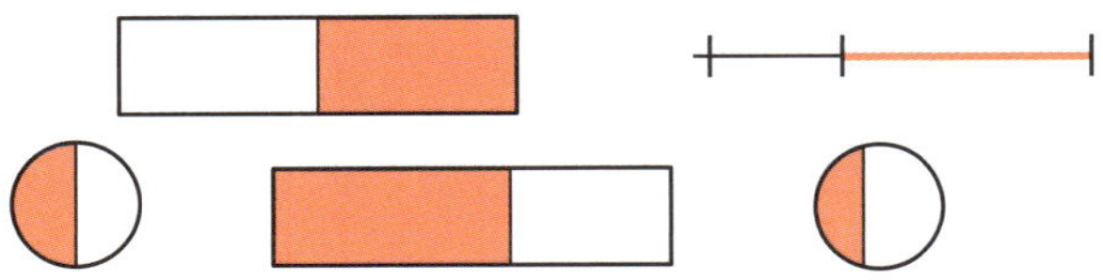

$\frac{1}{3}$

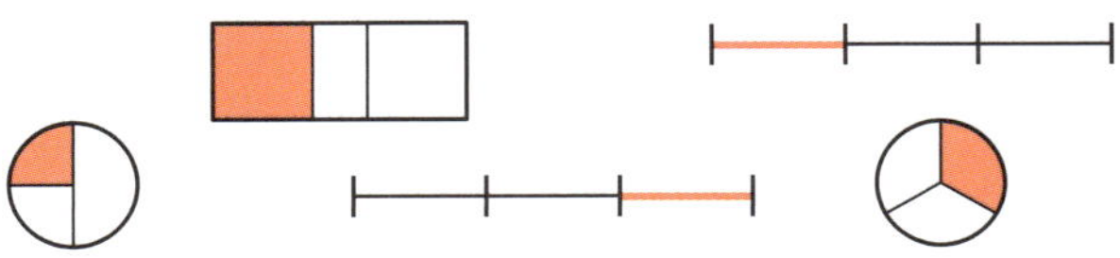

b) Welcher Fehler wurde mehrfach gemacht?

______

______

7 Lenas Vater hat gebacken. Er teilt den Kuchen in 36 Stücke auf. Färbe in verschiedenen Farben:

Svenja hat $\frac{1}{6}$ der Stücke genommen, Ken $\frac{1}{12}$, Werner $\frac{1}{18}$ und Lenas Eltern $\frac{2}{9}$.

Es bleiben ____ Stücke übrig.

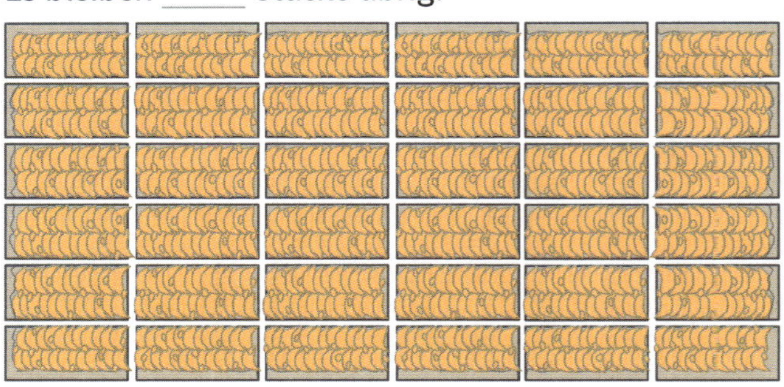

8 Der angegebene Bruchteil des Ganzen ist dargestellt. Ergänze zu einem Ganzen.

a) $\frac{1}{3}$

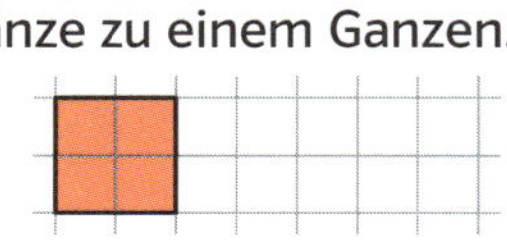

b) $\frac{2}{5}$

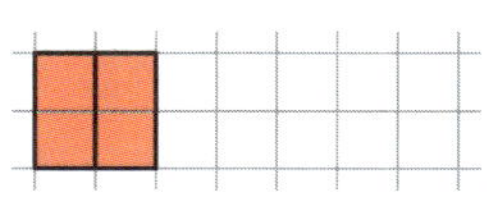

5 Streiche die Figuren durch, bei denen der Bruchteil $\frac{6}{8}$ falsch dargestellt wurde.

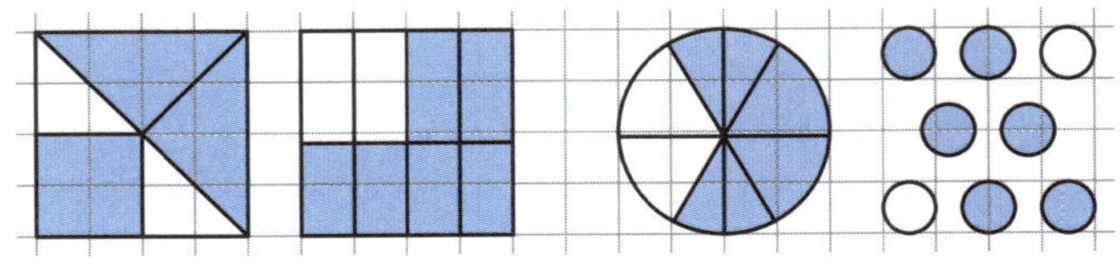

6 Stelle den Bruchteil dar. Das Ganze ist in ______ gleich große Teile unterteilt.

a) $\frac{5}{12}$ des Ganzen sind ____ Teile.

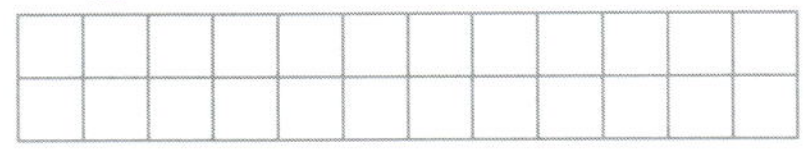

b) $\frac{1}{3}$ des Ganzen sind ____ Teile.

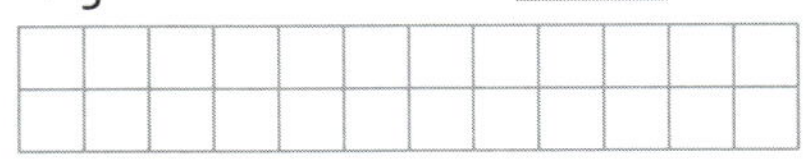

c) $\frac{3}{4}$ des Ganzen sind ____ Teile.

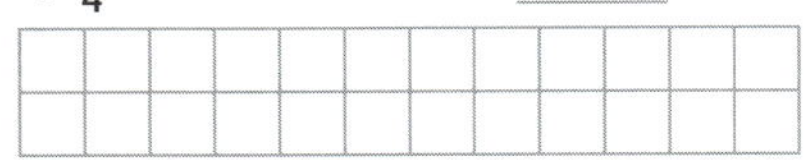

7 Ein Kuchen wird in gleich große Stücke geschnitten und dann aufgeteilt:

a) Petra bekommt ein Stück, Claas nimmt sich zwei Stücke, Ludger drei. Lara nimmt sich doppelt so viele Stücke wie Claas, das sind ____ Stücke, Sören eins weniger als Ludger, also ____ Stücke.

Es sind insgesamt ____ Stücke.

Petra: $\frac{\square}{\square}$ Claas: $\frac{\square}{\square}$ Ludger: $\frac{\square}{\square}$

Lara: $\frac{\square}{\square}$ Sören: $\frac{\square}{\square}$

b) Zeichne auf dem Kuchen die Portionen der Kinder ein.

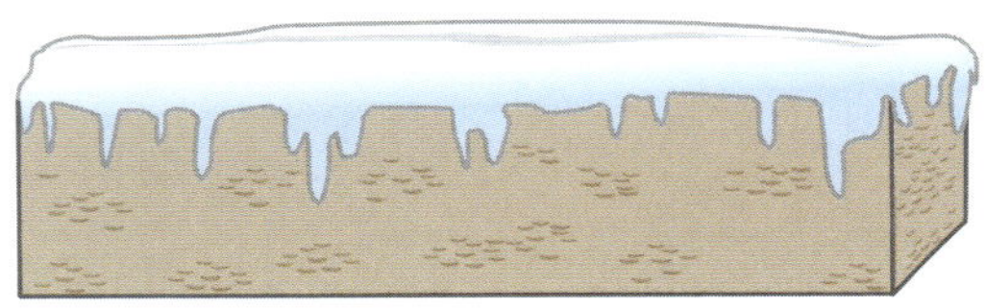

8 Die Darstellung zeigt nur den angegebenen Bruchteil der Figur. Ergänze zu einem Ganzen.

a) $\frac{4}{6}$

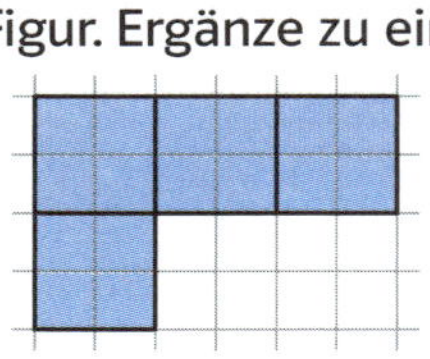

b) $\frac{1}{4}$

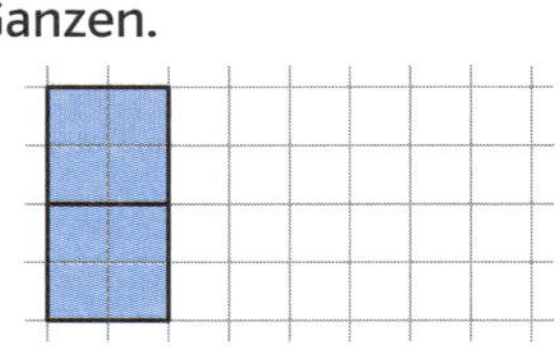

○ **1** Um Bruchteile von Größen zu berechnen, ist es oft notwendig, die Größe in die nächstkleinere Einheit umzuwandeln. Lies dir das Beispiel durch und löse die Aufgaben.

Beispiel: $\frac{1}{2}$ von 1 kg

$\frac{1}{2}$ von 1000 g

1000 g —$\frac{1}{2}$→ 500 g

1000 g —:2→ 500 g —·1→ 500 g

$\frac{1}{2}$ kg = 500 g

a) $\frac{1}{4}$ von 1 km

$\frac{1}{4}$ von ______ m

$\frac{1}{4}$ km = ______ m

b) $\frac{1}{3}$ von einer Stunde (1 h):

$\frac{1}{3}$ von ______

$\frac{1}{3}$ h = ______

c) $\frac{1}{5}$ von 1 dm

$\frac{1}{5}$ von ______

$\frac{1}{5}$ dm = ______

○ **2** Im Alltag kommen Brüche häufig vor. Ordne die Angaben den Sätzen zu.

① Das Wasser ist nur einen halben Meter tief. ______

② Du bist eine viertel Stunde zu spät. ______

③ Von 3 kg Kirschen waren ein Drittel schlecht. ______

④ Bitte ein halbes Kilogramm Hackfleisch. ______

⑤ Wir haben 28 Kinder in der Klasse, die Hälfte sind Jungen. ______

⑥ Morgen komme ich eine halbe Stunde später. ______

⑦ Wir hatten einen halben Dezimeter hoch das Wasser im Keller stehen. ______

⑧ In der Mannschaft spielen 15 Kinder, ein Drittel ist noch 10 Jahre alt. ______

1 kg | 200 g | 50 cm | 15 min | 14 Kinder | 500 g | 30 min | 5 Kinder | 5 cm

Welche Angabe bleibt übrig? ______

Bilde dazu eine eigene Aussage. ______

○ **3** Welche Gewichte werden jeweils auf die Waage gestellt? Fülle die Tabelle aus.

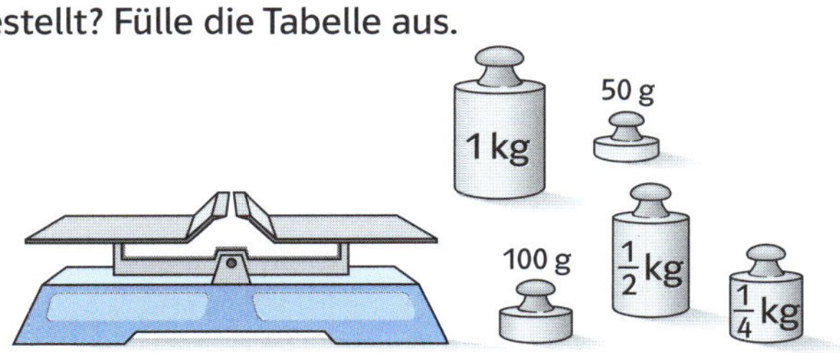

linke Waagschale	rechte Waagschale
1000 g Dinkel	1 kg
250 g Grünkern	
$\frac{1}{10}$ kg Sojaschrot	
1500 g Biokartoffeln	
300 g Hirseflocken	
750 g Leinsamen	
1350 g Vollkornreis	

◐ **3** Notiere in der angegebenen Einheit.

a) $\frac{1}{2}$ m = ______ cm b) $\frac{1}{4}$ km = ______ m

c) $\frac{3}{4}$ m = ______ cm d) $\frac{7}{10}$ cm = ______ mm

e) $\frac{1}{8}$ t = ______ kg f) $\frac{3}{10}$ g = ______ mg

g) $\frac{1}{10}$ h = ______ min h) $\frac{2}{3}$ Jahr = ______ Monate

◐ **4** Auf der markierten Fläche soll eine Wiese angelegt werden. Gib den Anteil in der nächstkleineren Einheit an.

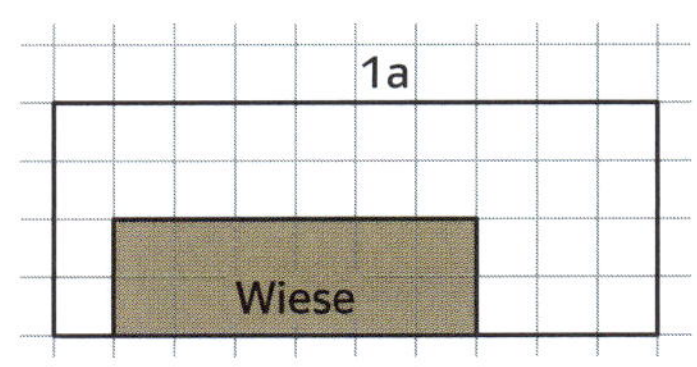

● **5** Schreibe die Angaben mithilfe eines Bruchs in einer größeren Maßeinheit.

40 cm	500 m	2 mm	250 kg	100 mg
$\frac{4}{10}$ m				

750 g	3 Monate	45 min	6 h	5 min

○ **1** Fülle die Tabelle aus.

	Dezimalzahl	Ganze		Dezimale			Bruch
		Z	E	z	h	t	
a)							$\frac{8}{10}$
b)	1,5						$1 + \frac{5}{10} = 1\frac{5}{10}$
c)		7	0	2			
d)							$10 + \frac{4}{10} =$
e)							$\frac{20}{1000}$
f)		9	1	9	0	9	
g)	12,03						

○ **2** a) Notiere, welche Dezimalzahl mit den Plättchen gelegt ist. ______

E,	z	h	t
●●●	●●	●	●●●●●●

b) Notiere alle Zahlen, die du erhältst, wenn du jeweils ein Plättchen dazulegst.

4,216; ______

c) Notiere alle Zahlen, die du erhältst, wenn du jeweils ein Plättchen wegnimmst.

______

○ **3** Schreibe als Summe der Bruchteile und als Dezimalzahl.

Beispiel: 3 E + 2 z + 1 h = $3 + \frac{2}{10} + \frac{1}{100} = 3{,}21$

a) 7 Z + 5 E + 2 z = ______

b) 5 E + 6 z + 3 h = ______

c) 6 Z + 3 z + 5 h = ______

d) 7 H + 2 E + 3 h = ______

◒ **4** Ergänze die Lücken.

	a)	b)	c)	d)
größere Einheit	0,7 €	0,35 €	0,04 €	
Bruch	$\frac{7}{10}$ €			$\frac{67}{100}$ m
kleinere Einheit	70 ct			

◒ **2** Markiere die drei zusammengehörigen Kärtchen mit der gleichen Farbe.

0,70 | $\frac{7}{1000}$ | 0,7 | $\frac{7}{100}$ | $\frac{70}{1000}$ | 0,07 | siebenTausendstel | $\frac{7}{10}$ | 0,007

◒ **3** Fülle die Lücken in der Tabelle.

	Bruch	Dezimalzahl		Bruch	Dezimalzahl
a)	$\frac{7}{100}$		b)		0,34
c)	$\frac{25}{1000}$		d)	$\frac{12}{10}$	
e)		0,002	f)		23,45

◒ **4** Ergänze die Lücken.

	a)	b)	c)	d)
größere Einheit				
Bruch	$\frac{7}{1000}$ km	$\frac{3}{10}$ dm		
kleinere Einheit			250 kg	300 g

● **5** Schreibe die Sätze mit sinnvollen Maßeinheiten.

a) Juan wiegt 38 700 g und ist 1350 mm groß.

______

b) Das Klassenzimmer ist 2840 mm hoch.

______

○ **1** Welcher Bruchteil ist gefärbt?

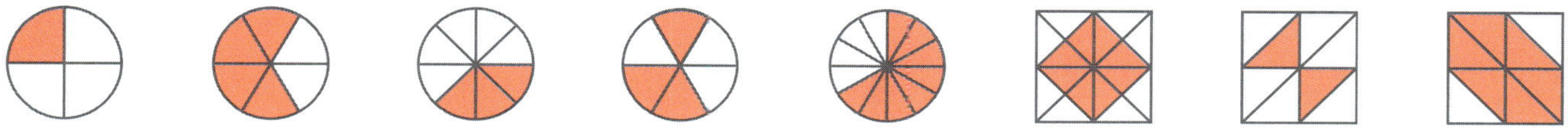

○ **2** Aus einem Regal wurden Bücher herausgenommen. Ergänze die Sätze:

a) In dem Regal standen ursprünglich ___ Bücher.

b) Es wurden ___ Bücher herausgenommen.

c) Als Bruch dargestellt entspricht die Menge der herausgenommenen Bücher $\frac{\square}{\square}$.

vorher nachher

○ **3** Markiere den angegebenen Bruchteil farbig.

a) $\frac{5}{12}$

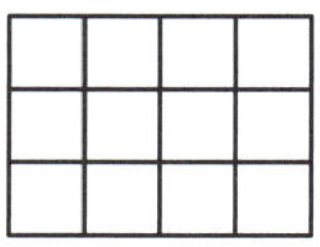

b) $\frac{4}{9}$

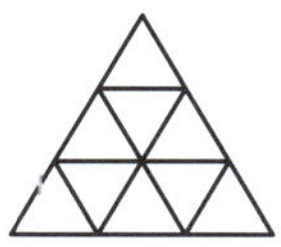

c) $\frac{6}{7}$

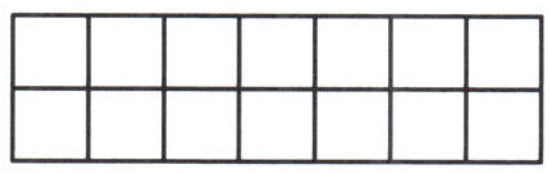

d) $\frac{5}{6}$

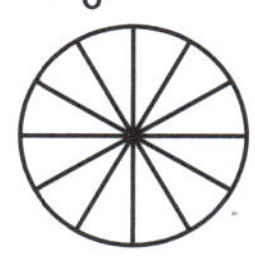

○ **4** Schreibe wie im Beispiel ohne Bruch in der nächstkleineren Einheit.

Beispiel: $\frac{1}{4}$m = $\frac{1}{4}$ von 100 cm = 25 cm

a) $\frac{1}{100}$kg = ___

b) $\frac{1}{5}$t = ___

c) $\frac{1}{2}$h = ___

d) $\frac{1}{10}$km = ___

e) $\frac{1}{50}$t = ___

○ **5** Fülle die Tabelle aus.

	Dezimalzahl	Ganze		Dezimale			Bruch
		Z	E	z	h	t	
a)	2,4						
b)		1	8	0	5		
c)							$2 + \frac{6}{10} + \frac{2}{100}$
d)			0	4	7	1	
e)	10,204						
f)							$\frac{2}{1000}$

○ **6** Welche Kärtchen passen jeweils zur angegebenen Größe? Färbe ein.

a) $\frac{12}{100}$m: 1,2 m | 12 cm | 0,12 m | 1,2 cm

b) $\frac{475}{1000}$kg: 475 g | 47,5 g | 0,0475 kg | 0,475 kg

c) 0,57 m: $\frac{57}{10}$ m | 57 cm | 5,7 cm | $\frac{57}{100}$ m

d) 0,127 kg: $\frac{127}{1000}$ kg | $\frac{127}{1000}$ g | 127 g | 12,7 g

7 Bestimme die Bruchteile.

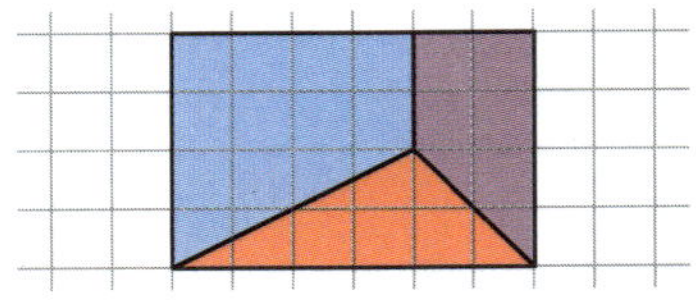

blau: ____________ rot: ____________ lila: ____________

8 Färbe $\frac{3}{8}$ der Figur.

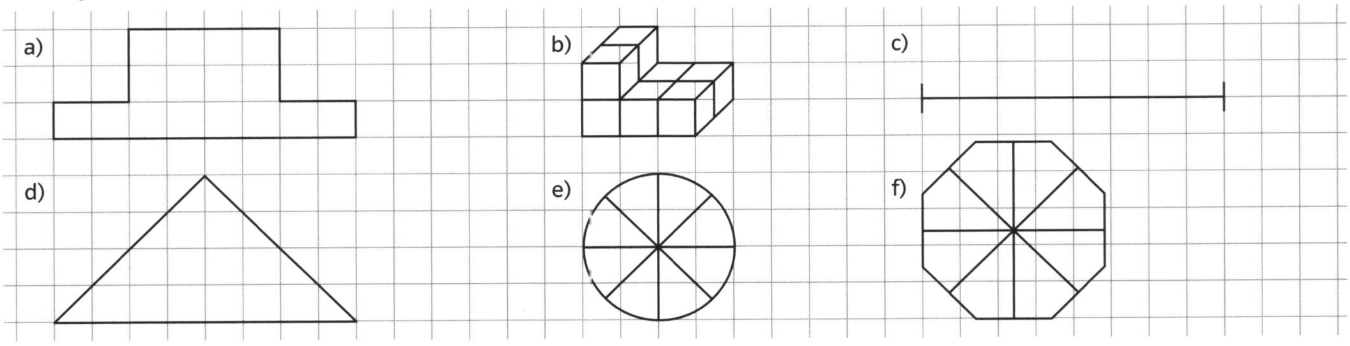

9 Notiere die Größe wie im Beispiel.

Beispiel: $\frac{3}{4}$ m = 75 cm = 0,75 m　a) $\frac{1}{5}$ cm² = ______ = ______　b) $\frac{9}{10}$ m = ______ = ______

c) $\frac{7}{100}$ km = ______ = ______　d) $\frac{19}{100}$ € = ______ = ______　e) $\frac{8}{25}$ t = ______ = ______

10 Notiere die Größe wie im Beispiel.

Beispiel: 7 cm = 0,7 dm = $\frac{7}{10}$ dm　a) 63 cm² = ______ = ______　b) 150 ct = ______ = ______

c) 50 m = ______ = ______　d) 3 kg = ______ = ______　e) 18 mm = ______ = ______

11 a) Klara macht eine Pause beim Rasenmähen. Welchen Bruchteil der Rasenfläche hat sie bereits gemäht? ______

b) Welchen Bruchteil hat der Rasen an der Gesamtfläche des Gartens? ______

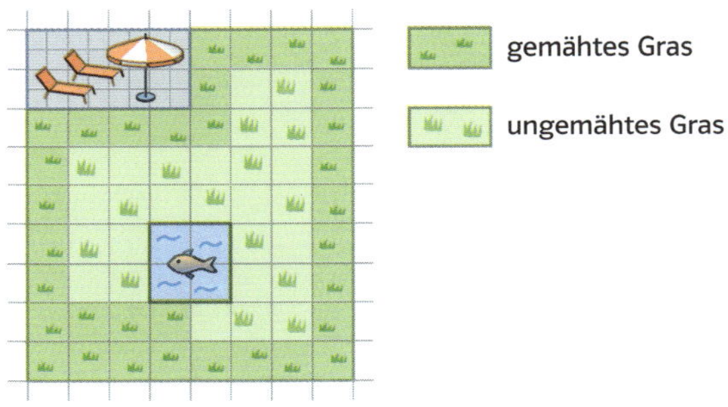

12 Die Darstellung zeigt nur den angegebenen Teil der Figur. Ergänze die Figur zu ihrer ursprünglichen Größe.

a) $\frac{3}{8}$

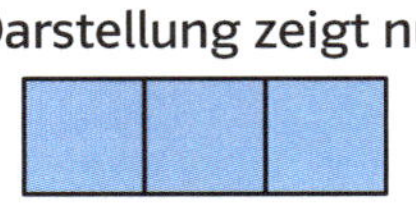

b) $\frac{1}{3}$

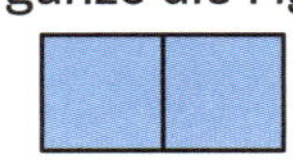

13 Ken rechnet $0{,}3\,h = 30\,min = \frac{1}{2}\,h$. Jan rechnet $0{,}3\,h = \frac{3}{10}\,h = 18\,min$. Wer hat **falsch** gerechnet?
Erkläre.

____

____

14 Gib das Ganze an.

a) 6 min sind $\frac{3}{10}$ der Pause. Pausendauer: ______

b) 78 l sind $\frac{13}{18}$ des Tanks. Voller Tank: ______